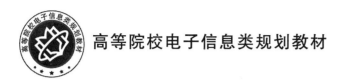 高等院校电子信息类规划教材

简明电路与电子学基础

刘 刚 侯 宾 编著

北京邮电大学出版社
www.buptpress.com

内 容 简 介

本书主要介绍电路与电子电路的一些基本概念、基本定律和定理、基本分析方法以及基本半导体电子器件,共 9 章:电路模型与基尔霍夫定律、电阻电路的基本分析方法与定理、动态电路的时域分析、正弦稳态电路的分析、基本放大电路、集成运算放大电路、负反馈放大电路、直流稳压电源、波形产生与整形电路。本书主要针对非电子类专业,在内容上力求基本理论以够用为度,省略了一些数学推导和证明过程。

本书可作为应用物理、信息与计算科学、计算机科学、网络工程、经济管理等专业的教材,也可作为某些专科、高职高专等相关专业的教材,还可作为电类各专业自学者的参考用书。本书内容适合 32～64 学时的理论教学。

图书在版编目(CIP)数据

简明电路与电子学基础 / 刘刚,侯宾编著 . -- 北京:北京邮电大学出版社,2023.12
ISBN 978-7-5635-7143-7

Ⅰ.①简… Ⅱ.①刘… ②侯… Ⅲ.①电路—基本知识②电子学—基本知识 Ⅳ.①TM13②TN01

中国国家版本馆 CIP 数据核字(2023)第 246551 号

策划编辑:刘纳新 　责任编辑:刘春棠 　责任校对:张会良 　封面设计:七星博纳

出版发行:北京邮电大学出版社
社　　　址:北京市海淀区西土城路 10 号
邮政编码:100876
发 行 部:电话:010-62282185　传真:010-62283578
E-mail:publish@bupt.edu.cn
经　　　销:各地新华书店
印　　　刷:保定市中画美凯印刷有限公司
开　　　本:787 mm×1 092 mm　1/16
印　　　张:20.25
字　　　数:515 千字
版　　　次:2023 年 12 月第 1 版
印　　　次:2023 年 12 月第 1 次印刷

ISBN 978-7-5635-7143-7 　　　　　　　　　　　　　　　　　　定价:58.00 元

前　　言

党的二十大报告首次明确提出"加强教材建设和管理"这一重要任务,为了顺应时代要求,满足教学改革的需要,我们编写了本书。

"电路与电子学"课程是北京邮电大学应用物理和计算机类专业学生必修的基础课程,也是学生进入本科阶段接触到的第一门学科专业基础课程。对于上述专业的学生,虽然要求对电路分析、电子电路中的基本内容、基本概念和分析方法有所掌握,但相比于通信类、电子类专业的学生,要求有所降低。本书就是针对这类学生的学习需求编写的。

本书系统介绍电路与电子电路的基本概念、基本理论和基本分析方法,内容包括电路模型与基尔霍夫定律、电阻电路的基本分析方法与定理、动态电路的时域分析、正弦稳态电路的分析、基本放大电路、集成运算放大电路、负反馈放大电路、直流稳压电源、波形产生与整形电路。

本书在编写过程中,充分考虑读者对象的特点,在内容上力求做到基本理论以够用为度,不片面追求理论的严谨性,省略了一些数学推导和证明过程,着重体现理论的应用性和与后续课程的衔接性。本书旨在通过培养学生科学的思维方式、分析解决问题的能力、理论联系实际的学习作风,为后续课程的学习打下坚实的基础。在结构编排上,本书采取了先直流后交流、先瞬态后稳态、先基本电路后电子电路、先讲基本概念再讲应用的方式,由浅入深,循序渐进。本书列举了不同类型的例题,以帮助学生更好地掌握基本理论和分析方法。计算机技术和高性能电路模拟软件(如 Mutisim、Simulink 等)的快速发展为电路分析与电子电路分析设计提供了仿真条件,因此本书使用 Mutisim 仿真软件对部分电路进行了模拟,弥补了实验课程的不足,也为学生今后的学习打下基础。

本书共 9 章。刘刚编写了第 1～5 章和第 9 章,并对全书进行了统稿;侯宾编写了第6～8 章。冉静与魏翼飞老师做了许多课后习题的整理工作,俎云霄教授提供了本书的部分电路素材,陈飞、张轶两位老师也提供了本书的部分素材。除此之外,本书还得到北京邮电大学信号、电路与系统教研室同事的支持和帮助,在此一并表示感谢。

限于作者水平,书中难免有不妥、疏漏或错误之处,恳请广大师生及读者批评指正。

作　　者

于北京邮电大学

目　　录

第1章　电路模型与基尔霍夫定律

在日常的用电过程中,我们已经无法想象,没有电、手机和网络,日子将如何度过?电和处理信息的电路在我们的日常生活中怎样发挥着它的巨大作用?电的传输和利用都有哪些规律?常见的电路基本元件有哪些?工程师们是如何让电(信号)为我们提供信息服务的?下面我们就从电路最基本的知识开始讨论。

1.1　电路与电路模型

电能和电信号的传输一般是通过电路进行的,电路的功能不同,电路的组成又有很大的差别。在一般情况下,最基本的电路由电源、负载和导线 3 部分组成,电源提供电路所需的能量,负载是用电设备,导线则将电路的各个组成元件连成统一的整体。当然,一个实际电路还应包含元件、开关及各种控制设备。在电力系统中,电路的主要作用是完成电能的传输、存储、转换和变换。在通信系统中,电路的主要作用是完成信号的传递、存储和处理。通常把输入电路的信号称为激励,而把经过传输和加工处理后所得到的信号称为响应。各种实际电路都是由电源、电阻器、电容器、电感线圈、二极管、集成电路等具体的元器件和设备相互连接组成的,例如,图 1-1-1 所示是手电筒的结构示意图与电路模型。

电路工作环境的复杂性、元件特性以及电路结构的多样性给电路分析带来了一定的困难。为了简化电路分析,忽略次要因素,可以用一个足以表征主要性能的模型来表示元件。当实际电路的几何尺寸远小于使用时其最高工作频率所对应的波长时,可以定义集总参数元件(以下简称元件),让每一种元件只反映一种基本电磁现象。例如,对于一个电阻器,主要是利用其对电流的阻碍作用,忽略了电阻器在电流通过时产生的磁场效应,电阻元件只表现出消耗电能的特性。由集总参数元件组成的电路称为实际电路的集总电路模型,简称集总电路,如图 1-1-1(b)所示。应该强调的是,电路模型仅用于理论分析计算,它不是实际的电路。

我国工业用电的频率为 50 Hz,其对应的波长为 6 000 km,与其相比,实验室的元件尺寸都可以忽略不计,因此可以使用集总参数模型。对于不满足上述条件的情况,如远距离电路通信线路和远距离电力输送等,可以采用分布式参数分析的方法或者相关电磁场理论来分析。在本书中,我们用到的元件模型都是集总参数模型,构成的电路为集总电路模型。

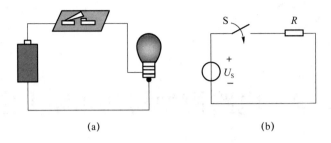

(a)   (b)

图 1-1-1　手电筒的结构示意图与电路模型

1.2　电路分析中的基本变量

集总电路分析中最常用到的变量是电路中各支路的电流、电压和功率。

1.2.1　电流及其参考方向

1747 年,富兰克林根据实验提出:在正常条件下,电是以一定的量存在于所有物质中的一种元素;电跟流体一样,摩擦可以使它从一个物体转移到另一个物体,但不能创造电;任何孤立物体的电总量是不变的,这就是通常所说的电荷守恒定律。人们在科学研究中发现,自然界存在两种电荷:正电荷与负电荷。正电荷由原子核中的质子提供,负电荷由原子中的电子提供。正电荷与负电荷所带电荷多少称为电量。正电荷与负电荷所带电量很小,用作基本单位很不方便,在国际单位制(SI)中使用 C(库仑,简称库)作为电量的单位,1 库仑电量等于 6.24×10^{18} 个电子所带有的电量。

电荷之间存在作用力(电场力),同性电荷相斥,异性电荷相吸。在电路中,电荷总量守恒(总量保持不变)——电荷不生不灭。

1. 电流的定义

通常物质按其导电性能的不同可分 3 种:导体、半导体和绝缘体。导体内存在可移动的自由电荷。在电场的作用下,导体内存在的自由电荷将有序移动,其定向流动形成电流。定义单位时间内通过导体横截面的电量为电流强度,用其衡量电流的大小。电流强度简称电流,通常用符号 $i(t)$ 表示,即

$$i(t) = \frac{dq}{dt} \tag{1-2-1}$$

若电流的大小和方向不随时间变化,则称其为直流(Direct Current,DC)。若电流的大小和方向随时间变化,则称其为交流(Alternating Current,AC)。在国际单位制中,电流的单位是 A(安培,简称安)。

2. 电流的参考方向

规定正电荷移动的方向为电流的方向,也称为电流的真实方向。在实际分析中,往往很难在电路图中标明电流的真实方向。例如,当电路比较复杂时,电流的真实方向很难预判。而当电流为交流时,每时每刻的真实方向都在变化。因此,在电路分析中要引入电流参考方

向(Reference Direction)这一概念。

参考方向是预先任意假定的电流流向,这个任意假定的参考方向在电路中需要用箭头表示出来,之后就可以在这个参考方向的基础上进行电路分析。在引入参考方向后,我们对电流正负的规定为:如果计算结果显示电流为正值,则电流的真实方向与参考方向一致;若为负值,则说明两者方向相反。

如图 1-2-1 所示,若 $i=1$ A,说明该电流的真实方向就是该参考方向的指向,大小为 1 A;若 $i=-1$ A,则说明电流的真实流向与参考方向相反。

图 1-2-1　电流的参考方向

显然,在未标示参考方向的情况下,电流值的正负是毫无意义的。若未加说明,本书中表示电流方向的箭头均表示参考方向。

1.2.2　电压及其参考方向

1848 年,基尔霍夫从能量的角度,定义了电位差、电动势、电场强度等概念。电荷在电路中流动形成电流,就必然伴随着能量的交换。我们引入电压这一物理量来度量电荷流经电路的某些元件获得或失去的能量。

1. 电压的定义

电压也称为电位差,a、b 两点之间的电压表示单位正电荷由 a 点移动到 b 点获得或者失去的能量,即

$$u(t)=\frac{\mathrm{d}w}{\mathrm{d}q} \tag{1-2-2}$$

其中,$\mathrm{d}q$ 为由 a 点移动到 b 点的电量,单位为 C;$\mathrm{d}w$ 为电荷转移过程中的能量交换,单位为 J(焦耳,简称焦)。电压的国际单位是 V(伏特,简称伏)。与电流一样,电压也分直流电压和交流电压两种。

2. 电压的极性

正电荷在转移过程中电能的获得或失去体现为电位的升降。如果正电荷由 a 点移动到 b 点失去部分能量,则电位下降,a 点为高电位,b 点为低电位;如果由 a 点移动到 b 点获得能量,则电位升高,a 点为低电位,b 点为高电位。高电位用"+"表示,即电压的正极;低电位用"-"表示,即电压的负极。如同对电流规定参考方向一样,对电压规定参考极性。即在元件或某支路的两端用"+""-"号预先标明其电压,该电压的极性可以任意选定,不一定是其真实极性。和电流参考方向正负的规定一样,电压的参考极性结合其正负值最终表明其真实极性。

如图 1-2-2 所示,在图中所规定的参考极性下,若 $u>0$,则表示电压的真实极性与参考极性相同;若 $u<0$,则表示电压的真实极性与参考极性相反,即真实的情况是 a 点为实际低电位,b 点为实际高电位。

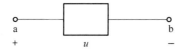

图 1-2-2　电压的参考方向

可见,在没有标明参考极性的情况下,电压的正负值同样是没有意义的。所以在电路分析过程中,必须预先指定电压的参考极性。

1.2.3 电流和电压的关联参考方向

在集总电路模型中,电流的参考方向与电压的参考极性是各自任意选定的。因此,电流的参考方向与电压的参考极性之间就存在两种对应关系。

若电流的参考方向由电压参考极性的正极指向负极,如图 1-2-3(a)所示,则称电流方向和电压极性是关联参考方向;反之,若电流的参考方向由电压参考极性的负极指向正极,如图 1-2-3(b)所示,则为非关联参考方向。

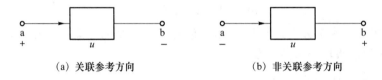

(a) 关联参考方向　　　　　　　　(b) 非关联参考方向

图 1-2-3　电压与电流的关联参考方向

为了电路分析方便起见,电流方向和电压极性往往采用关联参考方向的取法,在关联参考方向下,指定了电流的参考方向或电压的参考极性,则另一变量无须特别标明。

在一般情况下,电压和电流都是时间的变量,我们表示某时刻 t 的电流和电压应记作 $i(t)$ 和 $u(t)$,但为了简便起见,我们通常用小写字母简写为 i 和 u。

1.2.4 功率

元件在电路中的能量交换不是吸收能量就是供出能量。电路中的元件在单位时间内吸收或者供出的能量称为功率。

若电流和电压取关联参考方向,如图 1-2-3(a)所示,则该电路吸收的功率可表示为

$$p(t)=\frac{\mathrm{d}w}{\mathrm{d}t}=\frac{\mathrm{d}w}{\mathrm{d}q}\cdot\frac{\mathrm{d}q}{\mathrm{d}t}=u\cdot i \tag{1-2-3}$$

在非关联参考方向下,很容易给出功率的表示形式:

$$p=-u\cdot i \tag{1-2-4}$$

在国际单位制中,功率的单位为 W(瓦特,简称瓦)。功率的定义实际是指电路吸收的功率,如果由式(1-2-3)、式(1-2-4)计算出的功率为正,则表示这段电路吸收功率;如果功率为负,则表示这段电路供出功率。

【例题 1-1】 已知电压 $u=5$ V,计算图 1-2-4 中各元件的功率,并判断是吸收功率还是供出功率。

解: 在图 1-2-4(a)中,电压与电流是关联参考方向,故 $p=u\cdot i=5\times2$ W$=10$ W>0,该元件吸收功率。

在图 1-2-4(b)中,电压与电流是非关联参考方向,故 $p=-u\cdot i=-5\times2$ W$=-10$ W<0,所以该元件供出功率。

在图 1-2-4(c)中,电压与电流是关联参考方向,故 $p=u\cdot i=5\times(-2)$ W$=-10$ W<0,

所以该元件供出功率。

在图 1-2-4(d)中,电压与电流是非关联参考方向,故 $p=-u \cdot i=-5 \times(-2)\mathrm{W}=10\ \mathrm{W}>0$,所以该元件吸收功率。

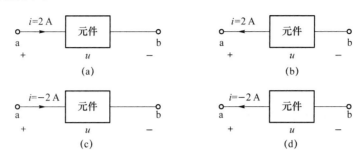

图 1-2-4　例题 1-1 用图

1.3　基尔霍夫定律

1.3.1　基尔霍夫定律的发现

基尔霍夫定律(Kirchhoff's Laws)是电路中电压和电流所遵循的基本规律,是分析和计算较为复杂电路的基础,在 1845 年由德国物理学家 G. R. 基尔霍夫提出。19 世纪 40 年代,电气技术发展得十分迅速,电路变得越来越复杂。某些电路呈现出网络形状,并且网络中还存在一些由 3 条或 3 条以上支路形成的交点(节点)。这种复杂电路问题不是串、并联电路的公式所能解决的。刚从德国哥尼斯堡大学毕业、年仅 21 岁的基尔霍夫在他的第一篇论文中提出了适用于这种网络状电路计算的两个定律,即著名的基尔霍夫定律。利用基尔霍夫定律能够迅速地求解任何复杂电路,从而成功地解决了这个阻碍电气技术发展的难题。基尔霍夫定律建立在电荷守恒定律、欧姆定律及电压环路定理的基础之上,在稳恒电流条件下严格成立。当基尔霍夫第一、第二定律方程联合使用时,可正确迅速地计算出电路中各支路的电流值。

1.3.2　常用的电路名词

在集总电路中,任意时刻流经元件的电流以及元件的端电压都是明确的物理量。若将每一个二端元件视为一条支路,那么流经的电流就是该支路的支路电流,元件的端电压则为支路电压。

在图 1-3-1 中,ab、bc、ad、bd 和 cd 分别为支路。也可以将流过相同电流的几个串联元件视为一条支路,如 bad。支路与支路的连接点称为节点。在图 1-3-1 中,共有 a、b、c、d 4 个节点。显然,节点是两条或者两条以上支路的连接点。电路中任一闭合路径都称为回路。例如,闭合路径 l_1、l_2、l_3 都是回路。在回路内部不含支路的回路称为网孔。例如,在回路 l_1、l_2、l_3 中,只有 l_1、l_2 是网孔,因为 l_3 中包含支路 4,所以不能称为网孔。

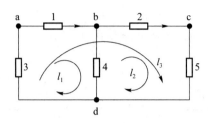

图 1-3-1　节点、回路概念说明图

1.3.3　基尔霍夫电流定律

电荷守恒和能量守恒是自然界最基本的定律。在集总电路中，与任意节点相连接的各条支路之间遵守电荷守恒定律，任意回路中的各条支路之间遵守能量守恒定律。电荷守恒和能量守恒在电路中则体现为基尔霍夫定律。

基尔霍夫电流定律（Kirchhoff's Current Law，KCL）也称基尔霍夫第一定律，它体现了电路中与某节点相连的各支路电流之间应遵循的约束关系。KCL 可表述为：对于任一集总电路中的任一节点，在任一时刻，流出（或流入）该节点的所有支路电流的代数和为零。其数学表达式为

$$\sum_{k=1}^{b} i_k(t) = 0 \tag{1-3-1}$$

其中，b 为与节点相连的支路数，$i_k(t)$ 为第 k 条支路电流。

在电路中，由于节点不产生电荷也不消耗电荷，所以在任意时刻流入节点的电流等于流出节点的电流，则 KCL 也可以表示为

$$\sum i_入 = \sum i_出 \tag{1-3-2}$$

KCL 不仅适用于一个节点，还可以推广到任意封闭面。这个封闭面称为广义节点。在图 1-3-2 所示电路中，对于点画线围成的广义节点（即封闭面 S），KCL 仍然成立，即有

$$-i_1 + i_2 + i_3 = 0 \tag{1-3-3}$$

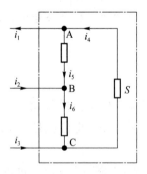

图 1-3-2　广义节点示意图

实际上，式（1-3-3）可由封闭面 S 内 A、B、C 3 个节点的 KCL 方程相加得到。分析如下：

A 节点：

$$i_1 - i_4 + i_5 = 0$$

B 节点：

$$-i_2 - i_5 + i_6 = 0$$

C 节点：

$$-i_3 + i_4 - i_6 = 0$$

将以上 3 个方程相加就得到式(1-3-3)。

KCL 方程表明：

① KCL 实质上是电荷守恒定律的体现。电荷既不能被创造也不能被消灭,在任何时刻流入节点的电流等于流出节点的电流。

② KCL 说明了节点上各支路电流的线性约束关系,各支路电流是线性相关的,KCL 方程是一个线性齐次代数方程。

③ KCL 与支路元件性质无关,只决定于电路的结构。对于特定的电路连接形式,其对应的 KCL 约束关系必定是固定的。这种类型的约束关系称为拓扑约束。

【例题 1-2】　图 1-3-3 所示为一个复杂电路中的部分电路,求支路电流 i_0 和 i_1。

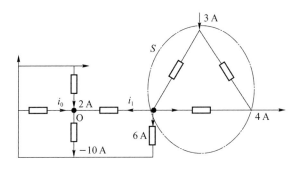

图 1-3-3　例题 1-2 用图

解：先用广义 KCL 求 i_1,对于封闭面 S,列写 KCL 方程：

$$i_1 + 6 + 4 = 3$$

得

$$i_1 = -7 \text{ A}$$

对于节点 O,列 KCL 方程：

$$i_0 + i_1 + 2 = -10$$

所以

$$i_0 = -5 \text{ A}$$

1.3.4　基尔霍夫电压定律

基尔霍夫电压定律(Kirchhoff's Voltage Law,KVL)也称基尔霍夫第二定律。它是电路回路中各支路电压之间必须遵循的规律。KVL 可表述为：对任一集总电路中的任一回路,在任一时刻,沿该回路的所有支路电位降(以参考方向而定)的代数和为零,即

$$\sum_{k=1}^{K} u_k(t) = 0 \tag{1-3-4}$$

其中,K 为回路中的支路个数,$u_k(t)$ 为第 k 条支路电压。

以图 1-3-4 所示回路为例,列写 KVL 方程,各元件电压的参考极性如图 1-3-4 所示,可先任意选取回路的绕行方向,图 1-3-4 中选取的是顺时针方向,支路电压极性与绕行方向一致,电压符号前取正号,反之则取负号。然后沿回路绕行一周,列写 KVL 方程如下:

$$u_1 + u_2 - u_3 - u_4 = 0$$

或

$$u_1 + u_2 = u_3 + u_4$$

上式左端表示电位降之和,右端表示电位升之和,KVL 可表示为

$$\sum u_升 = \sum u_降 \tag{1-3-5}$$

式(1-3-5)表明,闭合回路中的电位升等于电位降,即单位正电荷沿回路绕行一周,所获得的能量必须等于所失去的能量,在从高电位向低电位移动过程中失去能量,在从低电位向高电位移动过程中获得能量。

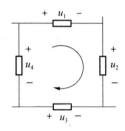

图 1-3-4 某一回路

KVL 方程表明:

① KVL 是能量守恒的体现。

② KVL 说明,在集总电路中,回路中各支路的电压存在线性约束关系,即支路电压是线性相关的。

③ KVL 与支路元件性质无关,仅与支路元件的连接方式有关。KVL 也表示一种拓扑约束关系。

【例题 1-3】 对于图 1-3-5 所示的电路:

① 求所有未知电压和电流;

② 求各支路吸收的功率;

③ 验证电路的功率平衡关系。

解: ① 设元件 $1, 2, \cdots, 10$ 的电流、电压和功率分别记作

$$i_1, i_2, \cdots, i_{10}; u_1, u_2, \cdots, u_{10}; p_1, p_2, \cdots, p_{10}$$

求得电流和电压为

$$i_4 = i_1 - i_2 = (-3 - 2)\,\text{A} = -5\ \text{A}$$

$$i_7 = -i_5 - i_9 = (-2 + 1)\,\text{A} = -1\ \text{A}$$

$$u_1 = u_3 - u_4 - u_6 = (4 + 1 + 2)\,\text{V} = 7\ \text{V}$$

$$u_2 = u_4 + u_7 - u_5 = (-2 + 2 - 6)\,\text{V} = -6\ \text{V}$$

$$u_9 = u_7 + u_8 - u_{10} = (2 + 3 - 5)\,\text{V} = 0\ \text{V}$$

② 各支路吸收的功率为

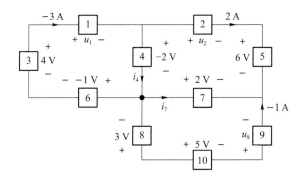

图 1-3-5　例题 1-3 用图

$$p_1 = u_1 i_1 = (-3) \times 7 \text{ W} = -21 \text{ W}$$
$$p_2 = u_2 i_2 = 2 \times (-6) \text{ W} = -12 \text{ W}$$
$$p_3 = -u_3 i_3 = 3 \times 4 \text{ W} = 12 \text{ W}$$

③ 其他元件吸收的功率为

$$p_4 = 10 \text{ W}; p_5 = 12 \text{ W}; p_6 = 3 \text{ W}; p_7 = -2 \text{ W}; p_8 = 3 \text{ W}; p_9 = 0 \text{ W}; p_{10} = -5 \text{ W}$$

电路的总功率为

$$p = \sum_{i=1}^{10} p_i = 0$$

即电路中所有支路供出功率之和恒等于吸收功率之和,此关系称为功率守恒。

1.4　电路中的基本元件

1.4.1　电阻元件

1. 电阻

在物理学中,用电阻(Resistance)来表示导体对电流阻碍作用的大小。导体的电阻越大,表示导体对电流的阻碍作用越大。

如果一个元件的端电压 $u(t)$ 和通过的电流 $i(t)$ 是关联参考方向,其伏安关系(Voltage Current Relationship,VCR)是通过原点的曲线 $f(u,i) = 0$,这个元件就是电阻元件。电阻器是电子电路中使用最多的元件,它的理想模型就是电阻元件,其电路符号如图 1-4-1(a)所示。若电阻的伏安关系曲线是经过原点在第一、三象限且斜率固定的直线,如图 1-4-1(b)所示,则直线所对应的电阻元件称为线性时不变电阻,电阻值 R 是正的常量,表示直线的斜率,其 VCR 就是我们所熟知的线性时不变电阻的欧姆定律。

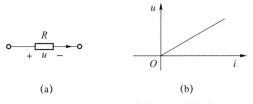

(a)　　　　　　　　　　(b)

图 1-4-1　电阻的电路符号及伏安关系

在电流和电压取关联参考方向时,有

$$u(t) = Ri(t) \qquad (1\text{-}4\text{-}1)$$

也可以表示为

$$R = \frac{u(t)}{i(t)}$$

在国际单位制中,电阻的单位是 Ω(欧姆,简称欧),$1\ \Omega = \dfrac{1\ \text{V}}{1\ \text{A}}$。比较大的单位有 $k\Omega$(千欧)、$M\Omega$(兆欧)。式(1-4-1)表明,当电压一定时,电阻越大,电流越小,电阻对电流有阻力,电流通过时要消耗电能。不同导体的电阻一般不同,电阻是导体本身的一种性质。电阻的种类很多,根据制造材料的不同有碳膜电阻、金属电阻、线绕电阻等,根据使用功能不同又有光敏电阻、热敏电阻等,如图 1-4-2 所示。在实际中,电阻器、电烙铁、电灯泡等都具有消耗电能的电阻特性,在电路模型中都可以用电阻表示。

(a) 光敏电阻　　　　　　　　　　　　　　(b) 热敏电阻

图 1-4-2　电阻

电阻在电路中起分压、降压、限流、负载、分流、匹配等作用。

当电压和电流为关联参考方向时,电阻吸收的功率为

$$p = ui = Ri^2 = \frac{u^2}{R} \qquad (1\text{-}4\text{-}2)$$

由于电阻值是正的常量,电阻吸收的功率总是正值,即任何时刻电阻元件总是吸收功率的。从能量关系上看,电阻是将吸收的电能转换为热能消耗掉的一种耗能元件。电阻吸收的能量可表示为

$$W(t) = \int_{-\infty}^{t} u(\xi)i(\xi)\,\mathrm{d}\xi \geqslant 0 \qquad (1\text{-}4\text{-}3)$$

2. 电导

电阻还可以用电导表示,电导的符号为 G,其定义为

$$G = \frac{1}{R} \qquad (1\text{-}4\text{-}4)$$

电导表示的是元件对于电流的导通特性,电导值越大,电流的导通特性越好。电导值也是正的常量,在国际单位制中,电导的单位为 S(西门子,简称西)。

如果电阻的伏安特性曲线不是过原点的直线,而是类似于图 1-4-3 所示的曲线,则这种电阻称为非线性电阻。从图 1-4-3 所示的曲线可以看出,在非线性电阻的伏安特性中,电压与电流的关系可以是单值函数,如图 1-4-3(a)所示,也可以是多值关系,例如,图 1-4-3(b)所示是流控电阻,图 1-4-3(c)所示是压控电阻。实际上,某些电子元器件(如半导体二极管等)可以表示为非线性电阻。本书中的电阻元件都为线性且电阻值不随时间变化的定常电阻。

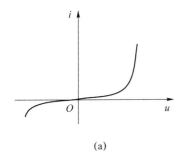
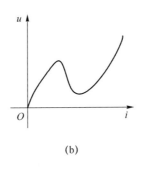
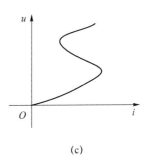

(a)　　　　　　　　　　　　(b)　　　　　　　　　　　　(c)

图 1-4-3　非线性电阻伏安特性图例

1.4.2　半导体基本知识

人们根据物质导电特性的不同,把物质分为导体、绝缘体和半导体三大类。把具有大量能够自由移动的带电粒子的物质叫作导体,导体具有良好的导电特性;还有一部分物质其原子或者分子的最外层电子为稳定结构,其内部不易产生自由电子,这类物质就是绝缘体。把导电能力介于导体和绝缘体之间的物质统称为半导体。

元素周期表中最外层为 4 个电子的元素所组成的物质都可以称为半导体材料。完全不含杂质且无晶格缺陷的纯净半导体称为本征半导体(Intrinsic Crystal)。常用的半导体材料是硅(Silicon)和锗(Germanium)两种单晶,硅和锗的原子结构模型如图 1-4-4 所示。

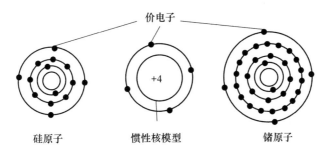

图 1-4-4　硅和锗的原子结构模型

原子最外层有 8 个电子时,就处于较为稳定的状态。硅和锗最外层只有 4 个电子,若要相对稳定,则每个原子的价电子必须与相邻原子的价电子组成 1 个电子对,这个电子对为相邻原子所共有,这种结构称为共价键结构。共价键结构中的价电子获得一定能量后会被激发,挣脱束缚变为自由电子。电子激发后,共价键中留下了一个空位,称为空穴,显然存在空穴的原子带正电。当在半导体两端外加电场时,半导体中出现定向运动的电子流和价电子依次递补空穴形成的空穴电流。同时存在自由电子和空穴导电是半导体导电不同于金属导电的显著特点和本质区别。自由电子和空穴都参与导电,二者统称为载流子。

本征半导体中的载流子由热激发产生,数量很少,因而导电能力很差。在本征半导体中掺入五价元素(如磷、锑)后会出现多余电子,从而形成以自由电子为主的导电载流子,空穴为少数载流子,这种半导体叫作 N 型半导体。在本征半导体中掺入三价元素(如硼、铟等),形成多余空穴,从而形成以空穴为主的载流子,电子为少数载流子,这种半导体叫作 P 型半导体。

P 型半导体和 N 型半导结合在一起时,其结合的表面形成 PN 结,如图 1-4-5(a)所示。PN 结是半导体元器件最基本的单元结构之一。PN 结的结构、工作原理以及 PN 结两端电压与 PN 结中电流的关系如图 1-4-5(b)所示。

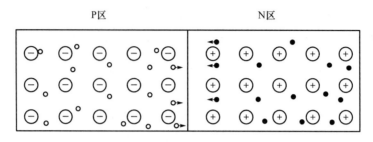

(a) PN结结构示意图

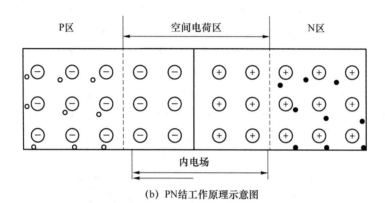

(b) PN结工作原理示意图

图 1-4-5 PN 结示意图

PN 结中载流子的基本运动是扩散。当没有外电场存在时,在 P 型半导体和 N 型半导体的交界面处,电子与空穴相互扩散以保持电场势能最低。在扩散过程中,N 区电子被吸引到 P 区,于是 N 区失去部分电子,靠近 P 区的 N 区部分失去较多的电子,从而形成了带正电荷的区域。同样,P 区的空穴被来自 N 区的电子填补,由于距离 PN 结交界处较远的 P 区继续吸引电子,靠近 PN 结的 P 区中有多余的电子,从而形成带有负电荷的区域。

在电子与空穴扩散的过程中,PN 结处形成的空间电荷区(N 正 P 负)逐渐加宽,这个电荷区必然会形成一个电场,这个电场叫作内电场,如图 1-4-5(b)所示。内电场的方向是 N 区指向 P 区。很明显,内电场将阻止电子-空穴扩散。随着扩散的继续,内电场逐渐加强,最终达到扩散与阻止扩散的平衡状态,于是空间电荷区的宽度稳定下来,可以认为载流子被耗尽,因此也称空间电荷区为耗尽层。由于内电场的存在,形成了 PN 结的接触电位差(接触电压),接触电压一般为零点几伏。

通常半导体器件上施加的外界电压称为偏置电压。正向偏置电压的作用是削弱内电场(耗尽层变窄),增强载流子的扩散运动,如图 1-4-6 所示。这时,外电场向载流子提供能量,而连续扩散的电子和空穴形成了 PN 结中的电流。由此可知,只有外加电场的方向与内电场相反(削弱内电场)时,PN 结才能处在导通状态;如果外加电场使内电场加强(耗尽层加宽),阻止 PN 结导电,则外加电压称作反向偏置电压。综上所述,PN 结具有单方向导电的特性,单向导电性是 PN 结的基本电路特性。无论是处于正向偏置还是反向偏置,没有外加电压,PN 结中都不会出现电流。

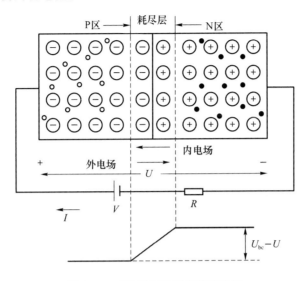

图 1-4-6　PN 结加载正向偏置电压

1.4.3　晶体二极管

1. 二极管的基本结构

晶体二极管(简称二极管)的基本结构就是一个 PN 结,将其接出相应的电极引线,再加上管壳密封后就是一只二极管了。为了防止使用时极性接反,管壳上都有色点、符号或者箭头指示正方向,色点表示该端为正极。二极管极性接反,轻则无法工作,重则烧毁二极管或者整个电路。

二极管的电路符号和外形如图 1-4-7 所示。

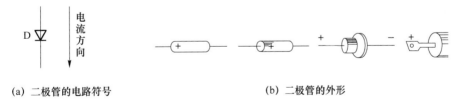

(a) 二极管的电路符号　　　　　　　　　　(b) 二极管的外形

图 1-4-7　二极管的电路符号和外形

2. 二极管的伏安特性

二极管是一个二端元件,加在二极管两端的电压和流过的电流之间的关系曲线称为二极管的伏安特性曲线,此曲线通常用来描述二极管的性能。硅二极管的伏安特性曲线如图 1-4-8 所示。

二极管的伏安特性方程为

$$i_D = I_S(e^{u_D/U_T} - 1) \tag{1-4-5}$$

式中,I_S 为反向饱和电流,U_T 为温度电压当量,在常温(300 K)下 $U_T = 26$ mV。

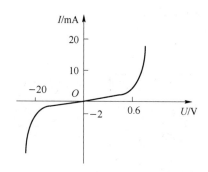

图 1-4-8 硅二极管的伏安特性曲线

（1）二极管的正向特性

二极管外加正向偏置电压时的伏安特性称为正向特性，对应于图 1-4-8 中坐标系的第一象限。正向特性的起始电流几乎为零，这是因为起始时正向电压很小，尚不足以克服 PN 结内电场的影响，二极管呈现很高的电阻特性，这段区域称为死区。随着外加正向偏置电压升高，当足以克服内电场的影响时，正向电流开始上升，二极管开始导通。对应于二极管开始导通时的外加正向偏置电压称为死区电压。硅二极管的死区电压约为 0.5 V，锗二极管的约为 0.1 V。

外加正向偏置电压超过死区电压后，二极管内电场被大大削弱，正向电流增长很快，此时正向电流和正向偏置电压近似成正比，伏安特性曲线近似为一条直线，这一区域称为线性区，这是二极管导通的正常工作区。在正常情况下，硅二极管的正向导通电压为 0.6～0.7 V，锗二极管的为 0.2～0.3 V。在电路中将硅二极管和锗二极管正向导通电压考虑在内的二极管电路模型称为恒压降模型；与此相对应，在电路中认为锗二极管和硅二极管的正向导通电压为零的二极管电路模型称为二极管理想模型。

二极管的正向特性伏安关系可以近似描述为

$$i_D = I_S e^{u_D/U_T} \tag{1-4-6}$$

（2）二极管的反向特性

外加反向偏置电压时的伏安特性称为反向特性，它对应于图 1-4-8 中坐标系的第三象限。

当外加反向偏置电压没有超过一定范围时，通过二极管的是少数载流子漂移运动所形成的很小的反向电流，不受反向偏置电压的影响，其大小几乎不变，因此反向电流又称为反向饱和电流。反向电流受温度影响很大。

二极管的反向特性伏安关系可以近似描述为

$$i_D = -I_S \tag{1-4-7}$$

（3）击穿特性

当二极管所加载的反向偏置电压超过某一数值后，反向电流会突然增大，这种现象称为击穿，所对应的电压称为击穿电压。电击穿分为雪崩（Avalanche）击穿、齐纳（Zener）击穿两种。雪崩击穿指在反向电压下产生碰撞电离并形成载流子倍增效应，从而形成较大的反向电流，雪崩击穿一般会烧毁 PN 结。齐纳击穿指较高的外电压破坏了共价键，从而形成较大的反向电流。当反向电压低于齐纳击穿电压时，PN 结可以恢复原有的单向导电特性。

3. 二极管的输出特性

二极管可以看作一个无源器件,其作用相当于一个非线性电阻。二极管只有两个端钮,根据基尔霍夫电流定律可知,进入二极管的电流与流出二极管的电流是相同的。二极管的单向导电性决定了其具有整流(Rectify)特性,利用这个特性可实现电源变换、信号检波、过电压保护和信号隔离的功能,电路如图 1-4-9 所示。

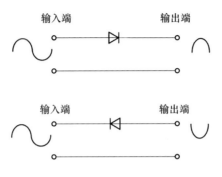

图 1-4-9　二极管的整流特性

【例题 1-4】　试求图 1-4-10 所示硅二极管电路中电流 I_1、I_2、I_O 和输出电压 U_O 值。电路中 $R = 1\ \text{k}\Omega$,$R_L = 3\ \text{k}\Omega$,$U_1 = 15\ \text{V}$,$U_2 = 12\ \text{V}$。

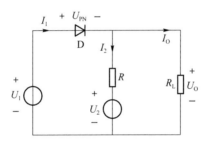

图 1-4-10　例题 1-4 用图

解: 假设二极管断开,则 R_L 端电压 U_N 为

$$U_N = \frac{R_L}{R_L + R} \times U_2 = \frac{3}{3+1} \times 12\ \text{V} = 9\ \text{V}$$

由此可知,二极管的端电压 $U_{PN} > 0.7\ \text{V}$,二极管导通,可以等效为 $0.7\ \text{V}$ 的恒压源,如图 1-4-11 所示。

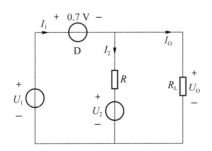

图 1-4-11　图 1-4-10 的等效电路

$$U_O = U_1 - U_{PN} = (15 - 0.7)\,\text{V} = 14.3\ \text{V}$$

$$I_\mathrm{O} = \frac{U_\mathrm{O}}{R_\mathrm{L}} = \frac{14.3}{3}\ \mathrm{mA} = 4.8\ \mathrm{mA}$$

$$I_2 = \frac{U_\mathrm{O} - U_2}{R} = \frac{14.3 - 12}{1}\ \mathrm{mA} = 2.3\ \mathrm{mA}$$

$$I_1 = I_\mathrm{O} + I_2 = (4.8 + 2.3)\ \mathrm{mA} = 7.1\ \mathrm{mA}$$

4. 二极管的分类

二极管根据使用场合和制造工艺的不同有许多分类方法。按使用功能,二极管大致可以分为以下几种。

(1) 通用二极管

通用二极管(General Purpose Diode)的用途比较广泛,用于一般的信号处理场合,如信号的幅度限制、要求不高的整流、信号方向控制等。

(2) 高频二极管

高频二极管(High Frequency Diode)用于高频信号处理电路中,如通信系统电路。

(3) 稳压二极管

稳压二极管(也叫齐纳二极管,Zener Diode)是一类比较特殊的二极管,当对其施加反向偏置电压时,由于齐纳击穿效应,在维持一定电流的条件下,稳压二极管的反向偏置电压会稳定在一个固定数值上;当反向偏置电压撤销后,稳压二极管能恢复原来的状态。稳压二极管的正向特性曲线和前面介绍的普通二极管没有什么区别,其反向特性曲线也和普通二极管极为相近。稳压二极管工作在击穿区,主要用于电压限制和调整,也可以作为电路的过电压保护器件或者精度要求不高的直流稳压器件(如用于电压比较器电路)。稳压二极管的电路符号如图 1-4-12 所示。

图 1-4-12　稳压二极管的电路符号

【例题 1-5】　用稳压二极管组成图 1-4-13 所示的稳压电路,已知电源电压 $U = 12$ V,稳压二极管的稳定电压为 $U_\mathrm{Z} = 6$ V,最大稳定电流 $I_\mathrm{Zmax} = 18$ mA,$R_\mathrm{Z} = 1$ kΩ,$R_\mathrm{L} = 5$ kΩ。试求 I_L、I_Z 的值,并分析电压稳定过程。

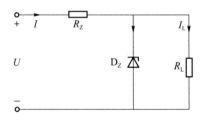

图 1-4-13　例题 1-5 用图

解:先判断稳压二极管的工作情况,断开稳压二极管 $\mathrm{D_Z}$,则支路 R_L 上的电压为

$$U_{R_\mathrm{L}} = \frac{U}{R_\mathrm{Z} + R_\mathrm{L}} \times R_\mathrm{L} = \frac{12}{5+1} \times 5\ \mathrm{V} = 10\ \mathrm{V}$$

因为 $U_{R_\mathrm{L}} > U_\mathrm{Z}$,说明稳压二极管工作在反向偏置电压下,因此电阻 R_L 两端的电压被限制在 6 V。则

$$I_\mathrm{L} = \frac{U_\mathrm{Z}}{R_\mathrm{L}} = \frac{6}{5}\ \mathrm{mA} = 1.2\ \mathrm{mA}$$

$$I = \frac{U - U_Z}{R_Z} = \frac{12 - 6}{1} \, \text{mA} = 6 \, \text{mA}$$

于是

$$I_Z = I - I_L = (6 - 1.2) \, \text{mA} = 4.8 \, \text{mA}$$

由于 $I_Z < I_{Z\max}$，稳压二极管处在正常工作状态。稳压二极管的稳压过程如下：

$$U \uparrow \rightarrow U_Z \uparrow \rightarrow I_Z \uparrow \uparrow \rightarrow I \uparrow \rightarrow U_{R_Z} \uparrow \rightarrow U_Z \downarrow$$

当电源电压下降时，上述过程相反。例如，负载 R_L 变化，稳压过程请读者自行分析。上述分析表明，稳压二极管的稳压作用是通过限流电阻 R_Z 的电流调节作用实现的。

（4）功率二极管

功率二极管（Power Diode）的特点是允许通过大电流，可对电源系统实现整流。由于需要通过大电流，因此功率二极管的结面积比较大，不适合在高频条件下使用。

（5）肖特基二极管

肖特基二极管（Schottky Diode）是利用金属与半导体接触所形成的势垒来对电流进行控制的。它的主要特点是具有较低的正向压降（0.3～0.6 V）。另外，它是多数载流子参与导电，这就比其他二极管有更快的反应速度。肖特基二极管常用在门电路中作为晶体三极管集电极的钳位二极管，以防止晶体三极管因进入过饱和状态而降低开关速度。

（6）隧道二极管

隧道二极管（Tunnel Diode）比稳压二极管具有更大的电压降，因此可以实现快速击穿。隧道二极管的电路符号和伏安特性曲线如图 1-4-14 所示。从伏安特性可以看出，隧道二极管具有一段负电阻区，这是工程中十分有用的特性，可用在高频电路中。

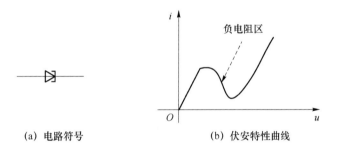

（a）电路符号　　　　　　　（b）伏安特性曲线

图 1-4-14　隧道二极管的电路符号与伏安特性曲线

1.4.4　晶体三极管

1. 三极管的工作原理

晶体三极管（简称三极管）是由两个背靠背的 PN 结组成的，因此三极管有 3 个电极。由于三极管是通过两种载流子（空穴和电子）导电的，所以被叫作双极型晶体三极管（BJT）。图 1-4-15 为三极管实物照片。

图 1-4-15　三极管实物图片

三极管分 NPN 型和 PNP 型两种，NPN 型的基底制作材料为硅，PNP 型的基底制作材料为锗。三极管有 3 个引出电极（也叫作工作电极），分别为基极 b、集电极 c 和发射极 e。NPN 型三极管和 PNP 型三极管的基本结构与电路符号分别如图 1-4-16 和图 1-4-17 所示。

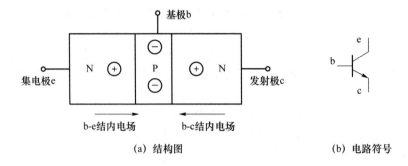

(a) 结构图   (b) 电路符号

图 1-4-16　NPN 型三极管的基本结构与电路符号

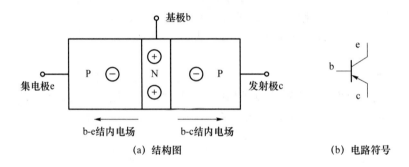

(a) 结构图   (b) 电路符号

图 1-4-17　PNP 型三极管的基本结构与电路符号

以 NPN 型三极管为例，如图 1-4-16 所示，要使三极管具有放大作用，基本条件是对 b-e 结施加正向偏置电压，对 b-c 结施加反向偏置电压。

对 b-e 结施加正向偏置电压时，b-e 结的空间电荷区变窄，发射区的自由电子可以顺利通过 b-e 结进入基区，而发射区不断从电源得到补充电子，形成发射极电流 I_E，同时，也有基区空穴扩散到发射区形成空穴电流。在半导体掺杂时，发射区的掺杂浓度比基区高很多，故空穴电流与电子电流相比很小，可以忽略不计。

自由电子由发射区到达基区后，在 b-e 结边缘聚集并形成浓度梯度，继续向 b-c 结方向扩散，基区很薄，所以大部分电子最终可以到达 b-c 结边缘。小部分电子在基区与空穴复合，由于基区接电源正极，电源将电子吸走，相当于向基区持续不断地注入空穴，提高了空穴浓度，形成基极电流 I_B。

当 b-c 结电压反向偏置时，由于集电区具有很高的正电荷（空穴）浓度，因此集电极具有很强的电子吸收能力，克服 b-c 结内建电场将到达 b-c 结边缘的电子强拉入集电区，形成集电极电流 I_C。由于所收集的电子数大于进入基极的电子数，因此集电极电流大于基极电流。在一定范围内，集电极电流与基极电流保持了比较固定的比例关系。在此范围内，基极电流越大，集电极电流就越大，表现出三极管的放大特性。

从上述分析可知,三极管的基极电流控制了集电极电流,使集电极与发射极相当于一个受基极电流控制的受控电流源。

2. 三极管的连接方式

三极管是有 3 个管脚的有源器件,其中一个管脚作为输入端,一个作为输出端,剩下的那个管脚是输入回路和输出回路的公共端。根据选择公共管脚的不同,三极管在电路中具有 3 种不同的连接方式(或称为 3 种组态),分别是共射极接法、共基极接法和共集电极接法,如图 1-4-18 所示。

① 共射极接法:输入端为基极,输出端为集电极,发射极是输入回路和输出回路的公共端。

② 共基极接法:输入端为发射极,输出端为集电极,基极是输入回路和输出回路的公共端。

③ 共集电极接法:输入端为基极,输出端为发射极,集电极是输入回路和输出回路的公共端。

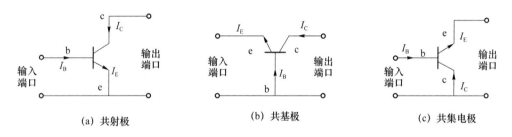

(a) 共射极　　　　　　(b) 共基极　　　　　　(c) 共集电极

图 1-4-18　三极管的 3 种连接方式

3. 三极管的特性曲线

三极管的特性曲线是指三极管各极的电压与电流之间的关系曲线。它从外部直观地表达出三极管内部的物理变化规律,反映出三极管的性能。三极管的特性曲线分为输入特性曲线和输出特性曲线。了解三极管的特性曲线是分析放大电路,特别是图解分析法的重要依据和基础。

(1)输入特性曲线

以共射极连接方式组成的放大电路为例,如图 1-4-19 所示,图 1-4-20 是测量后的输入特性曲线。

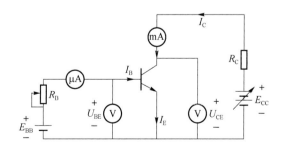

图 1-4-19　三极管共射极放大电路

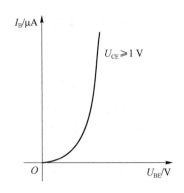

图 1-4-20 三极管的输入特性曲线

从图 1-4-20 可以看出,三极管的输入特性曲线与二极管的正向伏安特性曲线是一样的。三极管的输入特性实际上就是发射结的正向伏安特性,尽管不同的 U_{CE} 有不同的 I_B-U_{BE} 曲线,但是这些曲线十分接近,这里可以近似考虑 U_{CE} 只影响 I_B 的大小,不影响 I_B 和 U_{BE} 之间的关系。

在三极管内部,U_{CE} 的主要作用是保证集电结反偏。当 U_{CE} 很小,不能使集电结反偏时,三极管完全等同于二极管。当 U_{CE} 使集电结反偏后,集电结内电场很大,能将扩散到基区的自由电子中的绝大部分拉入集电区。这样与 U_{CE} 很小(或不存在)相比,I_B 增大了。因此,U_{CE} 并不改变特性曲线的形状,只是使特性曲线右移很小一段距离。

实际上,对于硅三极管,当 $U_{CE} \geqslant 1$ V 时,集电结就已经反偏。若再增大 U_{CE},只要 U_{BE} 不变,则 I_B 基本不变。因此,通常将 $U_{CE} = 1$ V 的输入曲线作为三极管的输入特性曲线。

与二极管的伏安特性一样,三极管的输入特性曲线也存在一段死区及死区电压。硅三极管的死区电压为 0.5 V,锗三极管的死区电压约为 0.2 V,只有在 U_{BE} 超过死区电压时,三极管才正常工作。在一般情况下,NPN 型硅三极管的发射结电压 U_{BE} 为 $0.6 \sim 0.7$ V,PNP 型锗三极管的 U_{BE} 为 $-0.2 \sim -0.3$ V。

(2)输出特性曲线

输出特性曲线是指当基极电流 I_B 为某值时,输出电路中集电结电流 I_C 与集-射极间的电压 U_{CE} 之间的关系曲线,即

$$I_C = f(U_{CE}) \mid I_B = I_{B1} \tag{1-4-8}$$

因为 I_C 与 I_B 密切相关,I_B 不同,对应的曲线不同,所以三极管的输出特性曲线是一组曲线,如图 1-4-21 所示。

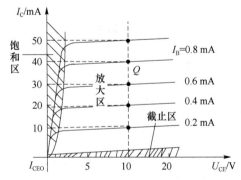

图 1-4-21 三极管的输出特性曲线

根据三极管的不同工作状态,输出特性曲线分为 3 个工作区。

① 截止区。

$I_B=0$ 曲线以下的区域称为截止区。$I_B=0$ 时,$I_C=I_{CEO}$,这个电流称为穿透电流,其值极小,通常可以忽略不计,故认为 $I_C=0$,三极管无电流输出,处在截止状态。对于 NPN 型硅三极管,当 $U_{BE}<0.5\,V$,即在死区电压以下时,三极管已经开始截止,常使 $U_{BE}=0$,这样可以达到可靠截止,发射结和集电结都处在反偏状态。此时的 U_{CE} 近似等于集电极电源电压 E_{CC},意味着集电极和发射极之间开路。

② 放大区。

在输出特性曲线中,接近水平的部分是放大区。在放大区内,三极管的工作特点是:发射结正偏,集电结反偏;$I_C=\beta I_B$,集电极电流与基极电流成比例。因此,放大区又称为线性区。

③ 饱和区。

如图 1-4-21 所示,特性曲线的上升和弯曲部分区域为饱和区。$U_{CE}=U_{BE}$,即 $U_{CB}=0$,集电结电压为零,这样集电区收集扩散到基区自由电子的能力大大减弱,I_B 对 I_C 的控制作用不复存在,三极管的放大作用消失。三极管的这种工作状态称为临界饱和。若 $U_{CE}<U_{BE}$,则发射结和集电结都处在正偏状态,这时的三极管处在过饱和状态。

在过饱和状态下,U_{BE} 本身小于 1 V,而 U_{CE} 比 U_{BE} 更小,可以认为 U_{CE} 近似为零。这样发射极与集电极间相当于短路。

对于三极管的输出特性曲线,要有以下几点认识。

- 三极管工作在放大区时,若改变 I_B 的大小,I_C 的大小随着改变,对应曲线平坦部分上下移动。放大区体现了基极电流 I_B 对集电极电流 I_C 的线性控制作用。
- 三极管具有恒流特性,由图 1-4-21 可知,对应于不同 I_B 的每一条输出特性曲线都经过原点,即 U_{CE} 等于零,I_C 也等于零。增大 U_{CE},开始时 I_C 迅速上升,当 U_{CE} 达到某个数值后,若再增大 U_{CE},I_C 也不会有明显的上升,对应于曲线的平坦部分,这时的 I_C 基本恒定,这就是三极管的恒流特性。
- 三极管电流放大能力的大小反映在输出特性曲线平坦部分间隔的大小上。间隔大,即 ΔI_C 大,因此放大能力也强。

【例题 1-6】 判别图 1-4-22 所示电路是否具有电流放大功能,并说明原因。

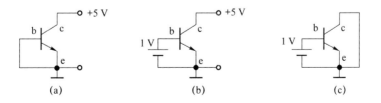

图 1-4-22　例题 1-6 用图

解:图 1-4-22(a)和图 1-4-22(c)所示电路不满足偏置条件,所以不具备电流放大能力。

图 1-4-22(b)所示电路满足偏置条件,所以具有电流放大能力。

4. 三极管的分类

采用不同的方法,三极管有不同的分类。

① 按照三极管的结构工艺分类,有 PNP 型三极管和 NPN 型三极管。

② 按照三极管的制造材料分类,有锗三极管和硅三极管。

③ 按照三极管的工作频率分类,有低频三极管和高频三极管。一般低频三极管用于处理频率在 3 MHz 以下的电路中,高频三极管的工作频率可以达到几百兆赫,例如,射频三极管用于超高频/甚高频(VHF/UHF) 小信号放大,频率可达 400 MHz~2 GHz。

④ 按照三极管允许耗散的功率大小分类,有小功率三极管和大功率三极管。一般小功率三极管的额定功耗在 1 W 以下,而大功率三极管的额定功耗可达几十瓦以上。

⑤ 按照三极管实现的功能分类,有开关管、功率管、光敏管等。

例如,多管阵列可以作为 LED 发光管的开关管。多管阵列由多个独立的三极管按矩阵方式排列,封装在一块半导体芯片中,各三极管之间没有任何联系,其外观类似于集成电路(如图 1-4-23 所示)。由于同在一个半导体晶片中,所以多管阵列中的半导体在工作时具有几乎相同的温度。

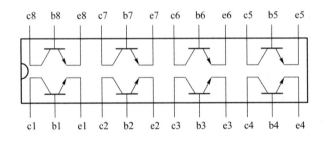

图 1-4-23　NPN 型三极管阵列器件

功率驱动电子电路大多都要求有大电流输出能力,以便驱动各种类型的负载。在大型仪器仪表系统中,经常要用伺服电机、步进电机、各种电磁阀、泵等驱动,要求使用电压高且功率较大的器件。达林顿管属于可控大功率器件。达林顿管也叫复合管,具有高电流放大系数,如 2N6427 等。达林顿管实际上是把两个三极管以特殊的连接方式制作在一起,如图 1-4-24 所示。

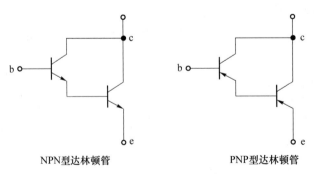

NPN型达林顿管　　　　　　　　　PNP型达林顿管

图 1-4-24　达林顿管

光敏三极管(Phototransistor)和普通三极管相似,也有电流放大作用,它的集电极电流不仅受基极电流的控制,同时也受光辐射的控制。通常三极管的基极不引出,但一些光敏三极管的基极有引出,用于温度补偿和附加控制等。

1.4.5　独立电源

在电路中只要含有能量消耗元件,电路就需要不断地补充能量,这就要求电路中必须要有能量的来源——电源,否则电路无法工作。电源可分为独立电源和受控电源。顾名思义,独立电源是能够单独向电路或者网络提供能量的电源,其提供的电压或者电流是由自身特性决定的,不受外界其他电路或者磁场的控制。独立电源按照为电路提供恒定电压或者电流的不同划分为电压源和电流源。

1. 电压源

理想电压源简称电压源,是一种端电压总能保持确定值的二端元件,是发电机、蓄电池、干电池等实际电源的理想模型。理想电压源的电路模型如图 1-4-25(a) 所示。应该注意的是,对于电压源两端表示极性的正负号,仍取参考极性的含义,不过对于已知的直流电压源通常取参考极性与已知实际极性一致。

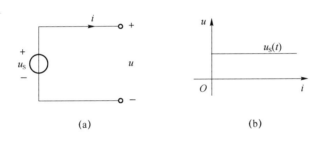

(a)　　　　　　　　　　　　　(b)

图 1-4-25　理想电压源的电路模型和伏安特性曲线

电压源的端电压为确定的值且与流过的电流无关。直流电压源的电压是常数,交流电压源的电压 $u_S(t)$ 是稳定的时间函数,例如,实际生活中使用的工频市电供出的电压是稳定的正弦函数。无论是直流电压源还是交流电压,电压源的对外输出电压都不受与它相连的外电路影响,是由其本身特性决定的,因此也叫独立电压源。

理想电压源的伏安特性曲线如图 1-4-25(b)所示,电压源的电压与通过的电流大小无关。流过电压源的电流是任意的,就是说流过电压源的电流由与它相连的外电路决定。外电路不同,流过电压源的电流也就不同。

电压源是一种有源元件,但不总是对外提供能量,它有时也吸收外部的能量,这要视具体电路而定。在理论分析中,电压源不能短路,因为短路时电流为无穷大,这是不允许的,对于分析问题没有任何意义。

理想电压源实际上是不存在的,某些电源在一定条件下可近似当作电压源模型进行分析讨论,实际电压源模型可由理想电压源与电阻串联构成。其电路模型和伏安特性曲线如图 1-4-26(a) 和图 1-4-26(b) 所示。电阻 R_S 可视为电源的内阻,由图 1-4-26(b) 可知,内阻的大小决定了曲线的倾斜程度,内阻越小,其伏安特性曲线越接近理想的电压源特性曲线。

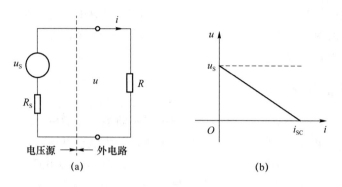

图 1-4-26　实际电压源的电路模型和伏安特性曲线

【例题 1-7】　一个单回路电路如图 1-4-27 所示，已知 $u_{S1}=12$ V，$R_3=1.4$ Ω，$u_{S2}=6$ V，$R_1=0.2$ Ω，$R_2=0.1$ Ω，$R_4=0.3$ Ω。求回路电流及电压 u_{ab}。

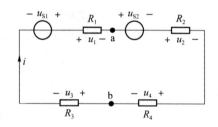

图 1-4-27　例题 1-7 用图

解：设回路电流 i 的参考方向和各电阻的电压参考极性如图 1-4-27 所示，根据 KVL 可得

$$u_{S2}+u_2+u_4+u_3-u_{S1}+u_1=0 \tag{1-4-9}$$

由欧姆定律有

$$\begin{cases} u_1=R_1 i \\ u_2=R_2 i \\ u_3=R_3 i \\ u_4=R_4 i \end{cases} \tag{1-4-10}$$

将式(1-4-10)代入式(1-4-9)，得

$$u_{S1}-u_{S2}=i(R_1+R_2+R_3+R_4)$$

所以

$$i=\frac{u_{S1}-u_{S2}}{R_1+R_2+R_3+R_4}=\frac{12-6}{0.2+0.1+1.4+0.3}\text{A}=\frac{6}{2}\text{A}=3\text{ A}$$

i 为正值说明实际方向与参考方向一致。

根据图 1-4-27 中所标极性，沿右半回路计算 u_{ab}：

$$u_{ab}=u_{S2}+u_2+u_4=u_{S2}+R_2 i+R_4 i=[6+3\times(0.1+0.3)]\text{V}=7.2\text{ V}$$

u_{ab} 为正值，说明 a 点电位高于 b 点电位。

若沿左边路径计算，结果也一样，这说明两点之间的电压与计算路径无关。

【例题 1-8】　电路中某段含源支路 ab 如图 1-4-28 所示，已知 $u_{S1}=6$ V，$u_{S2}=14$ V，

$u_{ab} = 5\,V$，$R_1 = 2\,\Omega$，$R_2 = 3\,\Omega$，求电流 i。

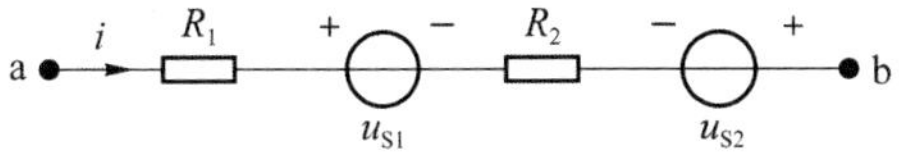

a ●——→ ▭ R_1 ——+ ◯ — ▭ R_2 — ◯ + ——● b
   i u_{S1} u_{S2}

图 1-4-28　例题 1-8 用图

解：先标注各电阻上电压的参考极性，如图 1-4-29 所示。

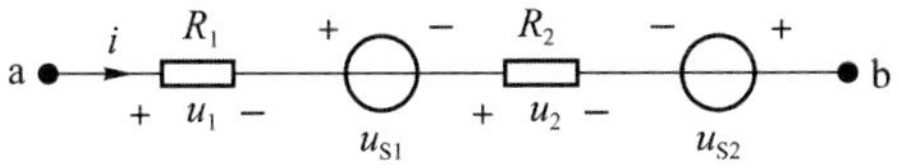

a ●——→ ▭ R_1 ——+ ◯ — ▭ R_2 — ◯ + ——● b
  i + u_1 − u_{S1} + u_2 − u_{S2}

图 1-4-29　解例题 1-8 用图一

列写 KVL 方程为

$$u_{ab} = R_1 i + u_{S1} + R_2 i - u_{S2}$$

所以

$$i = \frac{u_{ab} - u_{S1} + u_{S2}}{R_1 + R_2} = \frac{5 - 6 + 14}{2 + 3}\,A = \frac{13}{5}\,A = 2.6\,A$$

若对电阻上电压的参考极性换一种设法，如图 1-4-30 所示，则有

$$u_{ab} = -u_1 + u_{S1} - u_2 - u_{S2} = -(-R_1 i) + u_{S1} - (-R_2 i) - u_{S2} = R_1 i + u_{S1} + R_2 i - u_{S2}$$

a ●——→ ▭ R_1 ——+ ◯ — ▭ R_2 — ◯ + ——● b
  i − u_1 + u_{S1} − u_2 + u_{S2}

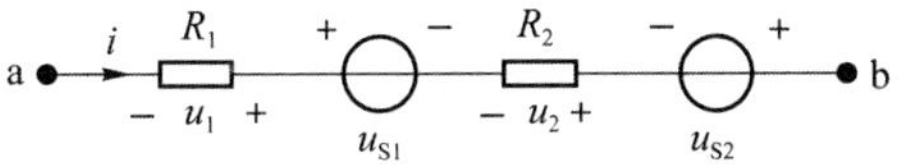

图 1-4-30　解例题 1-8 用图二

两次计算结果相同，说明参考极性是可以随意设定的，但无论怎样设定，并不影响最终结果。但是要注意，在电流和电压取非关联参考方向时，欧姆定律的形式应为 $u = -iR$。

2. 电流源

理想电流源简称电流源，是能输出恒定电流值或电流是一定时间函数的二端元件，是光电池或某些电子电路实现的实际电流源的理想模型。理想电流源的电路模型和伏安特性曲线如图 1-4-31(a) 和图 1-4-31(b) 所示。

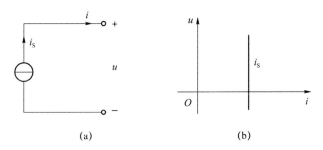

图 1-4-31　理想电流源的电路模型和伏安特性曲线

电流源有如下特性。

① 电流源的输出电流与端电压无关，即电流源的电流值不受外电路影响，是由其本身

特性决定的,也称独立电流源。

② 电流源的端电压是任意的,或者说是由与它相连的外部电路决定的,外电路不同则端电压也相应改变。

电流源也是一种有源元件,它既可以对外提供能量,也可以从外部吸收能量,视端电压的极性而定。电流源两端不能开路,因为开路时电流源端电压为无穷大,这是不允许的。当实际电流源的内阻无法忽略时,也可以使用电流源与电阻的并联结构来表示实际电流源模型,如图 1-4-32 所示。其中,并联电阻 R_S 反映了内阻对电源输出特性的影响,R_S 值越大,电流源的伏安特性曲线越接近理想特性曲线。

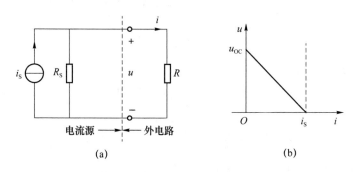

(a)   (b)

图 1-4-32   实际电流源的电路模型和伏安特性曲线

电压源与电阻串联和电流源与电阻并联这两种结构都可以作为实际电源电路模型。电压源与电阻串联的形式是以对外提供电压的角度来反映电源的表现,而电流源与电阻的串联模型则是以对外提供电流的角度来反映电源的表现。不管采用哪种模型,都不反映电源的内部结构,它们只是以不同角度来表征电源端口处的伏安特性而已。

【例题 1-9】 计算图 1-4-33 所示电路中电阻两端的电压、电流源的端电压、电流源和电压源吸收的功率。

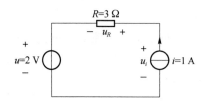

图 1-4-33   例题 1-9 用图

解:R 与电流源串联,其电流即为电流源的电流,可得
$$u_R = i \cdot R = 1 \times 3 \text{ V} = 3 \text{ V}$$

再由 KVL 得
$$u_i - u - u_R = 0$$

所以
$$u_i = u + u_R = (2+3) \text{ V} = 5 \text{ V}$$

电流源吸收的功率为
$$p = -u_i \cdot i = -5 \times 1 \text{ W} = -5 \text{ W}$$

功率为负,说明电流源供出功率。

电压源吸收的功率为

$$p = u \cdot i = 2 \times 1 \text{ W} = 2 \text{ W}$$

功率为正,说明电压源吸收功率。

通过例题 1-9 可以看到,在电路中,独立源的功率可正可负,若 $p > 0$,则独立源吸收功率;若 $p < 0$,则独立源供出功率。

【例题 1-10】 图 1-4-34 所示电路中的开关先闭合后断开,分别计算开关断开前后瞬间的电阻 R_1 和 R_2 两端的电压,电压源 u_S 的电压为 15 V,电容 C 是理想的,充放电时间很短且充满电时电压为 2 V。

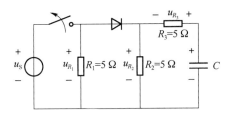

图 1-4-34　例题 1-10 用图

解:开关闭合时,根据二极管的单向导电性,二极管导通,对电容充电,且电性上正下负。在电容充满电的情况下,R_3 上无电流,所以 R_1、R_2 和电容 C 并联,因此 $u_{R_1} = u_{R_2} = 15$ V,$u_C = 15$ V。

在开关断开的瞬间,电容放电,二极管反向截止,R_1 上没有电流,故 $u_{R_1} = 0$ V。此时,电容 C、R_2 和 R_3 构成串联回路,$u_{R_2} = 7.5$ V。

1.4.6　受控电源

1. 受控电源

上面讨论的电流源和电压源都是独立电源。独立电源的输出电压或电流是由电源本身决定的,不受电源外部电路的控制。从能量关系上看,独立电源是电路的能量来源。

受控电源简称受控源,又称非独立源。受控源可分为受控电压源和受控电流源,如图 1-4-35 所示。

与独立电源不同的是,受控电源的电压或电流要受电路中某一支路的电压或者电流的控制。若将受控源的控制支路考虑在内,受控源就是一种具有控制支路和受控支路的二端口元件。实际电子电路中的晶体管、场效应管、运算放大器、变压器等器件的电路模型都可以用受控源表示。例如,三极管如图 1-4-36 所示,其中,集电极电流 I_C 受基极电流 I_B 控制,$I_C = \beta I_B$,β 为电流放大系数。对于三极管的这种特性,在电路分析中就可以用电流控制的电流源来表示。

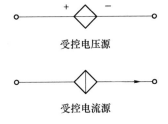

图 1-4-35　受控源的电路符号

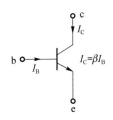

图 1-4-36　三极管的电路模型

27

根据控制量和被控制量的不同,受控源可以分为 4 种类型:电压控制电压源(VCVS)、电压控制电流源(VCCS)、电流控制电压源(CCVS)和电流控制电流源(CCCS)。电路符号如图 1-4-37 所示。其中:μ 称为电压放大系数,α 称为电流放大系数,都是无量纲的;g 称为转移电导,具有电导的量纲;r 称为转移电阻,具有电阻的量纲。本书讨论的受控源都是线性元件,即相关的控制系数 μ、α、g 和 r 都为常数。

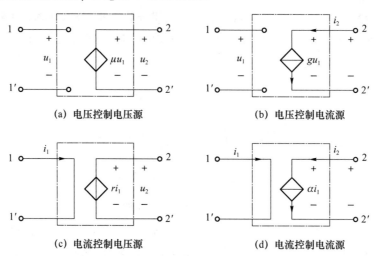

图 1-4-37　各种受控源的电路符号

受控源虽然也称为电源,但是与独立电源相比有本质的区别。各支路电流或电压都是在独立源的"激励"作用下产生的,而受控源用来表达电路内部某部分电流和电压变量之间特定的控制和被控制关系,或称为耦合关系。当控制量改变时,受控源也随之改变;当控制量为零时,受控源消失。

分析含有受控源的电路时,可把受控源作为独立源处理,但要注意受控源的电压或电流取决于控制量。

【例题 1-11】　电路如图 1-4-38 所示,求电压源 u_S 的电压及受控源的功率。

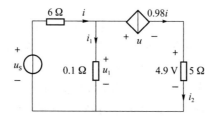

图 1-4-38　例题 1-11 用图

解:由图 1-4-38 可知,电路中的受控源是一个控制量 i 控制的电流源。欲求受控源的功率,必须求电压 u 和电流 i。

$$i_2 = \frac{4.9}{5} \text{ A} = 0.98 \text{ A}$$

又

$$i_2 = 0.98i$$

所以

$$i = 1\,\text{A}$$
$$u_1 = (i - 0.98i) \times 0.1 = 0.002\,\text{V}$$

根据 KVL,有

$$u = u_1 - 4.9 = -4.898\,\text{V}$$
$$u_S = u_1 + 6 \cdot i = 6.002\,\text{V}$$

受控源吸收的功率为

$$p = u \cdot 0.98i = -4.8\,\text{W}$$

功率为负值,说明受控源能够向外供出功率。因此,受控源属于有源元件。

2. 三极管的小信号模型

在设计、实验与工程技术中为了对含有三极管的电路进行分析,需要提供三极管电路的集总分析模型,简称三极管电路模型。三极管根据加载信号频率的不同被分为低频小信号、低频大信号、高频信号 3 种不同的集总模型,其中最常用的就是低频小信号电路模型。

低频小信号模型是三极管的一种简化分析方法,该方法需要满足以下两个前提条件:低频,指电路信号频率远小于三极管正常工作时所允许的最高频率,在低频下三极管的结电容可以忽略不计;小信号,指输入的信号很小,电路中的电压、电流都只在静态值的基础上作微小的变化。小信号的含义包括两个方面:一是输入信号电压幅度的变化使三极管基极电流动态变化的范围较小,三极管工作在放大状态,基极电流的变化可以近似为线性;二是小信号时三极管的输入和输出特性可以被看作线性的,三极管近似为一个线性器件。

通过对三极管结构特性的分析可知,当使用小信号概念时,经过简化,三极管工作在放大状态,可以得到三极管的小信号电路模型,如图 1-4-39 所示。

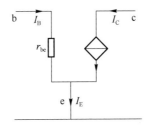

图 1-4-39　三极管低频小信号电路模型(等效电路)

其中,r_{be} 是 b-e 结导通电阻,对于低频小功率三极管,可用式(1-4-11)进行估算:

$$r_{be} = 300 + (1 + \beta)\frac{26(\text{mV})}{I_E(\text{mA})} \tag{1-4-11}$$

式中,I_E 中为发射极电流的静态值。r_{be} 一般为几百欧到几千欧,在手册中常用 h_{ie} 表示。

习　题　1

1-1　若某用电设备上通过的电流是分别由

(1) 4 s 内 60 C;

(2) 2 min 内 15 C

电荷稳定形成的,求电流大小。

1-2　一灯泡内有 0.5 A 电流通过,时间为 4 s,共产生 240 J 的能量,求灯泡的电压降。

1-3　日常生活中常用的电能衡量单位为度,1 度＝1 kW·h,求:

(1) 60 W 灯泡消耗 1 度电可持续多长时间?

(2) 100 W 灯泡 1 h 消耗多少热量?

1-4　12 V 汽车蓄电池向启动电动机提供 250 A 电流,设电池共有 4×10^6 J 化学能,可以持续多长时间?

1-5　已知电路某段支路中各电量如题图 1-1 所示,求图中的未知电量。

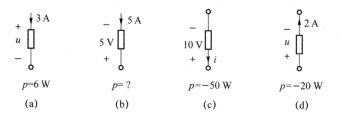

题图 1-1

1-6　求题图 1-2 所示各段电路上各元件的功率。

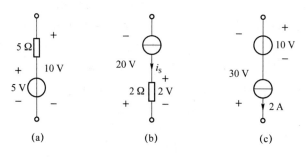

题图 1-2

1-7　已知题图 1-3 的各支路供出功率 $p=50$ W,电流 $i=10$ A,求元件的电压 u,并标明电压的真实极性。

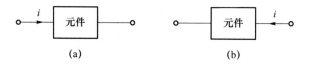

题图 1-3

1-8　已知题图 1-4 的各支路吸收功率 $p=80$ W,电压 $u=16$ V,求元件的电流 i,并标明支路电流的真实方向。

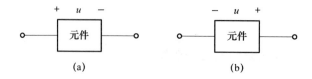

题图 1-4

1-9　已知某电路如题图 1-5 所示,求电流 i_1 和 i_2。

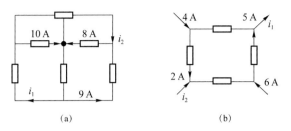

题图 1-5

1-10　求题图 1-6 所示电路的电压 U_{ab}。

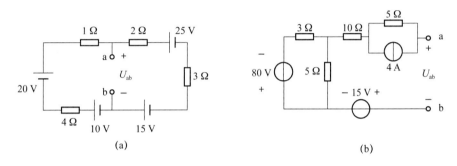

题图 1-6

1-11　求题图 1-7 中的电压 U_{ab}、U_{cd}、U_{ef}。

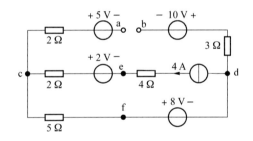

题图 1-7

1-12　求题图 1-8 中电压 u 和电流 i 的值。

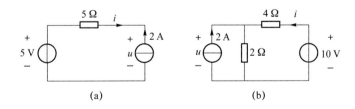

题图 1-8

1-13　求题图 1-9 所示电路中的电压 u。

1-14　在题图 1-10 所示电路中,有几个节点？几条支路？几个网孔？写出每个节点的 KCL 方程和每个回路的 KVL 方程。

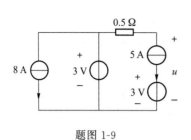

题图 1-9

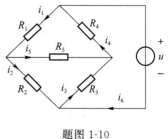

题图 1-10

1-15　求题图 1-11 所示电路中电流 i 的值。

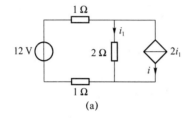

(a)

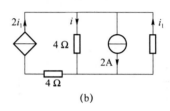

(b)

题图 1-11

1-16　求题图 1-12 所示电路中独立源和受控源的功率,并验证功率平衡关系。

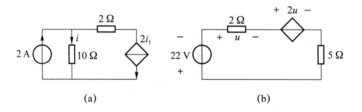

(a)　　　　　　　　　　　　(b)

题图 1-12

1-17　电路如题图 1-13 所示,求图中各电源(包括受控源)的输出功率。

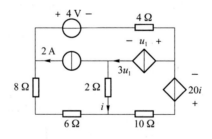

题图 1-13

1-18　半导体的导电原理是什么?它具有哪些特点?

1-19　温度是怎样影响半导体器件的导电特性的?

1-20　三极管的电路结构是两个背靠背的二极管,为什么还具有电流放大能力?

1-21　共有几种类型的三极管?它们之间有哪些重要区别?

1-22　计算题图 1-14 所示电路中电流 I_D 大小。设二极管 D 有 0.7 V 的管压降,$R=$

1 kΩ,电源电压为 5 V。

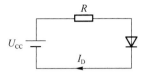

题图 1-14

1-23　判断题图 1-15 所示电路中的二极管是导通的还是截止的,并说明原因。

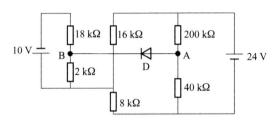

题图 1-15

1-24　已知题图 1-16 所示的全波整流电路,绘制电阻 R 上的电压波型,并用 Multisim 验证。

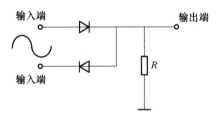

题图 1-16

1-25　设题图 1-17 所示电路中的二极管有 0.7 V 管压降,利用二极管恒压降模型求电路中的电流大小和输出电压 u_O。

1-26　电路如题图 1-18 所示,二极管 D 为硅二极管(导通电压降 $U_{th}=0.7$ V),采用恒压降模型,估算开关闭合前后 R_2 上的电压降。

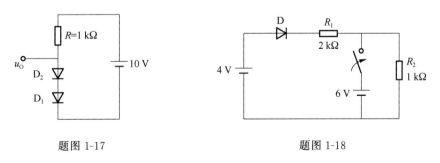

题图 1-17　　　　　　　　　　　　题图 1-18

1-27　电路如题图 1-19 所示,输入电压 $u_i=5\cos(\omega t)$ V,二极管 D 为硅二极管,分别采用理想模型和恒压降模型,求 $R=1$ kΩ 上的输出电压 u_o。

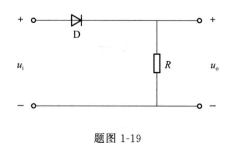

题图 1-19

1-28 电路如题图 1-20 所示,二极管为硅二极管,采用理想化模型,输入信号 $u_i = U_m \sin(\omega t)$ V,画出输出电压信号 u_o。

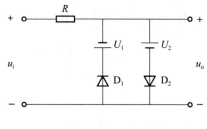

题图 1-20

1-29 电路如题图 1-21 所示,采用理想化模型,判断图中的二极管是导通还是截止的,并求 U_O。

1-30 电路如题图 1-22 所示,采用理想化模型,输入信号 U_1 和 U_2 的值可以为 0 V 或 5 V,求不同输入时对应的输出。

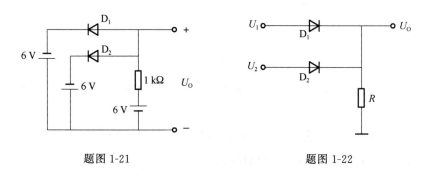

题图 1-21   题图 1-22

1-31 某二极管用于检波(通信系统中用于检测出调幅信号包络的电路)的电路如题图 1-23 所示,输入信号峰-峰值为 4 V,环境温度为 -20～40 ℃,要求二极管电流为 5 mA,工作频率为 465 kHz,试选择合适的器件。

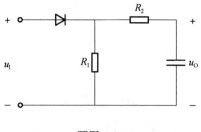

题图 1-23

1-32　题图 1-24 左侧的电路叫作钳位电路,右侧是输入电压的波形,试绘制输出电压 u_O 的波形图,并用 Multisim 验证。

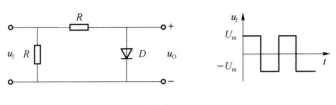

题图 1-24

1-33　在题图 1-25 所示电路中,输入电压 $u_i = 15\sin(\omega t)\,\mathrm{V}$,$D_{Z1}$、$D_{Z2}$ 的稳定电压分别是 8 V 和 10 V,正向压降为 0.7 V。试画出输出电压 u_o 的波形。

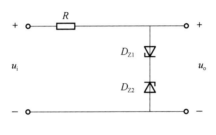

题图 1-25

1-34　用 Multisim 仿真题图 1-26 所示电路,设置输入信号为正弦波,峰-峰值为 8 V。分别用理想三极管和低频小信号模型进行仿真,观察仿真结果,并对其特征进行分析。

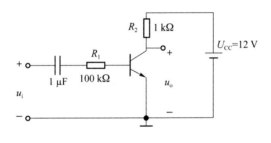

题图 1-26

1-35　已知如题图 1-27 所示电路,电源电压为 15 V,三极管的 $\beta = 100$,$R_b = 1\,\mathrm{k\Omega}$,环境温度为 0~40 ℃,要求三极管的集电极电流为 0.1 A,工作频率为 10 kHz,试选择合适的 R_c 电阻值。

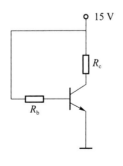

题图 1-27

1-36 在题图 1-28 所示电路中,$U_1 = 1$ V,$U_2 = 12$ V,$U_3 = -12$ V,$U_C = 0$ V,试确定 R_1 和 R_2 的比值。

1-37 电路如图 1-29 所示,稳压管的稳定电压是 5 V,电源电压 $U_{CC} = 12$ V,三极管集电极电压 $U_C = 8$ V,电阻 $R_e = 2$ kΩ,$R_b = 20$ kΩ,试计算发射极电流和三极管的压降。

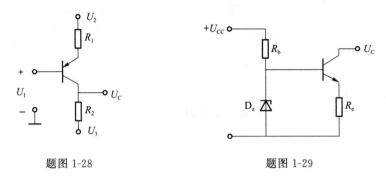

题图 1-28   题图 1-29

第 2 章 电阻电路的基本分析方法与定理

所谓电阻电路,是指电路只由电源(独立源、受控源)和电阻元件组成,而不包含电容、电感等动态元件。对于这类电路,不管结构多复杂,电流和电压的约束关系都是瞬时的,各支路每一时刻的电流(电压)只取决于该时刻电路的情况,而与历史时刻无关。因此,电阻电路是无记忆电路。电阻电路各个支路上电流和电压的约束关系即 VCR 是代数方程。

2.1 等效的概念及等效变换分析

等效是电路分析中一个非常重要的概念,被广泛用于电路的化简、分析和计算中。先说明等效的含义。设有两个二端网络(只有两个端钮与外电路相连接的网络,也称为单口网络)N_1、N_2,如图 2-1-1 所示,如果二端网络 N_1 和二端网络 N_2 的端口处电压、电流关系完全相同,即它们在 u-i 平面上的伏安特性曲线完全重叠,则这两个二端网络是等效的。

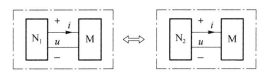

图 2-1-1 等效概念示意图

应注意的是,等效概念是对外部电路而言的,即对外等效,也就是说,对于任一外部电路 M,N_1、N_2 具有完全相同的作用,没有任何区别。而 N_1、N_2 则可以是两个完全不同的电路,它们之间没有任何形式的电路元件或结构上的对应关系。

在一般情况下,可以将电路中较为复杂的部分通过等效关系变为较简单的形式,从而简化整个电路的分析计算。下面我们利用等效的概念来分析推导常用的等效变换关系。

2.1.1 电阻的串联与分压公式

设有两个二端网络 N_1 和 N_2,如图 2-1-2 所示。其中 N_1 由 n 个电阻 $R_1, R_2, \cdots, R_n$ 串联而成,而 N_2 只有一个电阻 R。对于 N_1 而言,端口处的 VCR 为

$$u = R_1 i + R_2 i + \cdots + R_n i = (R_1 + R_2 + \cdots + R_n)i$$

而对于 N_2 而言,其 VCR 为

$$u = Ri$$

显然,如果有

$$R = R_1 + R_2 + \cdots + R_n \qquad (2\text{-}1\text{-}1)$$

则 N_1 和 N_2 的 VCR 必然完全相同,因而 N_1 与 N_2 等效。

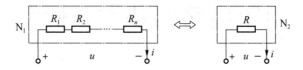

图 2-1-2   电阻的串联等效示意图

式(2-1-1)就是电阻的串联等效公式。R 是 $R_1, R_2, \cdots, R_n$ 串联的等效电阻。

由图 2-1-3 不难得出总电压与分电压的关系:

$$u_n = iR_n = \frac{R_n}{R} u$$

各分电压之比等于各分电阻之比,即

$$u_1 : u_2 : \cdots : u_n = R_1 : R_2 : \cdots : R_n \qquad (2\text{-}1\text{-}2)$$

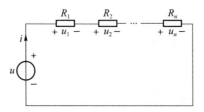

图 2-1-3   电阻的串联分压关系示意图

2.1.2   电阻的并联与分流公式

若干电阻并联如图 2-1-4 所示,则总的等效电阻 R 可表示为

$$\frac{1}{R} = \frac{1}{R_1} + \frac{1}{R_2} + \cdots + \frac{1}{R_n} \qquad (2\text{-}1\text{-}3)$$

用电导表示,则并联结构的等效电导为

$$G = G_1 + G_2 + \cdots + G_n \qquad (2\text{-}1\text{-}4)$$

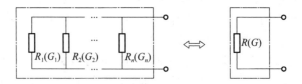

图 2-1-4   电阻的并联等效示意图

图 2-1-5 中各电阻上的电流与总电流的关系为

$$i_n = G_n u = \frac{G_n}{G} i \qquad (2\text{-}1\text{-}5)$$

各分电流之比等于各电导之比,即

$$i_1 : i_2 : \cdots : i_n = G_1 : G_2 : \cdots : G_n \tag{2-1-6}$$

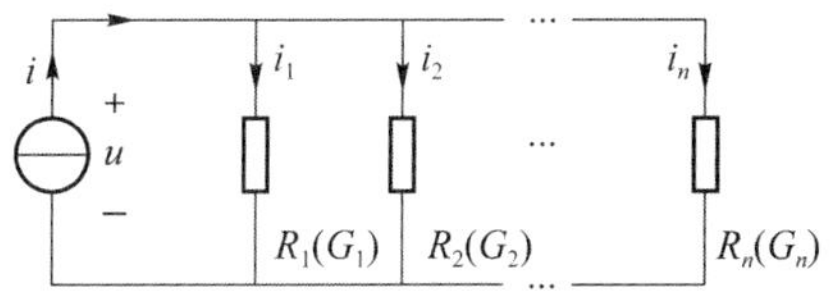

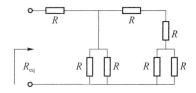

图 2-1-5　电阻的并联分流关系示意图

既有串联又有并联的电阻连接称为电阻的混联,可以分别用串并联关系依次合并化简。

【例题 2-1】　求图 2-1-6 所示混联电阻网络的等效电阻 R_{eq}。

图 2-1-6　例题 2-1 用图

解: 两个电阻 R 的并联用 R_1 表示,则 $R_1 = \dfrac{R^2}{R+R}$。所以

$$R_{eq} = \frac{R_1 (R_1 + 2R)}{R_1 + 2R + R_1} + R = \frac{17}{12} R$$

2.1.3　电源的等效变换

这里所说的电源模型为理想电压源或者理想电流源,简称电压源或者电流源。

1. 电压源串联

数个电压源串联的电路如图 2-1-7(a)所示,由 KVL 得

$$u_S = u_1 + u_2 + \cdots + u_n \tag{2-1-7}$$

等效电压源的电压等于各电压源电压值的代数和。

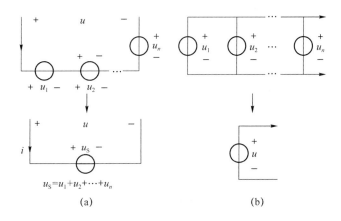

(a)　　　　　　　　　　　(b)

图 2-1-7　电压源串联、并联等效变换图

2. 电压源并联

数个电压源并联,当 $u_1 = u_2 = \cdots = u_n = u_S$ 时,等效电路如图 2-1-7(b)所示,等效电压源的电压是其中的任一电压值。当 $u_1 \neq u_2 \neq \cdots \neq u_n$ 时,将产生无穷大的电流,从而烧毁电路。所以不同数值和极性的电压源不能并联。

3. 电流源并联

数个电流源并联,根据 KCL 可将其等效为一个电流源,等效电流源的电流等于各个电流源电流值的代数和,如图 2-1-8(a)所示,由 KCL 得

$$i_S = i_1 + i_2 + \cdots + i_n \tag{2-1-8}$$

4. 电流源串联

数个电流源串联,当 $i_1 = i_2 = \cdots = i_n$ 时,等效电路如图 2-1-8(b)所示,等效电流源的电流是其中的任一电流值。当 $i_1 \neq i_2 \neq \cdots \neq i_n$ 时,将产生无穷大的电压,烧毁电路。所以不同的电流源不能串联。

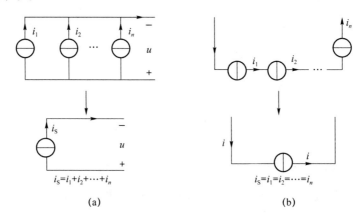

(a)   (b)

图 2-1-8 电流源的并联、串联等效变换图

5. 电压源与二端网络 N 并联,电流源与二端网络 N 串联

对于外电路而言,电压源 u_S 与任意二端网络 N 并联,只要这个二端网络 N 不是与该电压源不同数值或极性相反的电压源,对外都可等效为电压源 u_S,如图 2-1-9 所示。

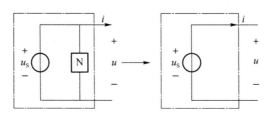

图 2-1-9 电压源与二端网络并联的等效电路图

根据理想电压源的特性,端口处的电压 u 始终等于 u_S;由于电压源可提供任意大小的电流,N 的存在虽然会使电压源电流有所改变,但是不管 N 加入与否,电压源两端的电压都不会改变。我们看到,只要外接负载相同,端口对外输出的电流 i 就相同。所以,两者外部的 VCR 完全相同,可以等效表示。

同样地,对于外电路而言,电流源与任意二端网络(除了不同数值和电流方向相反的电

流源)串联的等效电路就是电流源本身,如图 2-1-10 所示。

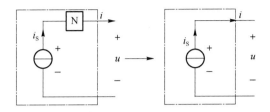

图 2-1-10　电流源与二端网络串联的等效电路图

6. 两种实际电源模型的等效变换

前文提到,由于实际电压源存在电源损耗,当外接负载后,有电流流过负载,实际电压源的端电压会随电流的增大而减小,实际电压源的端电压不是恒定不变的,因此实际电压源可用理想电压源与电阻的串联模型或理想电流源与电阻的并联模型来表示,如图 2-1-11 和图 2-1-12 所示。

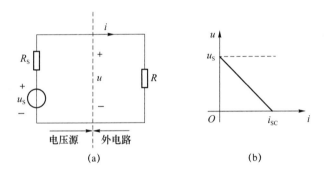

图 2-1-11　实际电压源的电路模型和伏安特性曲线

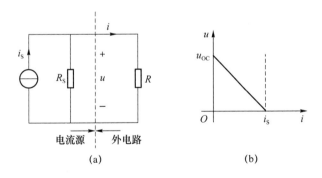

图 2-1-12　实际电流源的电路模型和伏安特性曲线

根据等效的概念,如果两者的外特性完全相同,则它们可以进行等效互换。如果两者等效,则它们的伏安特性曲线应完全相同,由此可以得出等效条件为

$$u_S = i_S R_S \tag{2-1-9}$$

$$i_S = \frac{u_S}{R_S} \tag{2-1-10}$$

如果已知实际电压源模型,由式(2-1-9)可以求出与它等效的实际电流源模型。反之,已知实际电流源模型,由式(2-1-10)可以求出与它等效的实际电压源模型。在等效变换时

要注意实际电压源的极性与实际电流源的方向之间的对应关系,如图 2-1-13 所示。

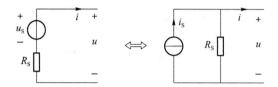

图 2-1-13 实际电流源、电压源的等效变换电路图

理想电压源与理想电流源不能进行等效变换,因为两者的 VCR 曲线截然不同。

【例题 2-2】 已知电路如图 2-1-14(a)所示,虚线框内是一个电压源与电阻串联的电路,求与虚线框内电路等效的电流源与电阻并联电路。

解:等效电流源的电流

$$i_S = \frac{u_S}{R_S} = \frac{1}{2} \text{ A} = 0.5 \text{ A}$$

等效电路如图 2-1-14(b)所示。

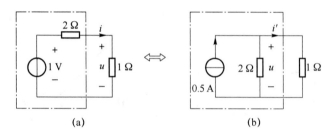

图 2-1-14 例题 2-2 用图

【例题 2-3】 将图 2-1-15 所示电路简化成简单的电压源模型电路。

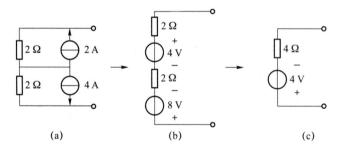

图 2-1-15 例题 2-3 用图

解:根据电压源等效变换规则,可依次化简为图 2-1-15(b)、图 2-1-15(c)。

【例题 2-4】 将图 2-1-16 所示电路简化成简单的电流源模型电路。

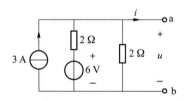

图 2-1-16 例题 2-4 用图

解：先将电压源支路变换为电流源与电阻的并联支路，如图 2-1-17(a)所示。再将电流源和电阻进行合并，如图 2-1-17(b)所示，此为电流源电路的最简形式。

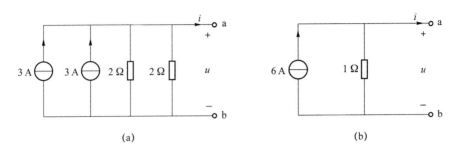

图 2-1-17　例题 2-4 中电路的化简步骤

2.2　电路分析的一般方法

本节介绍线性电路的一般分析方法。所谓线性电路的一般分析方法，是指能求解任何线性电路，特别是复杂线性电路的方法。这种方法是依据 KCL、KVL 及元件电压和电流关系列方程、解方程，而且所列的方程又有一定的规律可循。

2.2.1　支路电流(电压)法

对于包含 b 条支路 n 个节点的电路，若以支路电流和支路电压为电路变量，则共有 $2b$ 个未知量。由相关理论可知，利用 KCL 可列写 $n-1$ 个独立电流方程，利用 KVL 可列写 $b-n+1$ 个独立电压方程，而利用元件的 VCR 又可列出 b 个方程。方程数与未知数相等，可以求解方程中的电路变量。

进一步分析，由于各支路具有固定的 VCR，在电阻电路中一旦求出各支路电流(电压)，各支路电压(电流)则可由相应支路的 VCR 求得。因此，求解整个电路可以分两步进行，先设法求得所有支路电流(电压)，再由各支路的元件约束关系求出所有支路电压(电流)。这样，联立方程数目就减少为 b 个。

以支路电流法为例，先利用 KCL 列写 $n-1$ 个独立电流方程，利用 KVL 列写 $b-n+1$ 个独立电压方程。然后依据相关的 VCR，将 KVL 方程中的电压变量用电流变量代替。这样，可得到以 b 条支路电流为未知量的 b 个独立方程，即可由此求解支路电流。

类似地，若将上述 $n-1$ 个独立的 KCL 方程中的电流变量用支路电压代替，即可得到以 b 条支路电压为未知量的 b 个独立方程，可由此求解支路电压。

【例题 2-5】　根据图 2-2-1 所示电路，列出求解电路的支路电流方程，并计算各支路电流。

解：首先标出各支路电流及参考方向，如图 2-2-1 所示。因为电路具有 3 个节点、5 条支路，所以可列出 2 个独立的节点电流方程和 3 个独立的回路电压方程。

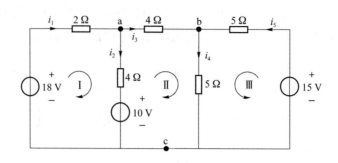

图 2-2-1   例题 2-5 用图

对于节点 a 和 b,由于每个节点都包含一个独有的电流变量,因此各方程必定彼此独立。

由节点 a 有

$$-i_1+i_2+i_3=0$$

由节点 b 有

$$-i_3+i_4-i_5=0$$

列写回路 I、II、III 的 KVL 方程,由于各回路包含独有的支路电压,因而各个 KVL 方程彼此独立,有

I : $2i_1+4i_2=18-10$

II : $-4i_2+4i_3+5i_4=10$

III : $5i_4+5i_5=15$

将上述方程整理后有

$$-i_1+i_2+i_3=0$$
$$-i_3+i_4-i_5=0$$
$$2i_1+4i_2=8$$
$$-4i_2+4i_3+5i_4=10$$
$$5i_4+5i_5=15$$

解方程组得

$$i_1=2\text{ A},i_2=1\text{ A},i_3=1\text{ A},i_4=2\text{ A},i_5=1\text{ A}$$

利用独立的 KCL 方程与 KVL 方程是分析线性电路的一种最基本的方法,在方程数目不多的情况下可以使用。当方程数目较多、规律性不强,手工求解比较烦琐时,有必要寻求更简便、规律性更强的系统化求解电路的方法。

2.2.2 网孔电流法

网孔电流法是求解线性网络的一个重要方法,它只适用于平面网络。网孔电流法以网孔电流作为电路的独立变量。

对于 b 条支路、n 个节点的平面网络,共有 $b-n+1$ 个网孔。设电路的每个网孔中都有一个环绕网孔流动的电流,如果求出网孔电流,就可以求取所有的支路电流。先沿每个网孔(回路)列写 KVL 方程,再以网孔电流与电阻的乘积表示各网孔涉及的电阻支路电压,则可由 $b-n+1$ 个独立方程求解 $b-n+1$ 个网孔电流变量。最后根据 KCL、元件的 VCR 求出

全部支路电流及电压。下面举例说明网孔电流方程的列写过程。

1．网孔电流法举例

【**例题 2-6**】　已知电路如图 2-2-2 所示。

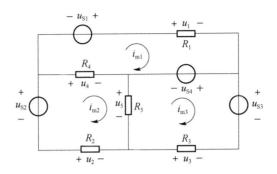

图 2-2-2　例题 2-6 用图

在图 2-2-2 所示的电路中,设网孔电流为 i_{m1}、i_{m2}、i_{m3},方向如图 2-2-2 所示。列写各网孔回路的 KVL 方程:

$$\begin{cases} u_1 - u_4 = u_{S1} - u_{S4} \\ -u_2 + u_4 + u_5 = u_{S2} \\ -u_3 - u_5 = -u_{S3} + u_{S4} \end{cases} \tag{2-2-1}$$

将各支路电压表示为网孔电流与电阻的乘积:

$$u_1 = R_1 i_{m1}$$
$$u_2 = -R_2 i_{m2}$$
$$u_3 = -R_3 i_{m3}$$
$$u_4 = R_4 (i_{m2} - i_{m1})$$
$$u_5 = R_5 (i_{m2} - i_{m3}) \tag{2-2-2}$$

将式(2-2-2)代入式(2-2-1),整理得

$$\begin{cases} (R_1 + R_4) i_{m1} - R_4 i_{m2} = u_{S1} - u_{S4} \\ -R_4 i_{m1} + (R_2 + R_4 + R_5) i_{m2} - R_5 i_{m3} = u_{S2} \\ -R_5 i_{m2} + (R_3 + R_5) i_{m3} = -u_{S3} + u_{S4} \end{cases} \tag{2-2-3}$$

由此可求得各个网孔电流。

可将网孔电流法推广到一般形式,对于具有 m 个网孔的任一平面网络,则网孔电流方程的标准形式为

$$\begin{cases} R_{11} i_{m1} + R_{12} i_{m2} + \cdots + R_{1m} i_{mm} = u_{S11} \\ R_{21} i_{m1} + R_{22} i_{m2} + \cdots + R_{2m} i_{mm} = u_{S22} \\ \qquad\qquad \cdots \\ R_{m1} i_{m1} + R_{m2} i_{m2} + \cdots + R_{mm} i_{mm} = u_{Smm} \end{cases} \tag{2-2-4}$$

其中:等号左边下标相同的电阻 R_{ii} 为各网孔的自电阻,其等于各网孔包含的所有电阻之和,该值总为正;下标不同的电阻 R_{jk} 为网孔 j 与 k 之间公共支路的互电阻,且 $R_{jk} = R_{kj}$。当公共支路上网孔 j 与网孔 k 电流方向相反时,互电阻为负,否则为正。若两网孔间没有公共支路,或有公共支路且公共电阻为零,如电压源支路,则互电阻等于零。u_{Sjj} 为网孔 j 所有电压

源电压的代数和,若沿网孔电流方向电源电压的参考极性由负到正,即电压升,则电压源前取正号;若沿网孔电流方向电源电压的参考极性由正到负,即电压降,则电压源前取负号。

需要说明的是,网孔电流的方向可任意选择,一般同时选择为顺时针或者逆时针方向,这样选取,则网孔间的互电阻统一都为负值。

用网孔电流法列写方程的规则可表述为:本网孔电流乘以自电阻,加上相邻网孔的网孔电流乘以本网孔与相邻网孔之间的互电阻,等于本网孔包含的所有电压源的代数和。

【例题 2-7】 列写图 2-2-3 所示电路的网孔电流方程。

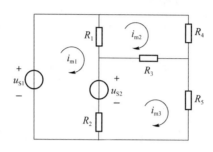

图 2-2-3　例题 2-7 用图

解: 选取网孔电流方向如图 2-2-3 所示,根据网孔电流方程的标准形式和列写规则,有

$$\begin{cases} (R_1+R_2)i_{m1} - R_1 i_{m2} - R_2 i_{m3} = u_{S1} - u_{S2} \\ -R_1 i_{m1} + (R_1+R_4+R_3)i_{m2} - R_3 i_{m3} = 0 \\ -R_2 i_{m1} - R_3 i_{m2} + (R_2+R_3+R_5)i_{m3} = u_{S2} \end{cases}$$

2. 特殊情况的处理

下面通过例题对在列写网孔电流方程过程中可能遇到的各种情况做进一步讨论。

(1) 若某一支路中出现了理想电流源

网孔电流方程中每项的量纲为电压量纲,若某支路中出现了理想电流源,此时无法按标准形式列写方程。在不改变电路结构的前提下,解决方法是:假设电流源的端电压为 u,将电流源看作电压为 u 的某段支路,即可按照一般方法列写方程。因为电压 u 是未知量,所以需增加一个表示网孔电流与电流源电流关系的约束方程。

【例题 2-8】 列写图 2-2-4 所示电路各网孔的电流方程。

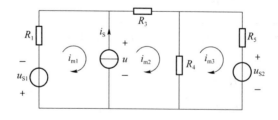

图 2-2-4　例题 2-8 用图

解: 设电流源的端电压为 u,各个网孔电流如图 2-2-4 中标注所示,则有

$$\begin{cases} i_{m1}R_1 = -u_{S1} - u \\ i_{m2}(R_3+R_4) - i_{m3}R_4 = u \\ -i_{m2}R_4 + i_{m3}(R_4+R_5) = -u_{S2} \end{cases}$$

约束方程：

$$i_{m2}-i_{m1}=i_{S1}$$

4 个未知量 4 个方程，可解得网孔电流 i_{m1}、i_{m2}、i_{m3} 以及电流源端电压 u。

【例题 2-9】 根据图 2-2-5(a)所示电路，用网孔电流法求支路电流 i。

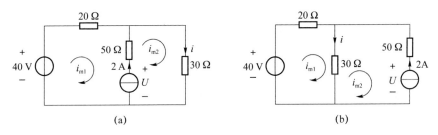

(a) (b)

图 2-2-5　例题 2-9 用图

解： 设网孔电流及参考方向如图 2-2-5(a)所示。其网孔电流方程为

$$\begin{cases}70i_{m1}-50i_{m2}=40-u\\-50i_{m1}+80i_{m2}=u\\i_{m1}-i_{m2}=-2\end{cases}$$

解方程组得

$$i=i_{m2}=1.6\ \text{A}$$

对含有电流源的支路电路作适当调整，就可以减少计算工作量，即若把图 2-2-5(a)改为图 2-2-5(b)所示，则只用一个方程就可解得 i_{m1}。另外一个网孔的电流可由电流源电流大小获得。网孔 i_{m1} 的方程为

$$50i_{m1}+30\times 2=40$$

解得

$$i_{m1}=-\frac{2}{5}\text{A}$$

$$i=i_{m1}+2=1.6\ \text{A}$$

（2）电路中含有受控源

当电路中含有受控源时，可先将其看作独立源，按网孔电流法的一般规律列写方程。由于受控源的控制量也是未知量，因此应该再补充表示网孔电流与控制量之间关系的约束方程。

【例题 2-10】 列写图 2-2-6 所示电路的网孔电流方程。

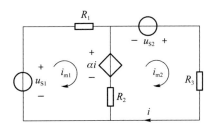

图 2-2-6　例题 2-10 用图

解： 将受控源当作独立源看待，按一般规则列写网孔电流方程如下：

47

$$\begin{cases} i_{m1}(R_1+R_2)-i_{m2}R_2=u_{S1}-\alpha i \\ -i_{m1}R_2+i_{m2}(R_2+R_3)=\alpha i-u_{S2} \end{cases}$$

添加约束方程：$i=i_{m2}$，代入上面的方程组，有

$$\begin{cases} i_{m1}(R_1+R_2)+(\alpha-R_2)i_{m2}=u_{S1} \\ -i_{m1}R_2+i_{m2}(R_2+R_3-\alpha)=-u_{S2} \end{cases}$$

由上面的方程组可以看出，对于含受控源的网络，互电阻将不再相等。

网孔电流法分析电路的一般步骤总结如下。

① 选定网孔电流及参考方向。

② 按标准形式和列写规则列写网孔电流方程。注意自电阻总为正，互电阻的正负要根据相邻网孔的电流方向而定；当电路中含有受控源或理想电流源时，按图 2-2-4、图 2-2-6 中给出的方法处理。

③ 求解网孔电流。

④ 通过 KCL、元件 VCR 解出所有支路的电流、电压。

【例题 2-11】 已知图 2-2-7 所示电路，网孔电流方向以及电流源端电压如图 2-2-7 所示，列出求解电路所需的网孔电流方程及辅助方程。

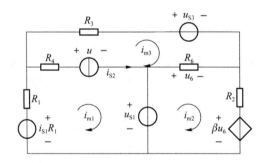

图 2-2-7　例题 2-11 用图

解： 对于已知的 3 个网孔，其网孔电流方程为

$$(R_1+R_4)i_{m1}-R_4 i_{m3}=R_1 i_{S1}-u_{S1}-u$$

$$(R_2+R_6)i_{m2}-R_6 i_{m3}=u_{S1}-\beta u_6$$

$$-R_4 i_{m1}-R_6 i_{m2}+(R_3+R_4+R_6)i_{m3}=u-u_{S3}$$

由 3 个网孔可以列出 3 个网孔电流方程，但是 3 个方程中含有 5 个变量，所以需要增加 2 个辅助方程：一个是把受控源的控制量用网孔电流表示；另一个是把已知的支路电流用网孔电流表示。

$$u_6=R_6(i_{m2}-i_{m3})$$

$$i_{m1}-i_{m3}=i_{S2}$$

这样，解方程组可得各网孔电流 i_{m1}、i_{m2}、i_{m3}。

2.2.3　节点电压法

对于包含 b 条支路、n 个节点的电路，若假设任一节点作为参考节点，则其余 $n-1$ 个节点称为独立节点，各独立节点相对于参考节点的电压称为节点电压。节点电压是一组独立

完备的电压变量,即各支路电压可由节点电压表示,因此由各节点电压可求解所有支路电压。以节点电压作为未知变量并按一定规则列写电路方程的方法称为节点电压法。一旦解得各节点电压,根据 KVL 可解出电路中所有的支路电压,再由电路各元件的 VCR 可进一步求得各支路电流。

1. 节点电压法方程的列写方法

那么,如何列写求解节点电压所需的方程组呢? 可以先对每个独立的节点列写 KCL 方程,共得到 $n-1$ 个独立的 KCL 方程;然后将方程中每条支路电流都以相应的节点电压与电导的乘积表示,这样可以得到包含 $n-1$ 个节点电压变量的 $n-1$ 个独立方程,即可求解。

现举例说明如下。以图 2-2-8 为例,先设节点④为参考节点,则节点①、②、③对节点④的电压即 3 个独立的节点电压,分别设为 u_1、u_2、u_3。然后对节点①、②、③列写 KCL 方程:

$$\begin{cases} i_1 + i_2 + i_{S3} - i_{S1} = 0 \\ -i_2 + i_4 + i_5 = 0 \\ -i_{S3} - i_4 + i_6 = 0 \end{cases} \tag{2-2-5}$$

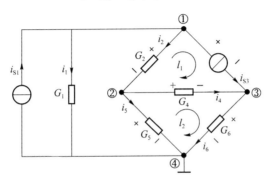

图 2-2-8　节点电压法推导用图

由各电阻元件的 VCR,有

$$i_1 = G_1 u_1, i_2 = G_2(u_1 - u_2), i_4 = G_4(u_2 - u_3), i_5 = G_5 u_2, i_6 = G_6 u_3 \tag{2-2-6}$$

代入式(2-2-5),得到以节点电压为变量的方程组:

$$\begin{cases} (G_1 + G_2)u_1 - G_2 u_2 = i_{S1} - i_{S3} \\ -G_2 u_1 + (G_2 + G_4 + G_5)u_2 - G_4 u_3 = 0 \\ -G_4 u_2 + (G_4 + G_6)u_3 = i_{S3} \end{cases} \tag{2-2-7}$$

由式(2-2-7)可解出 u_1、u_2、u_3 的值。

可将节点电压法所列写方程的特点进行总结、归纳,并将其推广到一般形式。对于具有 n 个独立节点的线性网络,当只含有电阻和独立电流源时,有

$$\begin{cases} G_{11}u_1 + G_{12}u_2 + \cdots + G_{1n}u_n = i_{S11} \\ G_{21}u_1 + G_{22}u_2 + \cdots + G_{2n}u_n = i_{S22} \\ \qquad\qquad\cdots \\ G_{n1}u_1 + G_{n2}u_2 + \cdots + G_{nn}u_n = i_{Snn} \end{cases} \tag{2-2-8}$$

其中:方程组等号左边的系数构成的行列式中主对角线上的电导 G_{ii} 为节点 i 的自电导,自电导定义为连接到每个相应节点上的所有支路电导之和,自电导总为正;非主对角线上的电导 G_{ik} 为节点 i 和 k 之间的互电导,互电导等于两节点间所有公共支路电导之和,互电导恒为负值,且 $G_{ik} = G_{ki}$。等号右边的电流 i_{Skk} 为流入节点 k 的电流源电流代数和,流入节点的

电流取正,流出为负。

列写节点方程的规则可总结为:本节点电压乘本节点自电导,加上相邻节点电压乘相邻节点与本节点之间的互电导,等于流入本节点的所有电流源电流的代数和。应该注意:当网络中含有电压源与电阻串联支路时,应将该支路等效为电流源与电阻并联;当网络中含有电流源与电阻串联时,该电阻既不能计入自电导,也不能计入互电导中。

【例题 2-12】 列写图 2-2-9 的节点电压方程。

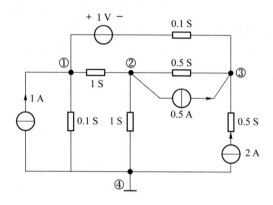

图 2-2-9 例题 2-12 用图

解:设节点④为参考节点,节点①、②、③的电压 u_1、u_2、u_3 即独立节点电压,根据方程列写规则,有

$$
\begin{cases}
(0.1+1+0.1)u_1 + (-1)u_2 + (-0.1)u_3 = 1 + 1 \times 0.1 \\
(-1)u_1 + (1+1+0.5)u_2 + (-0.5)u_3 = -0.5 \\
(-0.1)u_1 + (-0.5)u_2 + (0.5+0.1)u_3 = 2 + 0.5 - 1 \times 0.1
\end{cases}
$$

根据方程组,则可以求解出节点①、②、③的电压 u_1、u_2、u_3。

2. 特殊情况的处理

下面通过例题,对节点电压法求解电路过程中可能遇到的各种情况分别进行详细讨论。

(1) 电路中某支路为理想电压源的情况

假设电路中有理想电压源支路,且这些电压源由于没有电阻与之串联而无法转换为电流源与电阻的并联,同时电压源支路电流是未知的。在不改变电路结构的前提下,设电压源支路的电流为 i,按节点电压法的一般规则列写节点电压方程。因为电流 i 是引入的一个未知变量,所以要先补充一个与电压源支路相关的节点电压约束方程,再与原节点方程一起求解。

【例题 2-13】 列写图 2-2-10 所示电路的节点电压方程。

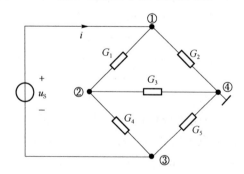

图 2-2-10 例题 2-13 用图

解: 以节点④为参考节点,设理想电压源支路的电流为 i,方向如图 2-2-10 所示,则节点电压方程如下:

$$\begin{cases} (G_1+G_2)u_1-G_1u_2=i \\ -G_1u_1+(G_1+G_3+G_4)u_2-G_4u_3=0 \\ -G_4u_2+(G_4+G_5)u_3=-i \end{cases}$$

因为 i 是未知量,所以要再添加一个辅助方程。利用已知的约束条件,有

$$u_1-u_3=u_S$$

这样,4 个方程解 4 个未知量,可以顺利求解。

由此可以看出,3 个节点电压方程的每项量纲是电流量纲,辅助方程的量纲是电压量纲。

（2）含受控源的网络

当网络中含受控源时,可以将受控源当成独立源处理,按一般规则列写独立节点电压方程。因为受控源的控制量也是未知量,可设法以节点电压表示控制量,即每个控制量对应一个辅助方程,将其与节点电压方程一起联立求解。

【例题 2-14】 列写图 2-2-11 所示电路的节点电压方程。

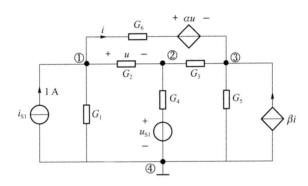

图 2-2-11　例题 2-14 用图

解: 以节点④为参考节点,节点电压方程如下:

$$\begin{cases} (G_1+G_2+G_6)u_1-G_2u_2-G_6u_3=i_{S1}+\alpha uG_6 \\ -G_2u_1+(G_2+G_3+G_4)u_2-G_3u_3=u_{S1}G_4 \\ -G_6u_1-G_3u_2+(G_3+G_5+G_6)u_3=\beta i-\alpha uG_6 \end{cases}$$

对于控制量 u,有

$$u_2-u_1=u$$

对于控制量 i,有

$$(u_1-u_3-\alpha u)G_6=i$$

这样,5 个方程 5 个未知量,方程可求解。

用节点电压法分析电路的步骤可总结如下。

① 选定电压参考节点,标注各节点电压。

② 对所有独立节点按列写规则列写节点方程,当电路中含有理想电压源或受控源时,按上述例题中所给出的方法处理。

③ 解方程组,求解各节点电压。

④ 利用 KCL、KVL 或欧姆定律求解各支路的电流。

节点电压法不仅适用于平面电路,而且对非平面电路也适用。因为节点电压法易于编程,所以其在计算机辅助网络分析中有着广泛的应用。

【例题 2-15】 求图 2-2-12 所示电路中的电压 u。

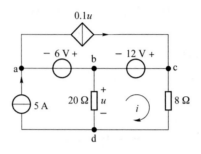

图 2-2-12　例题 2-15 用图

解:此题采用节点电压法求解时,若选 b 点为参考点,即 $u_b=0$,则 $u_a=-6\,\text{V}$,$u_c=12\,\text{V}$,只需一个方程就可解得 u_d。写出 d 点的节点电压方程,为

$$\left(\frac{1}{20}+\frac{1}{8}\right)u_d-\frac{1}{8}\times u_c=-5$$

解得

$$u_d=-20\,\text{V}$$

而

$$u=-u_d=20\,\text{V}$$

若用网孔电流法求解,因为电路中含有 3 个网孔,其中两个网孔的网孔电流是已知的,所以只要一个方程就可以解得 u。支路电流 i 所对应的网孔电流方程为

$$28i-5\times20=12$$

解得

$$i=4\,\text{A}$$
$$u=(5-i)\times20=20\,\text{V}$$

和前面的结果相同。

由以上几个例题可以看到:

① 网孔电流法和节点电压法都比支路电流法的方程少,而且由电路直接编写方程的规律易于掌握,所以网孔电流法和节点电压法应用得比较多。但是网孔电流法只适用于分析平面电路。

② 当电路中有理想电压源支路时,选电源负端为参考点,可减少节点电压方程的数目。当电路中有理想电流源支路时,适当调整支路位置,可减少网孔电流方程的数目。

③ 求解电路的关键是正确列出电路的分析方程,除掌握各种方程的一般列写步骤外,还应注意特殊情况的处理。

2.3　电路分析基本定理

本节将要介绍的几个重要定理被广泛应用在电路理论的研究和分析计算中。它们是电路的叠加定理、替代定理、戴维南定理、诺顿定理和最大功率传输定理。其中戴维南定理和诺顿定理不仅具有重要的理论意义,也是分析计算复杂线性电路的有效方法。

2.3.1　叠加定理

叠加定理是线性电路的一个重要定理,是指在由线性电阻、线性受控源和独立电源组成的电路中,任一元件的电流(或电压)都可以看作电路中每一个独立电源单独作用于电路时在该元件产生的电流(或电压)的代数和。

所谓单独作用,是指某一独立源作用时,其他独立源不作用,即置零。电压源相当于短路,电流源相当于开路。由以上表述我们不难看出,叠加定理实际上体现了线性电路的比例性和叠加性这两个特性。叠加定理在线性网络的分析中起着重要作用,是分析线性电路的基础,用它可以导出其他许多定理。

叠加定理可用框图 2-3-1 加以说明。例如,对于某线性系统,设 $x(t)$ 为系统激励,$y(t)$ 为响应,若激励变为 $ax(t)$,其中 a 为定值常数,则响应也将变为原来的 a 倍,即 $ay(t)$。这种性质也被称为比例性。若电路中存在多个激励,如图 2-3-1 所示,激励分别为 $x_1(t)$ 和 $x_2(t)$,对应的响应分别为 $ay_1(t)$ 和 $by_2(t)$,当激励 $ax_1(t)$ 和 $bx_2(t)$ 共同作用于系统时,系统的响应为 $ay_1(t)+by_2(t)$。这种性质称为叠加性。

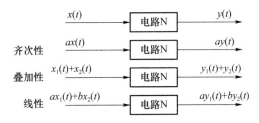

图 2-3-1　叠加定理的框图

当电路中含有多个独立源时,可将其分解为适当的几组,分别按组计算所求电流或者电压,再进行叠加。这样可将复杂的电路变为几个相对简单的电路进行分析计算。但是应该注意的是,虽然使用叠加定理计算过程相对简单,但是一个电路也因此变成了多个电路求解,因此应根据实际电路结构进行选择。

【例题 2-16】　电路如图 2-3-2 所示,求电压 u_3 的值。

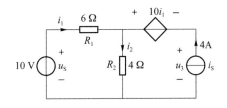

图 2-3-2　例题 2-16 用图

解:这是一个含有受控源的电路,用叠加定理求解该题。

电压 u_3 可以看作独立电压源 u_S 和电流源 i_S 共同作用下的响应。令电压源和电流源分别作用,但受控源不能单独作用,故每个独立源单独作用时,在电路中受控源要保留,不能作为独立源进行分解。分解后的电路如图 2-3-3(a)、图 2-3-3(b)所示,则电压 $u_3 = u_3' + u_3''$。

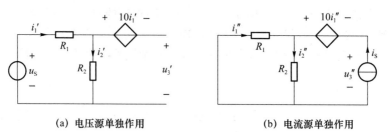

(a) 电压源单独作用　　　　　　　(b) 电流源单独作用

图 2-3-3　解例题 2-16 用图

对于图 2-3-3(a),

$$i_1' = i_2' = \frac{10}{4+6}\text{A} = 1\text{ A}$$

$$u_3' = -10i_1' + 4i_2' = -6\text{ V}$$

对于图 2-3-3(b),

$$i_1'' = \frac{-4}{6+4} \cdot 4\text{ A} = -1.6\text{ A}$$

$$i_2'' = \frac{6}{6+4} \cdot 4\text{ A} = 2.4\text{ A}$$

根据 KVL,有

$$u_3'' = -10i_1'' + 4i_2'' = 25.6\text{ V}$$

根据叠加定理,得

$$u_3 = u_3' + u_3'' = (-6+25.6)\text{V} = 19.6\text{ V}$$

【例题 2-17】　在图 2-3-4 所示的线性网络 N 中,已知当 $i_{S1} = 10$ A,$i_{S2} = 14$ A 时,$u_x = 100$ V;当 $i_{S1} = -10$ A,$i_{S2} = 10$ A 时,$u_x = 20$ V。求:

① 若 N 为无源电阻网络,当 $i_{S1} = 3$ A,$i_{S2} = 12$ A 时,$u_x = ?$

② 若 N 含有一电压源 u_S,当 u_S 单独作用时,$u_x = 20$ V,当 $i_{S1} = 8$ A,$i_{S2} = 12$ A 时,$u_x = ?$

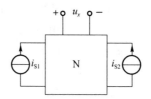

图 2-3-4　例题 2-17 用图

解:对于这样的题,一般要利用网络的线性性质求解。

① 因为电路有两个独立源激励,依据电路的叠加性,设 $k_1 i_{S1} + k_2 i_{S2} = u_x$,其中 k_1、k_2 为两个未知的比例系数。利用已知条件,可知

$$\begin{cases} 10k_1 + 14k_2 = 100 \\ -10k_1 + 10k_2 = 20 \end{cases} \Rightarrow \begin{cases} k_1 = 3 \\ k_2 = 5 \end{cases}$$

当 $i_{S1}=3$ A, $i_{S2}=12$ A 时,

$$u_x=3i_{S1}+5i_{S2}=69 \text{ V}$$

② 网络 N 含有一电压源 u_S,则

$$k_1'i_{S1}+k_2'i_{S2}+k_3'i_{S3}=u_x$$

要注意,由于电路结构不同,这里的系数 k_1'、k_2' 与①中 k_1、k_2 的值是不一样的。由已知条件:$i_{S1}=i_{S2}=0$,$u_x=20$ V 可知

$$k_3'u_S=20 \tag{2-3-1}$$

又已知其他数据仍有效,即

$$10k_1'+14k_2'+k_3'u_S=100 \tag{2-3-2}$$

$$-10k_1'+10k_2'+k_3'u_S=20 \tag{2-3-3}$$

联立式(2-3-1)、式(2-3-2)、式(2-3-3)得

$$\begin{cases} k_1'=3.33 \\ k_2'=3.33 \end{cases}$$

所以,当 $i_{S1}=8$ A, $i_{S2}=12$ A 时,有

$$u_x=3.33i_{S1}+3.33i_{S2}+k_3'u_S=3.33i_{S1}+3.33i_{S2}+20=86.67 \text{ V}$$

【例题 2-18】　电路如图 2-3-5 所示,其中 N 为线性含源电路。已知当 $u_S=0$ 时,电流 $i=2$ mA;当 $u_S=20$ V 时,电流 $i=-2$ mA。求 $u_S=-10$ V 时的电流 i。

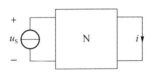

图 2-3-5　例题 2-18 用图

解:此题要利用线性电路的线性性质计算。电流 i 由 u_S 和 N 中的独立源共同作用产生,即

$$i=i_1+i_2$$

当 $u_S=0$,N 中独立源作用时,$i_1=0$,即

$$i=i_2=2 \text{ mA}$$

当 $u_S=20$ V 和 N 中独立源共同作用时,

$$i_1=i-i_2=(-2-2)\text{mA}=-4 \text{ mA}$$

由叠加定理的齐次性可知,当 $u_S=-10$ V 时,

$$i_1'=-\frac{1}{2}i_1=2 \text{ mA}$$

由线性性质可知,当 $u_S=-10$ V 和 N 中独立源共同作用时,

$$i=i_1'+i_2=4 \text{ mA}$$

使用叠加定理时应注意以下几点。

① 叠加定理只适用于线性电路,当电路中某些 VCR 不是单值(如图 1-4-3 所示非线性电阻),即电路不具有唯一解时,不能成立。

② 由于受控源不代表外界对电路的激励,所以进行叠加处理时,受控源及电路的连接关系都应保持不变。

③ 叠加是代数相加,要注意电流和电压的参考方向。

④ 由于功率不是电流或者电压的一次函数,所以功率不能叠加。

2.3.2 替代定理

定理内容:在有唯一解的任意线性或者非线性网络中,若某一支路的电压为 u_k、电流为 i_k,那么这条支路就可以用一个电压等于 u_k 的独立电压源或者一个电流等于 i_k 的独立电流源替代,替代后电路其他各支路电压、电流保持不变。

【例题 2-19】 已知电路如图 2-3-6 所示,其中 $U=1.5\ \mathrm{V}$,试用替代定理求 U_1。

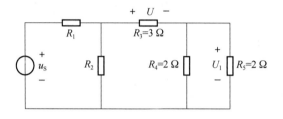

图 2-3-6 例题 2-19 用图

解: 设 R_3 支路以左的网络为 N。因为已知 R_3 支路的电压及电阻,所以流过 R_3 的电流为

$$\frac{U}{R_3}=\frac{1.5}{3}\ \mathrm{A}=0.5\ \mathrm{A}$$

将 R_3 支路用电流源代替,如图 2-3-7 所示,则替代后各支路电压、电流不变。由此可以得到

$$U_1=\frac{0.5}{2}\times 2\ \mathrm{V}=0.5\ \mathrm{V}$$

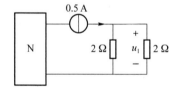

图 2-3-7 解例题 2-19 用图

【例题 2-20】 在图 2-3-8 所示电路中,已知 N_2 的 VCR 为 $u=i+2$,利用替代定理求 i_1 的大小。

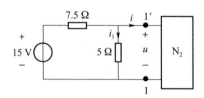

图 2-3-8 例题 2-20 用图

解: 假设 1-1′ 左端电路为 N_1,则 N_1 的最简等效电路形式如图 2-3-9 所示。其 VCR 表达式为

$$u = -3i + 6$$

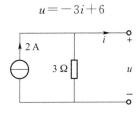

图 2-3-9　解例题 2-20 用图一

端口电压变量 u 和电流变量 i 应该同时满足 N_1 和 N_2 的 VCR，因此有

$$\begin{cases} u = i + 2 \\ u = -3i + 6 \end{cases} \Rightarrow \begin{cases} u = 3 \text{ V} \\ i = 1 \text{ A} \end{cases}$$

根据题意，我们以 $u_S = 3$ V 的电压源替代 N_2，如图 2-3-10 所示。

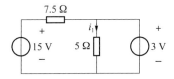

图 2-3-10　解例题 2-20 用图二

求得

$$i_1 = \frac{3}{5} \text{A}$$

使用替代定理时应注意下面几点。

① 替代定理适用于线性和非线性网络，电路在替代前后要有"唯一解"。因此，当电路中含有二极管、三极管等非线性元件时，应注意各元件的 VCR 是否满足唯一解的要求。

② 被替代的特定支路与电路其他部分应无耦合关系或者控制与被控制关系。因此，当电路中含有受控源时，应保证其控制支路或被控制支路不能存在于被替代的电路部分。

2.3.3　戴维南定理和诺顿定理

在电路分析中，常常需要研究某一支路的电流、电压或功率是多少，对于该支路而言，电路的其余部分可看作一个有源二端网络，该有源二端网络可等效为较简单的电压源与电阻串联或电流源与电阻并联支路，以达到计算和分析简化的目的。戴维南定理和诺顿定理给出了这种等效的方法。这两个定理非常重要，是电路分析计算的有力工具。

1. 戴维南定理

对于任何线性有源二端网络 N，就其外特性而言，可以用一个电压源与电阻的串联支路等效置换，如图 2-3-11 所示。

其中：电压源的电压值为该有源二端网络 N 的开路电压 u_{OC}，如图 2-3-12 所示；串联电阻值等于有源二端网络内部所有独立源不作用时对应的网络 N_0 在输出端求得的等效输入电阻 R_{eq}，如图 2-3-13 所示。这样的等效电路称为戴维南等效电路。

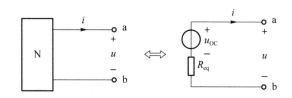

图 2-3-11　戴维南定理示意图

图 2-3-12　戴维南等效电路图一　　　　图 2-3-13　戴维南等效电路图二

戴维南定理的证明过程如下。

设一个线性含源单口网络 N 与外电路 M 相连,如图 2-3-14(a)所示。其中,M 是任意性质的外电路,其端电压为 u,端电流为 i。根据替代定理,外电路 M 可用电流为 i 的电流源 i_S 替代,电路如图 2-3-14(b)所示。在图 2-3-14(b)所示电路中,对 ab 端的电压 u 运用叠加定理,可以看作电流源 i_S 不作用而网络 N 的全部独立电源作用时的端电压 $u' = u_{OC}$ 与电流源 i_S 作用而网络 N 内部所有独立电源置零后的网络 N_0 端电压 $u'' = -R_{eq}i$ 的代数和,如图 2-3-14(c)所示。则有

$$u = u' + u'' = u_{OC} - R_{eq}i \tag{2-3-4}$$

其中,R_{eq} 为网络 N 独立源置零后的网络 N_0 的等效电阻。

式(2-3-4)就是网络 N 的 VCR 表达式。若用图 2-3-14(d)的电路等效替代网络 N,则其对外的 VCR 完全相同,而图 2-3-14(d)所示电路即为戴维南等效电路。戴维南定理得证。

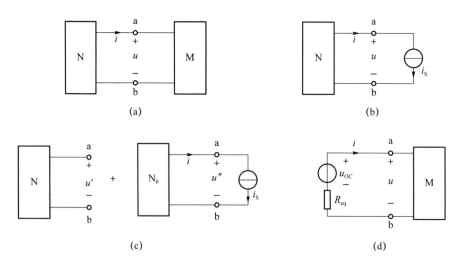

图 2-3-14　证明戴维南定理用图

下面通过例题说明该定理的应用。

【**例题 2-21**】　求图 2-3-15 所示电路中电流 i 的大小。

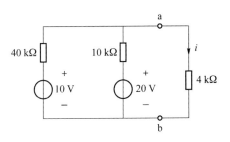

图 2-3-15　例题 2-21 用图

解:将电流 i 流过的 ab 支路作为外电路,将 ab 端以左的电路用戴维南定理等效。先求 ab 端的开路电压 u_{OC},如图 2-3-16(a)所示。

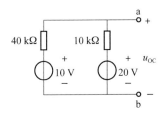
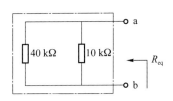

(a) 例题2-21所示电路的开路电压　　　　(b) 例题2-21所示电路的等效电阻

图 2-3-16　解例题 2-21 用图一

容易求得

$$u_{OC} = 18 \text{ V}$$

再求 R_{eq}:将独立电压源短路,则 ab 端以左仅为两电阻的并联,如图 2-3-16(b)所示,则

$$R_{eq} = 40 \text{ k}\Omega /\!/ 10 \text{ k}\Omega = 8 \text{ k}\Omega$$

用戴维南等效电路置换原 ab 端以左的电路,如图 2-3-17 所示。

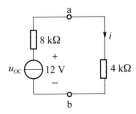

图 2-3-17　解例题 2-21 用图二

可求得

$$i = \frac{18}{4+8} \text{ mA} = 1.5 \text{ mA}$$

由上面的讨论我们可以看出,求含源二端网络 N 的戴维南等效电路时,等效输入电阻 R_{eq} 的求解是关键之处。当有源二端网络 N 内部独立源置零后,若网络内部全是电阻元件而不含有受控源,可以直接利用前面章节中介绍的电阻串并联等效变换关系计算 R_{eq}。当

有源二端网络 N 内部含有受控源时,计算等效输入电阻 R_{eq} 一般采用两种方法。

（1）外加电压法

首先将网络 N 内部所有独立电源置零,受控源保持不变。然后对除源网络（记为 N_0）外的电路加一电压源 u。设在该电压源作用下其端口电流为 i,如图 2-3-18 所示,则等效输入电阻 R_{eq} 定义为

$$R_{eq} = \frac{u}{i} \tag{2-3-5}$$

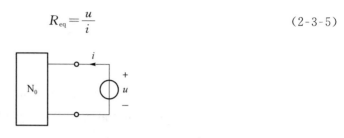

图 2-3-18　外加电压法求等效电阻示意图

【例题 2-22】　求图 2-3-19 所示电路中 ab 端的戴维南等效电路。

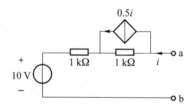

图 2-3-19　例题 2-22 用图

解:先求开路电压 u_{OC}。因为图 2-3-19 所示电路为开路状态,端口电流为零,所以开路电压就是电压源电压,有 $u_{OC} = 10$ V。再求等效电阻 R_{eq}。因为含有受控源,所以用外加电压法。

将 10 V 电压源作短路处理。受控电流源与电阻的并联电路可等效为受控电压源与电阻的串联形式。这样变换可使计算简单。在 ab 端施加一个电压为 u 的电压源,在该电压源作用下,端电流为 i,如图 2-3-20 所示。

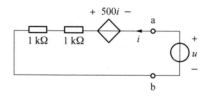

图 2-3-20　解例题 2-22 用图一

列写 KVL 方程,有

$$u = -500i + 2\,000i = 1\,500i$$

$$R_{eq} = \frac{u}{i} 1\,500 \ \Omega$$

ab 端的等效戴维南电路如图 2-3-21 所示。

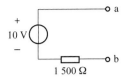

图 2-3-21　解例题 2-22 用图二

（2）开路电压短路电流法

对于某线性有源二端网络 N，若分别将其开路和短路，可求得两种情况下的开路电压 u_{OC} 与短路电流 i_{SC}，如图 2-3-22 所示，则

$$R_{eq} = \frac{u_{OC}}{i_{SC}} \tag{2-3-6}$$

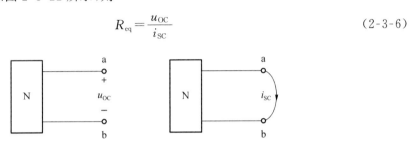

图 2-3-22　开路电压短路电流法示意图

在求解过程中，应该特别注意 u_{OC} 参考极性与 i_{SC} 参考方向的对应关系，注意与外加电压法求解的区别。

【例题 2-23】　求图 2-3-23 所示电路中的电压 u_1。

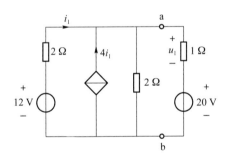

图 2-3-23　例题 2-23 用图

解： 将 ab 端以左的电路应用戴维南定理等效。

先求开路电压 u_{OC}，如图 2-3-24 所示。

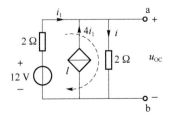

图 2-3-24　例题 2-23 求开路电压图

61

列写回路 l 的方程，有

$$2i = 2(i_1 + 4i_1) = 12 - 2i_1$$

$$i_1 = 1 \text{ A}$$

$$u_{\text{OC}} = 2 \times 5i_1 = 10 \text{ V}$$

再求短路电流 i_{SC}，如图 2-3-25 所示。

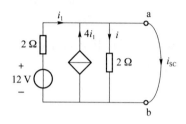

图 2-3-25　例题 2-23 求短路电流图

因为 $2\,\Omega$ 电阻被短路，所以电流 i 为零。列写 KVL 方程，有

$$12 = 2i_1$$

即

$$i_1 = 6 \text{ A}$$

$$i_{\text{SC}} = i_1 + 4i_1 = 5i_1 = 30 \text{ A}$$

最后根据开路电压短路电流法，有

$$R_{\text{eq}} = \frac{u_{\text{OC}}}{i_{\text{SC}}} = \frac{10}{30}\,\Omega = \frac{1}{3}\,\Omega$$

戴维南等效电路如图 2-3-26 所示。

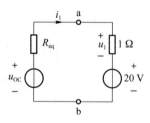

图 2-3-26　例题 2-23 的等效电路图

由此易求得

$$u_1 = -\frac{30}{4} \text{ V}$$

我们还可以用外加电压源法求例题 2-23 的戴维南等效电路，求解过程请读者自行练习，此处从略。

2. 诺顿定理

诺顿定理是戴维南定理的推论，与戴维南定理互为对偶定理。

任何线性有源二端网络 N，对其外特性而言，都可以用一个电流源与电阻的并联支路来代替。其中电流源电流值为有源二端网络输出端的短路电流 i_{SC}，并联电阻值为该有源二端网络内所有独立源置零后对应的网络 N_0 在输出端求得的等效输入电阻 R_{eq}，它与戴维南等效电阻含义相同,等效电路如图 2-3-27 所示,该电路称为诺顿等效电路。

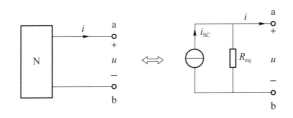

图 2-3-27　诺顿定理示意图

我们可以用与证明戴维南定理类似的方法证明诺顿定理。

应用戴维南定理和诺顿定理时,应注意以下几点。

① 戴维南定理和诺顿定理只适用于线性电路。

② 在一般情况下,戴维南电路与诺顿电路可以互相转换,如图 2-3-28 所示。转换时应根据等效原则,即端口处的 VCR 要相同。等效变换关系见式(2-3-7)。其中应特别注意开路电压 u_{OC} 参考极性和短路电流 i_{SC} 参考方向的对应关系。

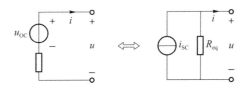

图 2-3-28　戴维南电路与诺顿电路等效变换图

$$\begin{cases} u_{OC} = i_{SC} R_{eq} \\ i_{SC} = \dfrac{u_{OC}}{R_{eq}} \end{cases} \qquad (2\text{-}3\text{-}7)$$

③ 当网络内部含有受控源时,控制电路与受控源必须包含在被化简的同一部分电路中,即该有源二端网络与外电路不能有耦合关系。

④ 若求得 N 的等效电阻 $R_{eq} \to \infty$,则戴维南等效电路不存在;若 $R_{eq} = 0$,则诺顿等效电路不存在。

【例题 2-24】　已知图 2-3-29(a)所示电路,求电流 i。

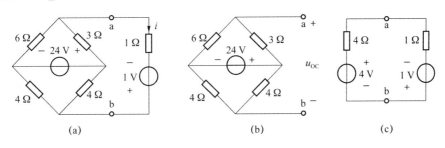

图 2-3-29　例题 2-24 用图

解:本题如果用前面介绍的方法解,无论是网孔电流法还是节点电压法,都需要解 3 个方程的方程组。如果用叠加法解,当 24 V 电压源单独作用时,等效电路是个桥形电路,求解过程并不简单。下面我们用戴维南定理来求解。电流 i 支路为待求量支路。

求 u_{OC}：自 a、b 处断开待求量支路，并设开路电压为 u_{OC}，如图 2-3-29(b)所示。利用串联电路分压公式和 KVL 可求得

$$u_{OC} = \left(-24 \frac{3}{3+6} + 24 \frac{4}{4+4} \right) V = 4\ V$$

求 R_{eq}：令图 2-3-29(b)中的电压源为零(短路)，利用串并联等效可求得等效电阻为

$$R_{eq} = 3\ \Omega\ /\!/\ 6\ \Omega + 4\ \Omega\ /\!/\ 4\ \Omega = 4\ \Omega$$

画出戴维南等效电路，并接上待求量支路，如图 2-3-29(c)所示，据此可求得

$$i = \frac{4+1}{1+4} A = 1\ A$$

【例题 2-25】 电路如图 2-3-30(a)所示，已知电阻 R 上的吸收功率为 2 W，求电压 u。

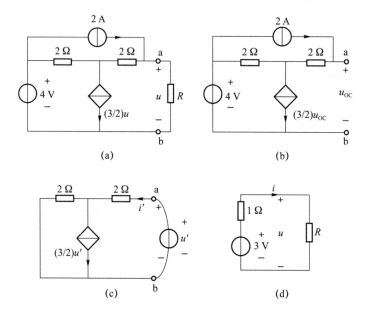

图 2-3-30 例题 2-25 用图

解：应用戴维南定理求解。

求 u_{OC}：从 a、b 处断开待求支路，设 u_{OC} 参考方向如图 2-3-30(b)所示。由 KVL 得

$$u_{OC} = 2 \times 2 + 2 \times \left(2 - \frac{3}{2} u_{OC} \right) + 4$$

解得

$$u_{OC} = 3\ V$$

求 R_{eq}：因为图 2-3-30(b)所示电路中含有受控源元件，所以可采用外加电源法计算等效电阻。令图 2-3-30(b)中的独立源为零，在 a、b 端外接电压源 u'，如图 2-3-30(c)，列出 KVL 方程为

$$u' = 2i' + 2 \times \left(i' - \frac{3}{2} u' \right) = 4i' - 3u'$$

解得

$$u' = i'$$

故有

$$R_{eq} = \frac{u'}{i'} = 1 \ \Omega$$

画出戴维南等效电路,如图 2-3-30(d)所示。据此可求得

$$u = 3 - i$$

或

$$i = 3 - u$$
$$p = ui = 3u - u^2 = 2 \ \text{W}$$

即

$$u^2 - 3u + 2 = 0$$

解得

$$u = 1 \ \text{V}$$

或

$$u = 2 \ \text{V}$$

【例题 2-26】　图 2-3-31(a)所示电路是三极管放大电路的直流通路。其中,$I_E = I_B + I_C$,$I_C = \beta I_B$,$U_{be} = 0.7 \ \text{V}$。试计算直流工作点各电量 I_B、I_C 和 U_{CE}。

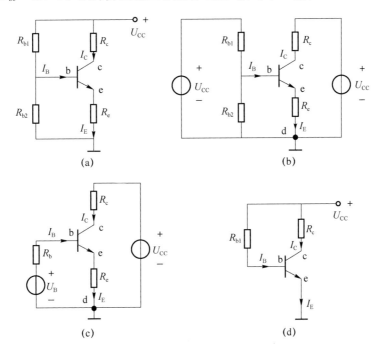

图 2-3-31　例题 2-26 用图

解:图中 U_{CC} 是电压源电压。由此我们可以将图 2-3-31(a)改画为图 2-3-31(b)。为了计算 I_B,我们可以先求出 bd 以左的戴维南等效电路,如图 2-3-31(c)所示,其中,

$$U_B = \frac{R_{b2}}{R_{b1} + R_{b2}} U_{CC} \quad R_b = \frac{R_{b1} R_{b2}}{R_{b1} + R_{b2}}$$

在图 2-3-31(c)左边网孔中,根据 KVL 有

$$R_b I_B + R_e I_E = -U_{BE} + U_B$$

将已知关系 $I_E = I_B + I_C$,$I_C = \beta I_B$,$U_{BE} = 0.7 \ \text{V}$ 代入上式,可求得

$$I_{\mathrm{B}}=\frac{U_{\mathrm{B}}-0.7}{R_{\mathrm{b}}+(1+\beta)R_{\mathrm{e}}}$$

$$I_{\mathrm{C}}=\beta I_{\mathrm{B}}$$

在图 2-3-31(c)右边网孔中,根据 KVL 有

$$U_{\mathrm{CE}}=U_{\mathrm{CC}}-R_{\mathrm{c}}I_{\mathrm{C}}-R_{\mathrm{e}}I_{\mathrm{E}}$$

将已知关系 $I_{\mathrm{E}}=I_{\mathrm{B}}+I_{\mathrm{C}}$,$I_{\mathrm{C}}=\beta I_{\mathrm{B}}$ 代入上式,可求得

$$U_{\mathrm{CE}}=U_{\mathrm{CC}}-[\beta R_{\mathrm{c}}+(1+\beta)R_{\mathrm{e}}]I_{\mathrm{B}}$$

图 2-3-31(d)所示是另一种三极管放大电路的直流通路,其与图 2-3-31(a)的区别在于 $R_{\mathrm{b2}}=\infty$,$R_{\mathrm{e}}=0$,在这种情况下,$U_{\mathrm{B}}=U_{\mathrm{CC}}$,$R_{\mathrm{b}}=R_{\mathrm{b1}}$,直流工作点各电量如下:

$$I_{\mathrm{B}}=\frac{U_{\mathrm{B}}-0.7}{R_{\mathrm{b}}}$$

$$I_{\mathrm{C}}=\beta I_{\mathrm{B}}$$

$$U_{\mathrm{CE}}=U_{\mathrm{CC}}-\beta R_{\mathrm{c}}I_{\mathrm{B}}$$

2.3.4 最大功率传输定理

在实际电路中,我们总希望负载能从电源获得最大功率,那么在什么条件下才能获得最大功率? 最大功率又是多少呢? 本节介绍的最大功率传输定理将对此问题做出回答。

我们从简单的一个电压源向一个负载供电的电路开始讨论,如图 2-3-32 所示,其中 R_{S} 为电压源的内阻,R_{L} 是负载电阻,阻值可变,求阻值为多大时负载获得最大功率。由图 2-3-32 可以得到负载功率的计算式为

$$p_{\mathrm{L}}=i^2R_{\mathrm{L}}=\left(\frac{u_{\mathrm{S}}}{R_{\mathrm{S}}+R_{\mathrm{L}}}\right)^2R_{\mathrm{L}} \tag{2-3-8}$$

由极值理论可知,当 $\dfrac{\mathrm{d}p_{\mathrm{L}}}{\mathrm{d}R_{\mathrm{L}}}=0$ 时,p_{L} 有极值。因为

$$\frac{\mathrm{d}p_{\mathrm{L}}}{\mathrm{d}R_{\mathrm{L}}}=\frac{(R_{\mathrm{S}}+R_{\mathrm{L}})^2-2(R_{\mathrm{S}}+R_{\mathrm{L}})R_{\mathrm{L}}}{(R_{\mathrm{S}}+R_{\mathrm{L}})^4}u_{\mathrm{S}}^2=\frac{R_{\mathrm{S}}-R_{\mathrm{L}}}{(R_{\mathrm{S}}+R_{\mathrm{L}})^3}u_{\mathrm{S}}^2$$

所以,当 $R_{\mathrm{L}}=R_{\mathrm{S}}$ 时,$\dfrac{\mathrm{d}p_{\mathrm{L}}}{\mathrm{d}R_{\mathrm{L}}}=0$,$p_{\mathrm{L}}$ 取得极值。又因为

$$\frac{\mathrm{d}^2p_{\mathrm{L}}}{\mathrm{d}R_{\mathrm{L}}^2}\Big|_{R_{\mathrm{L}}=R_{\mathrm{S}}}=-\frac{u_{\mathrm{S}}^2}{8R_{\mathrm{S}}^3}<0 \tag{2-3-9}$$

当 $R_{\mathrm{L}}=R_{\mathrm{S}}$ 时,p_{L} 有极大值,而此时 $P_{\mathrm{Lmax}}=\dfrac{u_{\mathrm{S}}^2}{4R_{\mathrm{S}}}$。

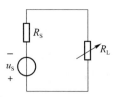

图 2-3-32 一个简单电路

虽然这是由一个简单电路推出的,但它具有普遍性,因为根据戴维南定理,任何线性含源二端网络都可以用实际电压源模型等效,由此我们得到最大功率传输定理如下。

由线性含源二端网络传递给可变负载 R_L 的功率为最大的条件是:负载 R_L 应与戴维南等效电阻 R_S 相等,即

$$R_L = R_S \tag{2-3-10}$$

所获得的最大功率为

$$P_{Lmax} = \frac{u_S^2}{4R_S} \tag{2-3-11}$$

【**例题 2-27**】 图 2-3-33(a)所示电路中负载 R_L 在什么条件下获得最大功率？最大功率是多少？

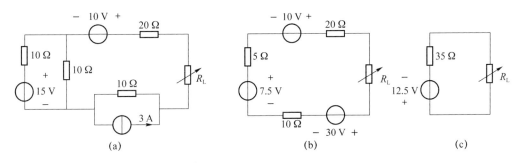

图 2-3-33　例题 2-27 用图

解:首先求负载左端部分的戴维南等效电路。可以看出,利用电源等效变换很容易得到其戴维南等效电路,变换步骤如图 2-3-33(b)、图 2-3-33(c)所示。

$$u_S = u_{OC} = 12.5 \text{ V}$$
$$R_S = R_{eq} = 35 \ \Omega$$

所以,当 $R_L = R_{eq} = 35 \ \Omega$ 时,负载获得最大功率。最大功率为

$$P_{max} = \frac{12.5^2}{4 \times 35} \text{W} = 1.116 \text{ W}$$

【**例题 2-28**】 试求图 2-3-34(a)所示电路中负载 R_L 获得的最大功率。

解:首先将负载移走,求剩下的含源二端网络的戴维南等效电路。由图 2-3-34(b)列写端口的 VCR,即

$$u = u_y = 12 \times (-10i_x - i)$$

而 $i_x = \dfrac{48 - 3u_y}{1\,000} = \dfrac{48 - 3u}{1\,000}$,代入上式得

$$640u = -120 \times 48 - 12\,000i$$
$$u = -9 - 18.75i$$

由此可以画出含源二端网络的等效电路,将负载接上,得到图 2-3-34(c)所示电路。负载获得的最大功率为

$$P_{Lmax} = \frac{(-9)^2}{4 \times 18.75} \text{W} = 1.08 \text{ W}$$

那么也许会有人问:如果戴维南等效电路的内阻为零,则负载不是可以得到更大的功率吗？这就要搞清楚我们讨论的问题是什么。我们知道,对于一个复杂的二端口网络,等效为戴维南等效电路,其内阻是被等效网络的内在特性决定的,在实际问题中是不可改变的。剩下的问题是如何选择负载才能够从二端网络中获取最大功率。因此,最大功率传输定理体现了前后级传输时的阻抗匹配关系。

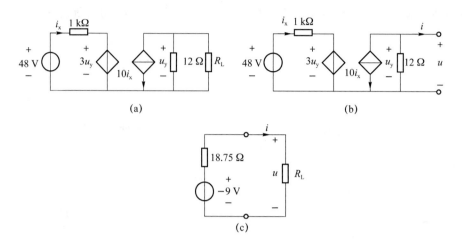

图 2-3-34 例题 2-28 用图

2.3.5 电路的对偶特性

回顾前面所学的内容,我们会发现某些电路结构、变量、元件分析方法和定理等都具有明显的类比性质。

例如,对于图 2-3-35 所示电阻元件,在电流和电压取关联参考方向时,VCR 可表达为

$$u = iR \tag{2-3-12}$$

$$i = uG \tag{2-3-13}$$

在式(2-3-12)中,若将 $u \to i$, $i \to u$, $R \to G$ 替换的话,式(2-3-12)就变成式(2-3-13)。

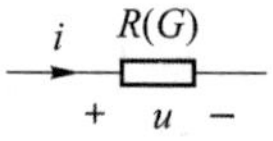

图 2-3-35

我们把这种类比性质称为对偶特性。电路中的某些元素之间的关系用它们的对偶元素置换后所得的新关系也一定成立,这个新关系与原关系互为对偶,这就是对偶特性。

1. 元件对偶

从元件的伏安特性出发,除了无源元件中的电阻 R 与电导 G 对偶外,电感 L 与电容 C 对偶 $\left(u_L = L \dfrac{\mathrm{d}i_L}{\mathrm{d}t}, i_C = C \dfrac{\mathrm{d}u_C}{\mathrm{d}t} \right)$;有源元件中的理想电压源与理想电流源互为对偶。理想电压源电压一定,电流由外电路决定;理想电流源电流一定,电压由外电路决定。

2. 电路结构对偶

开路与短路对偶,表现为开路电压(电流为零),对偶短路电流(电压为零);串联与并联对偶,串联电路同一电流与并联电路同一电压对偶,串联电压之和与并联电流之和对偶;非理想电压源模型与非理想电流源模型对偶,前者是理想电压源与内阻的串联组合,后者是理想电流源与内阻的并联。

3. 电路定律、定理对偶

例如,KCL 与 KVL 对偶,KCL 反映的是各支路节点的电流约束关系,而 KVL 反映的是回路中各支路电压间的约束关系。若将 KCL 中的节点用回路代替,电流用电压代替,则

KCL 就变成 KVL;戴维南定理与诺顿定理互为对偶。

掌握对偶特性有助于推广已有知识,探索发现新的规律和方法。

习 题 2

2-1 求题图 2-1 所示电路 ab 端的等效电阻。

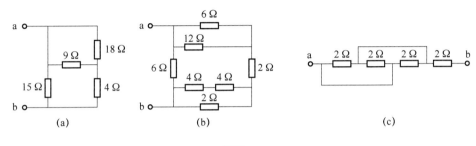

题图 2-1

2-2 求题图 2-2 所示含受控源电路 ab 端的输入电阻。

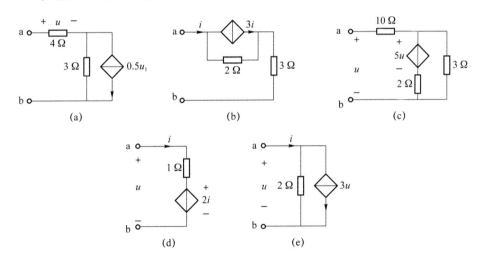

题图 2-2

2-3 将题图 2-3 所示电路化简为最简形式。

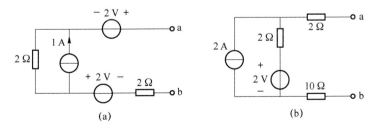

题图 2-3

2-4 利用电阻的等效变换和电源的等效变换求题图 2-4 中的 i。

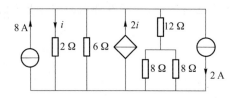

题图 2-4

2-5 题图 2-5 所示电路是一个无限梯形网络,试求出其端口的等效电阻 R_{ab}。

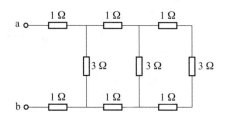

题图 2-5

2-6 已知题图 2-6 所示二端网络的 VCR 为 $u=3+4i$,试画出该网络的最简等效形式。

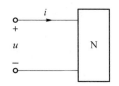

题图 2-6

2-7 利用实际电压源与电流源的等效特性,将题图 2-7 化简成简单的电源电路。

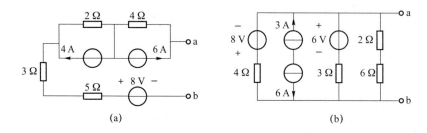

(a)　　　　　　　　　　(b)

题图 2-7

2-8 电路如题图 2-8 所示,列出求解方程的支路电流方程,并计算各支路电流。

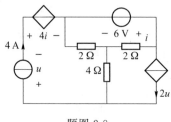

题图 2-8

2-9　用网孔电流法求题图 2-9 所示电路中每条支路的电流。

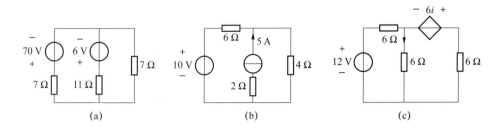

题图 2-9

2-10　已知电路如题图 2-10 所示,用网孔电流法求电压 u。

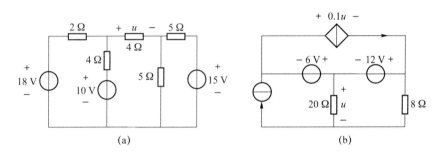

题图 2-10

2-11　用节点电压法求解题图 2-11 中各电路每一条支路的电压。

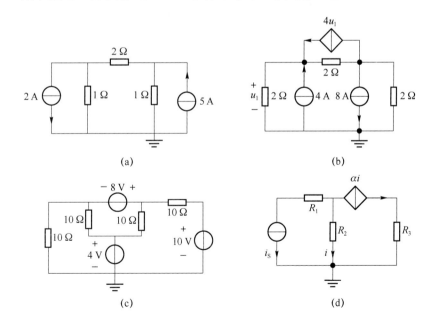

题图 2-11

2-12 用节点电压法求解题图 2-12 所示电路中的电流 i。

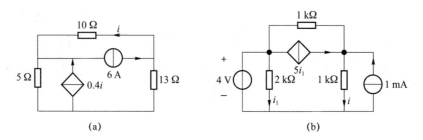

(a)   (b)

题图 2-12

2-13 列出题图 2-13 所示电路的节点电压方程和网孔电流方程。

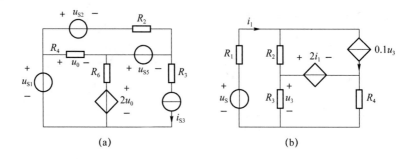

(a)   (b)

题图 2-13

2-14 电路如题图 2-14 所示，利用叠加定理求解电压 u_{bd}。

2-15 电路如题图 2-15 所示，利用叠加定理求解电压 u。

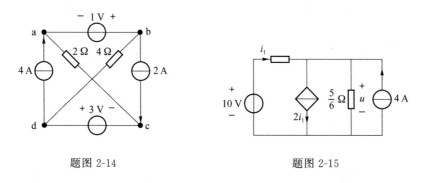

题图 2-14   题图 2-15

2-16 电路如题图 2-16 所示，利用叠加定理求解电路中的 u_{ab}、i_1 和 i_2。

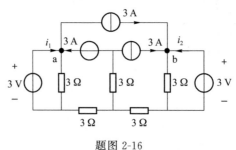

题图 2-16

2-17　如题图 2-17 所示,网络 N_R 为线性无源电阻网络,当 $i_S=1$ A,$u_S=2$ V 时,$i=5$ A;当 $i_S=-2$ A,$u_S=4$ V 时,$u=24$ V。试求当 $i_S=2$ A,$u_S=6$ V 时的电压 u。

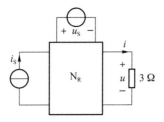

题图 2-17

2-18　求题图 2-18 所示电路的开路电压 u_{ab}。

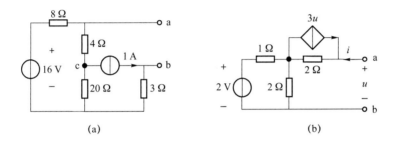

题图 2-18

2-19　求题图 2-19 所示电路的等效内阻 R_{ab}。

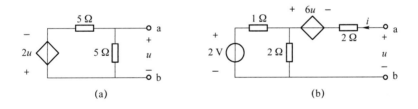

题图 2-19

2-20　求题图 2-20 所示电路 ab 端的戴维南等效电路。

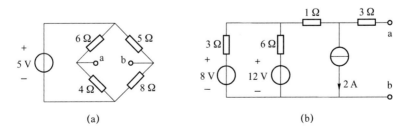

题图 2-20

2-21　求题图 2-21 所示电路中 ab 端的戴维南等效电路。

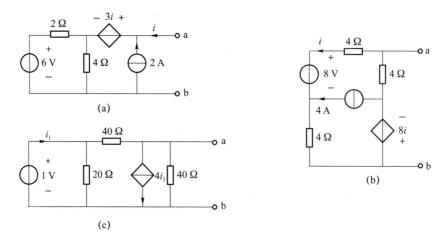

题图 2-21

2-22　求题图 2-22 所示电路中 ab 端的诺顿等效电路。

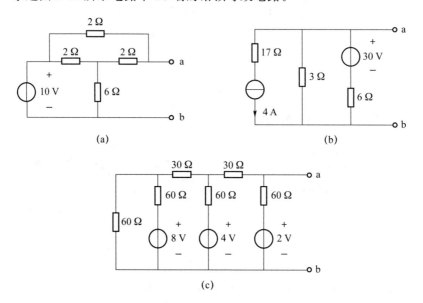

题图 2-22

2-23　求题图 2-23 所示电路 ab 端的戴维南等效电路和诺顿等效电路。若 ab 端接入 10 Ω 电阻,求电流 i_{ab}。

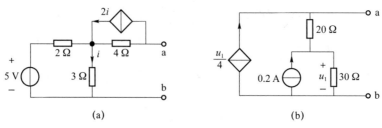

题图 2-23

2-24　电路如题图 2-24 所示,当开关 K 在位置 1 时,电压表读数为 50 V;当开关 K 在位置 2 时,电流表读数为 20 mA。若开关 K 打向位置 3,电压表和电流表的读数分别为多少?

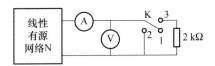

题图 2-24

2-25　已知在题图 2-25(a)所示电路中,电压 $u=12.5$ V;当 ab 间短路时,如题图 2-25(b)所示,电流 $i=10$ mA。求网络 N 的戴维南等效电路。

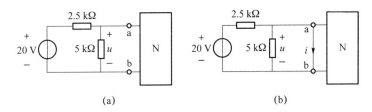

（a）　　　　　　　　　　　（b）

题图 2-25

2-26　如题图 2-26 所示,N 为线性含源网络,已知当开关 S_1、S_2 断开时电流表读数为 1.2 A;当 S_1 闭合、S_2 断开时,电流表读数为 3 A。求 S_1 断开、S_2 闭合时电流表的读数。

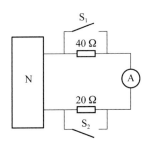

题图 2-26

2-27　电路如题图 2-27(a)所示,其 ab 端的 VCR 如题图 2-27(b)所示,求网络 N 的戴维南等效电路。

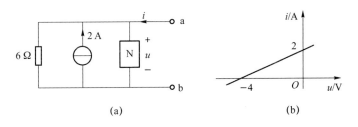

（a）　　　　　　　　　　　（b）

题图 2-27

2-28　在题图 2-28 所示电路中,ab 之间需接入多大电阻 R,才能使电阻电流为 ab 的短路电流 i_{ab} 的一半? 此时 R 获得多大功率?

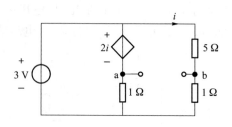

题图 2-28

2-29　在题图 2-29 所示电路中,当 $R_L=0,\infty$ 时,分别求电流 i。R_L 为何值时可获得最大功率? 此时功率为多少?

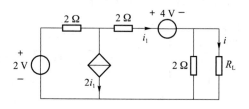

题图 2-29

2-30　在题图 2-30 所示电路中,R_L 为何值时获得最大功率? 功率为多少?

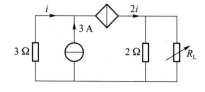

题图 2-30

第 3 章 动态电路的时域分析

3.1 引 言

前面两章介绍了直流电阻电路的基本概念和分析方法。例如,如图 3-1-1 所示,电阻上的伏安关系由欧姆定律决定。开关 S 动作之前,电流 $i=u_{S1}/R$。在 $t=0$ 时,开关 S 由位置 1 倒向位置 2,在开关接触位置 2 的瞬间,由于电阻上的伏安关系仍受欧姆定律约束,因此电流瞬时变为 $i=u_{S2}/R$。由此可见,开关在位置 1 时的伏安关系不会影响开关在位置 2 时的伏安关系,即电阻电路是"无记忆"的,任一时刻的响应只与该时刻的激励有关。如第 2 章所述,求解电阻电路所列写的电流电压方程都是代数方程。

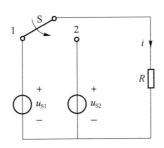

图 3-1-1 静态电路无记忆特性示意图

在实际电路中,除了电阻元件之外,常常还含有电容器、电感器等元件,因而实际电路所对应的电路模型中就会包含电容元件和电感元件。

例如,如图 3-1-2 所示,电路中包含一个电感元件。设在 u_{S1} 和 u_{S2} 分别作用下,电感元件中的电流不一样,当开关 S 由位置 1 倒向位置 2 时,电感上电流的变化会体现出"动态""惯性""记忆"等特性。这和纯电阻元件构成的电阻电路是迥然不同的。这是因为电容、电感元件上的伏安关系都涉及对电流、电压的微分或积分运算,这种元件被称为动态元件。含有动态元件的电路仍然服从基尔霍夫定律,动态电路是用微积分方程来描述的。

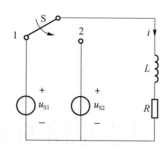

图 3-1-2 动态电路有记忆特性示意图

3.2 动态元件的基本特性

3.2.1 电容元件

1. 电容元件的定义

电路理论中的电容元件是实际电容器的理想化模型。在两块金属板间填充绝缘介质后可构成一个简单的电容器,如图 3-2-1 所示。如果电容器外接电源,两块极板上就分别聚集了等量的正负电荷,极板之间形成了电场,储存了电场能量。如果去掉了外电源,由于介质的绝缘作用,正负电荷间不会发生中和反应,在理想情况下,电荷就会永远地储存在两个极板上,在电荷所建立的电场中存储着能量,因此电容器是储能器件。

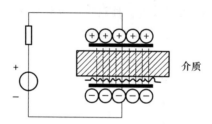

图 3-2-1 电容元件原理图

电路中电容元件的电路符号如图 3-2-2(a)所示,其只考虑了存储电荷建立电场的作用,也就是说,理想电容元件应该是一个电荷与电压相约束的二端元件。在任一时刻 t,电容元件的电荷 q 与端电压 u 的关系可用 u-q 平面上的一条曲线确定。假如该曲线是一条通过原点的直线,如图 3-2-2(b)所示,且不随时间而变,则称该电容元件为线性时不变电容,即

$$q(t) = Cu_C(t) \tag{3-2-1}$$

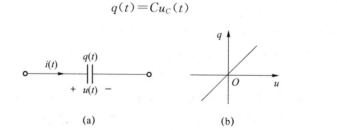

图 3-2-2 电容元件的电路符号与伏安特性曲线

C 为正值常量,是伏安特性曲线的斜率,称为电容。电容的国际单位为 F(法拉,简称法)。常用电容器的电容量一般较小,因此常用的计量单位还有 μF(微法,10^{-6}F)和 pF(皮法,10^{-12}F)。

2. 电容的伏安特性

在电路分析中,往往关注的是元件上电压电流的约束关系。当电容的电流和电压在关联参考方向下时,如图 3-2-2(a)所示,有

$$i(t) = \frac{\mathrm{d}q(t)}{\mathrm{d}t} = \frac{\mathrm{d}Cu_C(t)}{\mathrm{d}t} = C\frac{\mathrm{d}u_C(t)}{\mathrm{d}t} \tag{3-2-2}$$

式(3-2-2)表明,在某一时刻 t,电容的电流取决于端电压 u 的变化率,电压的变化率越大,电流也越大。如果端电压不随时间变化,则为直流电压,电压的变化率为零,电流也为零,此时电容相当于开路,因此电容具有隔直流作用。即使在某一时刻电容电压为零,而电压变化率不为零,电容电流也不为零。这和电阻元件有本质不同,电阻两端只要有电压,电阻上就一定有电流。由于电容的电流取决于该时刻端电压的变化率,所以称电容为动态元件。

如对式(3-2-2)两边积分,整理得

$$u_C(t) = \frac{1}{C}\int_{-\infty}^{t} i(\zeta)\mathrm{d}\zeta \tag{3-2-3}$$

式(3-2-3)是电容元件伏安关系的积分形式。如果讨论电容电压在某一时刻 t_0 的连续性,则有

$$\begin{aligned}
u_C(t_0^+) &= \frac{1}{C}\int_{-\infty}^{t_0^+} i_C(t)\mathrm{d}t \\
&= \frac{1}{C}\int_{-\infty}^{t_0^-} i_C(t)\mathrm{d}t + \frac{1}{C}\int_{t_0^-}^{t_0^+} i_C(t)\mathrm{d}t \\
&= u_C(t_0^-) + \frac{1}{C}\int_{t_0^-}^{t_0^+} i_C(t)\mathrm{d}t
\end{aligned}$$

如果电容电流是有界函数,则

$$\frac{1}{C}\int_{t_0^-}^{t_0^+} i_C(t)\mathrm{d}t = 0$$

所以

$$u_C(t_0^+) = u_C(t_0^-) \tag{3-2-4}$$

即电容电压在电流有界的情况下连续变化而不能跃变。就此而言,电容是一个惯性元件,其电压具有连续性质。

式(3-2-3)还表明,某一时刻 t 的电容电压值不仅决定于 t 时刻的电流值,还与 $-\infty$ 到 t 时刻的所有电流作用有关,或者说与电流的全部作用过程有关,电容电压能记忆电流作用的历史,因此电容又是个记忆元件。

如果任意选定一初始时刻 t_0 作为研究起点,t_0 以后的电压为

$$\begin{aligned}
u_C(t) &= \frac{1}{C}\int_{-\infty}^{t} i(\zeta)\mathrm{d}\zeta \\
&= \frac{1}{C}\int_{-\infty}^{t_0} i(\zeta)\mathrm{d}\zeta + \frac{1}{C}\int_{t_0}^{t} i(\zeta)\mathrm{d}\zeta \\
&= u(t_0) + \frac{1}{C}\int_{t_0}^{t} i(\zeta)\mathrm{d}\zeta
\end{aligned} \tag{3-2-5}$$

式中，$u(t_0)$ 为电容在初始时刻 t_0 的初始电压，它反映了电容在初始时刻 t_0 以前的全部电流积累的效果。式(3-2-5)表示，如果已知电容电压初始值 $u(t_0)$ 和 t_0 以后的电容电流，就可以了解 t_0 以后的电容电压值。

3. 电容的储能

当电容电压与电流为关联参考方向时，电容的瞬时功率为

$$p(t) = u(t)i(t) = Cu(t)\frac{\mathrm{d}u_C(t)}{\mathrm{d}t} \tag{3-2-6}$$

该瞬时功率可正可负，与电阻元件功率总为正的情况显然不同。当 $p>0$ 时，功率为正，电容吸收能量；当 $p<0$ 时，功率为负，电容释放能量。

从 $t=-\infty$ 到 t 时刻，电容元件吸收的电场能量为

$$\begin{aligned}
W(t) &= \int_{-\infty}^{t} p(\zeta)\mathrm{d}\zeta = \int_{-\infty}^{t} u(\zeta)i(\zeta)\mathrm{d}\zeta \\
&= \int_{-\infty}^{t} Cu(\zeta)\frac{\mathrm{d}u(\zeta)}{\mathrm{d}\zeta}\mathrm{d}\zeta = C\int_{u(-\infty)}^{u(t)} u(\zeta)\mathrm{d}u(\zeta) \\
&= \frac{1}{2}Cu_C^2(t) - \frac{1}{2}Cu_C^2(-\infty)
\end{aligned} \tag{3-2-7}$$

若视 $t=-\infty$ 为电容初始状态，令 $u(-\infty)=0$，则

$$W(t) = \frac{1}{2}Cu^2(t) \tag{3-2-8}$$

式(3-2-8)表明，电容在某一时刻的储能只取决于该时刻的电压值。

从时间 t_1 到 t_2 电容元件吸收的能量为

$$\begin{aligned}
W(t) &= C\int_{u(t_1)}^{u(t_2)} u(\zeta)\mathrm{d}u(\zeta) \\
&= \frac{1}{2}Cu_C^2(t_2) - \frac{1}{2}Cu_C^2(t_1) \\
&= W(t_2) - W(t_1)
\end{aligned} \tag{3-2-9}$$

电容电压增加，电容充电，电容从外电路吸收能量转变为电场能量，储能增加；反之，电容电压减小，电容放电，对外电路释放电场能量，储能减少。电容不会消耗能量，在某段时间吸收的能量在另一段时间又会退还回电路，所以电容是一种储能元件，只有储存和释放电场能量的作用。电容的这种特性和电阻有明显不同，电阻元件在任意时刻都消耗能量，不可能向外提供能量，因而是耗能元件。

【例题 3-1】 电路如图 3-2-3(a)所示，电容电压 $u_C(t)$ 的波形如图 3-2-3(b)所示，求电容电流 $i_C(t)$、瞬时功率 $p_C(t)$ 和储能 $W_C(t)$，并画出各波形图。

解：由图 3-2-3(b)所示波形可知，

$$u_C(t) = \begin{cases} 0, & t<0 \\ t, & 0 \leqslant t \leqslant 4 \\ 12-2t, & 4 \leqslant t \leqslant 6 \\ 0, & t \geqslant 6 \end{cases}$$

电流为

$$i_C(t) = C\frac{\mathrm{d}u_C}{\mathrm{d}t}$$

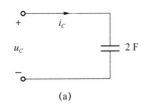

(a)

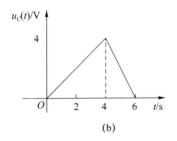

(b)

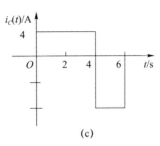

(c)

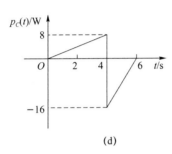

(d)

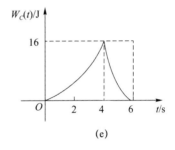

(e)

图 3-2-3　例题 3-1 用图

$$i_C(t)=\begin{cases}0, & t<0 \\ 2, & 0\leqslant t<4 \\ -4, & 4\leqslant t<6 \\ 0, & t\geqslant6\end{cases}$$

电流 $i_C(t)$ 的波形如图 3-2-3(c)所示。

瞬时功率为

$$p_C(t)=u_C(t)i_C(t)$$

$$p_C(t)=\begin{cases}0, & t<0 \\ 2t, & 0\leqslant t<4 \\ -48+8t, & 4\leqslant t<6 \\ 0, & t\geqslant6\end{cases}$$

瞬时功率 $p_C(t)$ 的波形如图 3-2-3(d)所示。

瞬时储能为

$$W_C(t)=\frac{1}{2}Cu_C^2(t)$$

$$W_C(t)=\begin{cases}0, & t<0 \\ t^2, & 0\leqslant t<4 \\ (12-2t)^2, & 4\leqslant t<6 \\ 0, & t\geqslant6\end{cases}$$

瞬时储能 $W_C(t)$ 的波形如图 3-2-3(e)所示。

电容器在电子电路中的作用一般概括为：通交流，阻直流。电容器通常起滤波、旁路、耦合、去耦、移相等作用。

电容的种类繁多，按容量可分为固定电容器、可调电容器、半可调电容器等；按绝缘介质可分为金属化纸介电容器、云母电容器、独石电容器、薄膜介质电容器、陶瓷电容器（绝缘性能好，可以制成高压电容器；介质损耗小，多用在高频电路中）、铝电解电容器、钽电解电容器、空气和真空电容器等。

3.2.2 电感元件

1. 电感元件的定义

电路理论中的电感元件是实际电感器的理想化模型。通常把漆包线或纱包线等带有绝缘表层的导线绕制成线圈可制造出简单的实际电感器。电感元件中不带磁心或铁心的一般称为空心电感线圈，带有磁心的则称为磁心线圈或铁心线圈。

当电感线圈通过电流时产生磁链 Ψ（$\Psi=N\phi$，N 为线圈匝数，ϕ 为磁通），如图 3-2-4(a)所示。同时在电感线圈周围建立起磁场，储存磁场能量。不考虑其他作用，只体现能够建立磁场进而储存磁能这一物理特性的电路模型就是电感元件，简称电感，为储能元件。电感元件的电路符号如图 3-2-4(b)所示。

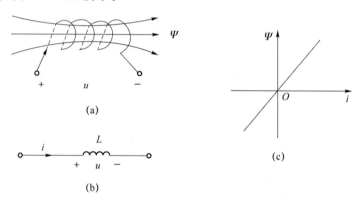

图 3-2-4 电感元件

在任一时刻 t，电感元件的磁链 $\Psi(t)$ 与它的电流 $i(t)$ 可用 Ψ-i 平面的一条曲线来确定。如果 Ψ-i 平面上的特性曲线是一条通过原点的直线，且不随时间而变化，如图 3-2-4(c)所示，则称此电感元件为线性时不变电感元件。若电感中磁链与电流的参考方向符合右手螺旋法则，则 Ψ 与 i 的关系表示为

$$\Psi(t)=Li(t) \tag{3-2-10}$$

其中，L 为正值常数，是 Ψ-i 特性曲线的斜率，称为电感量，简称电感。

电感的国际单位是 H（亨利，简称亨），较小的单位还有 mH（毫亨）、μH（微亨）。

$$1\,\text{H（亨利）}=\frac{1\,\text{Wb（韦伯）}}{1\,\text{A（安培）}}$$

$$1\,\text{H}=1\,000\,\text{mH}$$

$$1\,\text{mH}=1\,000\,\mu\text{H}$$

2. 电感的伏安特性

如果通过电感的电流随时间变化,则磁链也随之变化,根据电磁感应定律,线圈两端产生感应电压,若电压与磁链的参考方向符合右手螺旋法则,如图 3-2-4(a)所示,则

$$u_L = \frac{\mathrm{d}\Psi}{\mathrm{d}t} \qquad (3\text{-}2\text{-}11)$$

将式(3-2-10)代入式(3-2-11)可得

$$u_L(t) = L\frac{\mathrm{d}i_L(t)}{\mathrm{d}t} \qquad (3\text{-}2\text{-}12)$$

式(3-2-12)为电感元件的伏安关系,在推导过程中电感上的电压、电流取关联参考方向。

式(3-2-12)表明,任意时刻电感电压 u 取决于该时刻电感电流 i 的变化率,与该时刻的电流值无关。电感中电流变化率越大,电感电压越大。如果电感电流不随时间变化,是直流电流,则电感电压为零,电感元件相当于短路。若某一时刻电感电流为零,但其变化率不为零,则电感电压也不为零。电感电流的变化率决定了电感电压的大小,就此而言,电感是动态元件。

对式(3-2-12)两边积分,可得电感元件伏安关系的积分形式,即

$$i_L(t) = \frac{1}{L}\int_{-\infty}^{t} u(\xi)\mathrm{d}\xi \qquad (3\text{-}2\text{-}13)$$

如果选定任意时刻 t_0 作为研究起点,t_0 以后的电流为

$$
\begin{aligned}
i_L(t) &= \frac{1}{L}\int_{-\infty}^{t} u(\xi)\mathrm{d}\xi \\
&= \frac{1}{L}\int_{-\infty}^{t_0} u(\xi)\mathrm{d}\xi + \frac{1}{L}\int_{t_0}^{t} u(\xi)\mathrm{d}\xi \\
&= i(t_0) + \frac{1}{L}\int_{t_0}^{t} u(\xi)\mathrm{d}\xi
\end{aligned}
\qquad (3\text{-}2\text{-}14)
$$

其中,$i(t_0)$ 为 t_0 时刻的初始电流,它反映了电感电压 t_0 以前全部磁链积累的效果。电感在 t_0 时刻以后的电流 $i(t)$ 由 $i(t_0)$ 和 $t > t_0$ 后的电压来决定。

之前我们介绍了电路的对偶特性和对偶变量的概念。若将电容和电感的 VCR 相比较,就会发现若将电容的电压和电流与电感的电流和电压互换,并将 C 和 L 互换,则电容的 VCR 即和电感的 VCR 一致。因此,电容和电感是一对对偶量。另外,由电容、电感的定义可知,电荷和磁链也是一对对偶量。由对偶性不难得出,电感电流也具有连续性和记忆性。即若电感电压为有限值,电感电流必定连续变化,不能产生跃变。因此,电感也是个惯性元件。由式(3-2-13)可知,某一时刻 t 的电感电流不仅取决于该时刻的电压,还取决于从 $-\infty$ 到 t 的所有时间里的电压。因此,电感电流能记忆电压的历史,电感元件也是个记忆元件。

由对偶关系可知,电感元件也是储能元件。在 t 时刻,电感储存的能量为

$$W_L(t) = \frac{1}{2}Li_L^2(t) \qquad (3\text{-}2\text{-}15)$$

电感的特性与电容的特性正好相反,它具有通直流、阻交流的特性,频率越高,线圈对电流的阻碍作用越大。电感在电路中经常和电容一起工作,构成 LC 滤波器、LC 振荡器等。另外,人们还利用电感的特性,制造了阻流圈、变压器、继电器等。

3.2.3 电容、电感的串、并联

1. 电容的串、并联

（1）电容的串联

如图 3-2-5 所示，假设有 n 个电容元件串联，各电容的电压初始值分别是 $u_1(0)$，$u_2(0)$，$\cdots$，$u_n(0)$，电路的电流为 i，各电容电压分别是 $u_1(t)$，$u_2(t)$，$\cdots$，$u_n(t)$。总电压为

$$u(t) = u_1(t) + u_2(t) + \cdots + u_n(t)$$

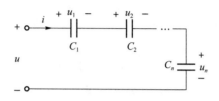

图 3-2-5　电容的串联

各电压为

$$u_1(t) = u_1(0) + \frac{1}{C_1} \int_0^t i(\tau) d\tau$$

$$u_2(t) = u_2(0) + \frac{1}{C_2} \int_0^t i(\tau) d\tau$$

$$\cdots$$

$$u_n(t) = u_n(0) + \frac{1}{C_n} \int_0^t i(\tau) d\tau$$

所以，总电压为

$$u(t) = u(0) + \frac{1}{C_s} \int_0^t i(\tau) d\tau$$

$$= u_1(0) + u_2(0) + \cdots + u_n(0) + \left(\frac{1}{C_1} + \frac{1}{C_2} + \cdots + \frac{1}{C_n} \right) \int_0^t i(\tau) d\tau$$

即总初始电压为

$$u(0) = u_1(0) + u_2(0) + \cdots + u_n(0)$$

串联连接的总电容为

$$\frac{1}{C_s} = \frac{1}{C_1} + \frac{1}{C_2} + \cdots + \frac{1}{C_n} \tag{3-2-16}$$

（2）电容的并联

如图 3-2-6 所示，若 C_1，C_2，$\cdots$，C_n 并联。

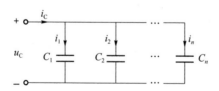

图 3-2-6　电容的并联

根据 KCL，并联时总电流为

$$i_C = i_1 + i_2 + \cdots + i_n$$

电容的伏安关系为

$$i_1 = C_1 \frac{\mathrm{d}u_C(t)}{\mathrm{d}t}$$

$$i_2 = C_2 \frac{\mathrm{d}u_C(t)}{\mathrm{d}t}$$

$$\cdots$$

$$i_n = C_n \frac{\mathrm{d}u_C(t)}{\mathrm{d}t}$$

$$
\begin{aligned}
i_C &= C_1 \frac{\mathrm{d}u_C(t)}{\mathrm{d}t} + C_2 \frac{\mathrm{d}u_C(t)}{\mathrm{d}t} + \cdots + C_n \frac{\mathrm{d}u_C(t)}{\mathrm{d}t} \\
&= (C_1 + C_2 + \cdots + C_n) \frac{\mathrm{d}u_C(t)}{\mathrm{d}t} \\
&= C_p \frac{\mathrm{d}u_C(t)}{\mathrm{d}t}
\end{aligned}
$$

并联电容的总电容为

$$C_p = C_1 + C_2 + \cdots + C_n \tag{3-2-17}$$

2. 电感的串、并联

（1）电感的串联

有几个电感串联，如图 3-2-7 所示。

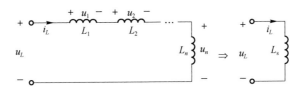

图 3-2-7　电感的串联

总电压为

$$
\begin{aligned}
u_L(t) &= u_1 + u_2 + \cdots + u_n \\
&= L_1 \frac{\mathrm{d}i_L}{\mathrm{d}t} + L_2 \frac{\mathrm{d}i_L}{\mathrm{d}t} + \cdots + L_n \frac{\mathrm{d}i_L}{\mathrm{d}t} \\
&= (L_1 + L_2 + \cdots + L_n) \frac{\mathrm{d}i_L}{\mathrm{d}t}
\end{aligned}
$$

串联电感总电感为各电感之和，即

$$L_s = L_1 + L_2 + \cdots + L_n \tag{3-2-18}$$

（2）电感的并联

并联电感电路如图 3-2-8 所示，电路中各个电感的电流初始值分别为 $i_1(0), i_2(0), \cdots, i_n(0)$。

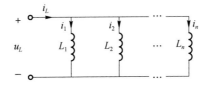

图 3-2-8　电感的并联

由基尔霍夫电流定律可知

$$i_L = i_1 + i_2 + \cdots + i_n$$

$$= i_1(0) + \frac{1}{L_1}\int_0^t u_L \mathrm{d}t + i_2(0) + \frac{1}{L_2}\int_0^t u_L \mathrm{d}t + \cdots + i_n(0) + \frac{1}{L_n}\int_0^t u_L \mathrm{d}t$$

$$= i_1(0) + i_2(0) + \cdots + i_n(0) + \left(\frac{1}{L_1} + \frac{1}{L_2} + \cdots + \frac{1}{L_n}\right)\int_0^t u_L \mathrm{d}t$$

$$= i_L(0) + \frac{1}{L_\mathrm{p}}\int_0^t u_L \mathrm{d}t$$

即总初始电流为

$$i_L(0) = i_1(0) + i_2(0) + \cdots + i_n(0)$$

并联连接的总电感为

$$\frac{1}{L_\mathrm{p}} = \frac{1}{L_1} + \frac{1}{L_2} + \cdots + \frac{1}{L_n} \tag{3-2-19}$$

3.3　换路定则及初始值的确定

当直流电路中各个元件上的电压和电流都不随着时间变化时,称电路进入了直流稳态。由于某种原因,如电源或某部分电路的接通或断开、电路元件参数的改变等,电路由一种工作状态变化到另一种工作状态,这种工作状态的改变称为换路。

换路会使电路中的电压、电流等发生变化,这种变化的过程会持续一段时间,时间的长短与电路中的元件参数有关。在换路后,电路中的电量随时间而变化,我们把这个变化的过程称为动态过程(或者称为过渡过程,有时也称为瞬态过程),把对电路动态过程的分析称为电路的动态分析。

在换路的瞬间,电路中的某些电量会突然变化,而换路后瞬间的值对分析电路的动态过程非常重要。本节将讨论换路后瞬间对这些电量值(称其为初始值)的确定。

为分析方便,总是假设换路发生在 $t=0$ 时刻,将换路前的这一瞬间用 $t=0^-$ 表示,换路后的这一瞬间用 $t=0^+$ 表示,所对应换路前后瞬间的电压、电流也分别表示为 $u(0^-)$、$u(0^+)$、$i(0^-)$、$i(0^+)$。动态电路换路过程如图 3-3-1 所示,假设电路在换路前已经达到稳态(否则电路仍然处在动态过程中),换路过程中有激励信号加入。

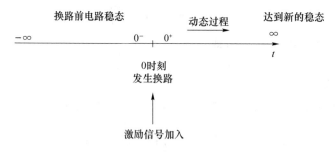

图 3-3-1　动态电路换路过程示意图

由 3.1 节和 3.2 节的介绍可知,在电容电流和电感电压为有界值的情况下,电容电压不能跃变,电感电流不能跃变。这种不能跃变的性质称为换路定则,可用公式表示如下:

$$
\begin{cases}
u_C(0^+) = u_C(0^-) \\
i_L(0^+) = i_L(0^-)
\end{cases}
\tag{3-3-1}
$$

$u_C(0^-)$、$i_L(0^-)$ 是电路已处于稳定状态且在换路前一瞬间的电容电压和电感电流的值（也称为初始状态）。因为在直流激励下，电容相当于开路，电感相当于短路，由此可以得到 0^- 时刻的等效电路，并据此计算初始状态 $u_C(0^-)$ 和 $i_L(0^-)$。

根据换路定则，在 0^+ 时刻的电容电压初始值 $u_C(0^+) = u_C(0^-)$，电感电流初始值 $i_L(0^+) = i_L(0^-)$。由这两个初始值，可以计算出 0^+ 时刻其他各电量的初始值，其方法是根据 0^+ 时刻的电路求得。在 0^+ 时刻，根据替代定理，可将电路中的电容用电压值等于 $u_C(0^+)$ 的电压源替代，将电感用电流值等于 $i_L(0^+)$ 的电流源替代，则独立源取其在 0^+ 时的值，从而得到 0^+ 时刻的电路。

注意，除动态元件上的变量 $u_C(t)$ 和 $i_L(t)$ 满足换路定则，并由此确定其初始值外，电路中其他各电量的初始值均要由 0^+ 电路求得。

【**例题 3-2**】 电路如图 3-3-2(a)所示，开关 S 在 $t=0$ 时刻打开，开关打开前电路已处于稳态，求开关打开后电路中各元件的电压值。

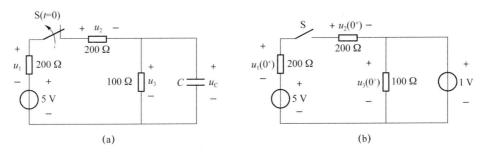

图 3-3-2 例题 3-2 用图

解：开关打开前，电路处于稳态，电容相当于开路，所以

$$
u_C(0^-) = \frac{100}{200+200+100} \times 5 \text{ V} = 1 \text{ V}
$$

开关打开后的 0^+ 时刻电路如图 3-3-2(b)所示。此时

$$
u_C(0^+) = u_C(0^-) = 1 \text{ V}
$$

$$
u_1(0^+) = u_2(0^+) = 0 \text{ V}
$$

$$
u_3(0^+) = 1 \text{ V}
$$

【**例题 3-3**】 电路如图 3-3-3(a)所示，开关闭合前电路处于稳态，求开关闭合后的 $u_1(0^+)$、$u_L(0^+)$、$i_1(0^+)$ 和 $\dfrac{\mathrm{d}i_L(0^+)}{\mathrm{d}t}$。

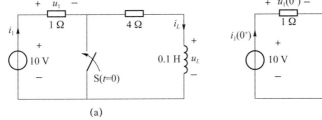 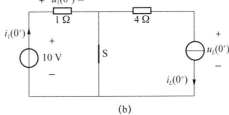

图 3-3-3 例题 3-3 用图

解：$t=0$ 时,开关闭合。

$t=0^-$ 时,开关未闭合,电路处于稳态,电感相当于短路,

$$i_L(0^-)=\frac{10\text{ V}}{(1+4)\Omega}=2\text{ A}$$

$t=0^+$ 时,$i_L(0^+)=i_L(0^-)=2\text{ A}$,$0^+$ 时刻电路如图 3-3-3(b)所示。此时

$$u_1(0^+)=10\text{ V}$$

$$u_L(0^+)=-4\times2\text{ V}=-8\text{ V}$$

$$i_1(0^+)=\frac{10\text{ V}}{1\text{ }\Omega}=10\text{ A}$$

因为

$$u_L=L\frac{\text{d}i_L(t)}{\text{d}t}$$

所以

$$\frac{\text{d}i_L(0^+)}{\text{d}t}=\frac{u_L(0^+)}{L}=\frac{-8\text{ V}}{0.1\text{ H}}=-80\text{ V/H}=-80\text{ A/s}$$

$\dfrac{\text{d}i_L(0^+)}{\text{d}t}$ 的单位换算说明如下:

$$\frac{\text{V}}{\text{H}}=\frac{\text{V}}{\dfrac{\text{Wb}}{\text{A}}}=\frac{\text{V}\cdot\text{A}}{\text{V}\cdot\text{s}}=\frac{\text{A}}{\text{s}}$$

【例题 3-4】 在如图 3-3-4(a)所示电路中,已知 $u_C(0^-)=5\text{ V}$,$i_L(0^-)=0$,求 $i(0^+)$、$u(0^+)$、$u_C(0^+)$、$\dfrac{\text{d}i(0^+)}{\text{d}t}$、$\dfrac{\text{d}u(0^+)}{\text{d}t}$。开关闭合前电路处于稳态。

解：0^+ 时刻的等效电路如图 3-3-4(b)所示。此时,

$$i(0^+)=i_L(0^+)=i_L(0^-)=0$$

$$u_C(0^+)=u_C(0^-)=5\text{ V}$$

$$u(0^+)=i(0^+)\cdot R=0$$

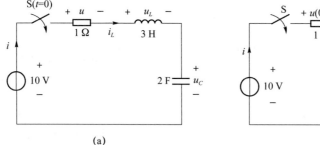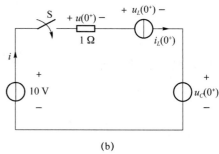

(a)   (b)

图 3-3-4　例题 3-4 用图

$$\frac{\text{d}i(0^+)}{\text{d}t}=\frac{\text{d}i_L(0^+)}{\text{d}t}=\frac{u_L(0^+)}{L}$$

根据 KVL,有

$$u_L(0^+) = 10 - u(0^+) - u_C(0^+) = (10 - 0 - 5)\text{V} = 5 \text{ V}$$

所以

$$\frac{\mathrm{d}i(0^+)}{\mathrm{d}t} = \frac{5}{3}\text{A/s}$$

由此可见，$t = 0^+$ 时，虽然 $i(0^+) = 0$，但电流变化率不为零。

因为 $u(0^+) = i(0^+) \cdot R = 0$，所以

$$\frac{\mathrm{d}u(0^+)}{\mathrm{d}t} = R\frac{\mathrm{d}i(0^+)}{\mathrm{d}t} = \frac{5}{3} \times 1 \text{ V/s} = \frac{5}{3}\text{V/s}$$

通过对前面例题的求解，可以总结出求初始值的计算步骤如下。

① 由 $t = 0^-$ 时刻的等效电路计算 $u_C(0^-)$ 和 $i_L(0^-)$。

② 根据换路定则，$u_C(0^+) = u_C(0^-)$，$i_L(0^+) = i_L(0^-)$。

③ 画出 0^+ 时刻的等效电路图，其中，电容用电压值为 $u_C(0^+)$ 的电压源代替，电感用电流值为 $i_L(0^+)$ 的电流源代替。

④ 用分析直流电路的方法计算待求量。

3.4　一阶电路的零输入响应

由于动态元件的电压与电流之间存在微积分关系，因此电路方程需要用微分方程进行描述。含有一个独立的动态元件的电路用一阶微分方程描述，称其为一阶动态电路。同理，将用二阶微分方程描述的动态电路称为二阶动态电路，依此类推。通常把二阶以上的动态电路统称为高阶动态电路。本节通过介绍一阶动态电路来说明动态电路的基本分析过程。

如果已知电容电压和电感电流在初始时刻的值，则根据该时刻的输入就能确定电路中的任何变量在随后时刻的值，我们将具有这种特性的量，即电容电压和电感电流称为状态变量。在动态电路中，通常都以状态变量作为未知量来列写方程。

在如图 3-4-1(a)所示电路中，开关闭合前电容已有初始储能，为了求得开关闭合后电容电压的变化情况，可以利用叠加定理把电路分成图 3-4-1(b)和图 3-4-1(c)所示两个电路的叠加。

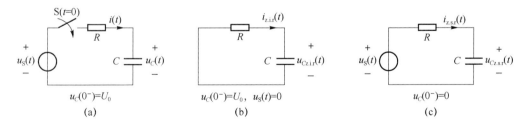

图 3-4-1　电路的分解

在图 3-4-1(b)所示电路中，外加激励为零，响应仅仅是由动态元件的初始储能产生的，将这种情况下的响应称为零输入响应(zero-input response, z. i. r)。而在图 3-4-1(c)所示电路中，动态元件的初始储能为零，响应仅仅是由外加激励产生的，将这种情况下的响应称

为零状态响应（zero-state response, z. s. r）。二者之和称为电路的全响应（complete response, c. r），即电路的全响应是在动态元件处于非零初始状态时，电路在外加激励作用下的响应。

3.4.1 一阶 *RC* 电路的零输入响应

在图 3-4-2 所示电路中，已知电容在开关闭合前已储存有电荷，开关在 $t=0$ 时刻闭合，电容电压 $u_C(0^-)=U_0$，可以推测电路的工作过程：换路时 $u_C(0^+)=u_C(0^-)=U_0$，换路瞬间电容电压保持不变，随后电容储存的电荷通过电阻放电，电容释放能量，电阻消耗能量，电容电压逐渐下降，电路电流逐渐减小，随着时间的推移，当 $t\to\infty$ 时，电容放电结束，此时 $u_C(\infty)=0$，$i(\infty)=0$，$u_R(\infty)=0$。通过以下分析，可以获知电容通过电阻的放电规律。

已知 $u_C(0^-)=U_0$，开关在 $t=0$ 时刻闭合，求开关闭合后，即 $t\geqslant0^+$ 时的 $u_C(t)$、$i(t)$ 和 $u_R(t)$。

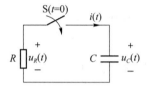

图 3-4-2　一阶 *RC* 电路的零输入响应

根据 KVL 列方程如下：

$$u_R-u_C=0$$

因为 $u_R=-R\cdot i$，$i=C\dfrac{\mathrm{d}u_C}{\mathrm{d}t}$，将此二式带入上式整理后可得

$$RC\frac{\mathrm{d}u_C(t)}{\mathrm{d}t}+u_C(t)=0$$

这是一个一阶常系数线性齐次微分方程，其特征方程为

$$RCs+1=0$$

特征根为

$$s=-\frac{1}{RC}$$

其解的形式为

$$u_C(t)=Ae^{st}=Ae^{-\frac{1}{RC}t}$$

其中，A 为积分常数，可由初始条件确定。

根据换路定则：$u_C(0^+)=u_C(0^-)=U_0$，所以 $t=0^+$ 时，$u_C(0^+)=Ae^{-\frac{1}{RC}0^+}=A=U_0$，得到方程的解为

$$u_C(t)=U_0e^{-\frac{1}{RC}t}=u_C(0^+)e^{-\frac{1}{RC}t}, \quad t\geqslant0^+ \tag{3-4-1}$$

根据电路中的电压电流关系可得

$$i(t)=C\frac{\mathrm{d}u_C}{\mathrm{d}t}=C\cdot U_0\left(-\frac{1}{RC}\right)e^{-\frac{1}{RC}t}=-\frac{U_0}{R}e^{-\frac{1}{RC}t}, \quad t\geqslant0^+$$

$$u_R(t)=u_C(t)=U_0e^{-\frac{1}{RC}t}, \quad t\geqslant0^+$$

根据电压、电流的表达式可画出它们的响应曲线,如图 3-4-3(a)、图 3-4-3(b)所示。

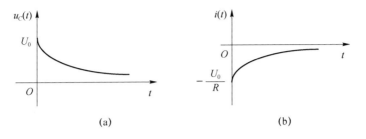

(a)　　　　　　　　　　　　　(b)

图 3-4-3　一阶 RC 电路零输入响应的电压、电流曲线

由图 3-4-3 可以看出,电容的电压和电流都随时间的增加而逐渐衰减为零,所以 RC 电路的零输入响应是一个放电过程。这是因为开关闭合后,电容与电阻构成一个回路,电容中的储能被电阻消耗,最终趋于零,即 $u_C(\infty)=0$。当电容放电完毕,电路达到新的稳态时,电容相当于开路,所以 $i(\infty)=0$。

由 $u_C(t)$、$i(t)$ 和 $u_R(t)$ 的表达式可以看出,它们都按照相同的指数规律变化,且变化的快慢由电路参数 R、C 决定。如果 R、C 一定,则过渡过程的快慢程度也就确定了;同时,改变 R、C,就可以改变过渡过程的快慢程度。

由于 RC 具有时间的量纲,所以把 RC 称为时间常数,并用 τ 表示,即

$$\tau=RC \tag{3-4-2}$$

当 R 的单位为 Ω,C 的单位为 F 时,τ 的单位为 s。令

$$s=-\frac{1}{\tau} \tag{3-4-3}$$

则 s 具有频率的量纲,将 s 称为电路的固有频率。固有频率即表示了网络本身固有的特性。

观察 $u_C(t)$、$i(t)$ 和 $u_R(t)$ 的表达式可知,指数前面的系数就是这些量的初始值,所以任何量的零输入响应都可以写为如下标准形式:

$$y(t)=y(0^+)e^{-\frac{1}{\tau}t}, \quad t\geqslant 0^+ \tag{3-4-4}$$

因此,只要知道了该量的初始值和电路的时间常数,就能够得到该量在过渡过程中的变化规律。

3.4.2　一阶 RL 电路的零输入响应

在图 3-4-4 所示电路中,开关 S 打开前电路已处于稳态,分析开关打开后的 $i_L(t)$、$u_L(t)$ 和 $u_R(t)$。

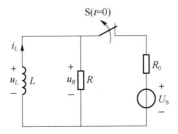

图 3-4-4　一阶 RL 电路的零输入响应

开关打开前,电路已处于稳定状态,所以电感相当于短路,$i_L(0^-)=\dfrac{U_\mathrm{s}}{R_0}=I_0$。开关打开后,根据 KVL 有

$$u_R-u_L=0$$

因为 $u_R=-R\cdot i_L$,$u_L(t)=L\dfrac{\mathrm{d}i_L}{\mathrm{d}t}$,将此二式带入上式整理后可得

$$L\frac{\mathrm{d}i_L}{\mathrm{d}t}+Ri_L(t)=0$$

这是一个一阶常系数线性齐次微分方程,其特征方程为

$$Ls+R=0$$

特征根为

$$s=-\frac{R}{L}$$

其解的形式为

$$i_L(t)=A\mathrm{e}^{st}=A\mathrm{e}^{-\frac{R}{L}t}$$

其中,A 为积分常数,由初始条件确定。

根据换路定则:$i_L(0^+)=i_L(0^-)=I_0$,所以 $t=0^+$ 时,

$$i_L(0^+)=A\mathrm{e}^{-\frac{R}{L}\cdot 0^+}=A=I_0=\frac{U_\mathrm{s}}{R_0}$$

因此得到方程的解为

$$i_L(t)=\frac{U_\mathrm{s}}{R_0}\mathrm{e}^{-\frac{R}{L}t}=I_0\mathrm{e}^{-\frac{R}{L}t}=i_L(0^+)\mathrm{e}^{-\frac{R}{L}t},\quad t\geqslant 0^+ \tag{3-4-5}$$

根据电路中的电压电流关系可得

$$u_L(t)=L\frac{\mathrm{d}i_L}{\mathrm{d}t}=L\frac{U_\mathrm{s}}{R_0}\left(-\frac{R}{L}\right)\mathrm{e}^{-\frac{R}{L}t}=-I_0R\mathrm{e}^{-\frac{R}{L}t},\quad t\geqslant 0^+$$

$$u_R(t)=u_L(t)=-I_0R\mathrm{e}^{-\frac{R}{L}t},\quad t\geqslant 0^+$$

根据电压、电流的表达式可画出它们的响应曲线,如图 3-4-5(a)、图 3-4-5(b)所示。

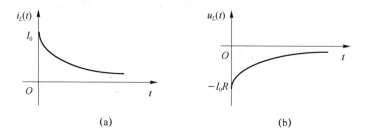

(a)　　　　　　　　　　　　(b)

图 3-4-5　一阶 RL 电路零输入响应的电压、电流曲线

与 RC 电路零输入响应过程一样,电感的电压和电流都随时间的增加而逐渐衰减为零,所以 RL 电路的零输入响应也是一个放电过程。电感中的储能被电阻消耗,最终趋于零,即 $i_L(\infty)=0$。当电感放电完毕,电路达到一个新的稳态时,电感相当于短路,所以 $u_L(\infty)=0$。

电路中的其他各量也都按照与电感电流相同的指数规律变化,且变化的快慢由电路参数 R、L 决定。如果 R、L 一定,则过渡过程的快慢程度也就确定了;改变 R、L,就可以改变

过渡过程的快慢程度。

由于 $\dfrac{L}{R}$ 具有时间的量纲,所以把 $\dfrac{L}{R}$ 也称为时间常数,并用 τ 表示,即

$$\tau = \frac{L}{R} \tag{3-4-6}$$

当 R 的单位为 Ω,L 的单位为 H 时,τ 的单位为 s。令

$$s = -\frac{1}{\tau} \tag{3-4-7}$$

则 s 具有频率的量纲,称其为电路的固有频率。

进一步观察 $i_L(t)$、$u_L(t)$ 和 $u_R(t)$ 的表达式可以发现,它们符合式(3-4-5)的形式。因此,无论是 RC 电路还是 RL 电路,只要知道了待求量的初始值和电路的时间常数,就能够得到该量在过渡过程中的变化规律。所以,今后求解一阶动态电路的零输入响应时,不必再列写微分方程求解,直接套用公式(3-4-5)即可。需要注意的是:RC 电路和 RL 电路时间常数的计算公式不同。

线性非时变电路的零输入响应满足叠加性,即如果初始值增加 K 倍,则响应也增加 K 倍。

时间常数 τ 是动态电路分析中的一个重要参数,无论是 RC 电路还是 RL 电路,时间常数 τ 都具有时间的量纲。说明如下。

$RC:\Omega \cdot F = \dfrac{V}{A} \cdot \dfrac{C}{V} = \dfrac{V}{A} \cdot \dfrac{A \cdot s}{V} = s$。

$\dfrac{L}{R}:\dfrac{H}{\Omega} = \dfrac{V \cdot s}{A} \cdot \dfrac{A}{V} = s$。

下面以电容电压为例对时间常数作进一步的介绍。

(1) 过渡过程与时间常数的关系

过渡过程是电路从一种稳定状态转向另一种稳定状态的变化过程,从前面得到的电路变量的表达式可知,理论上讲,只有当 $t = \infty$ 时,过渡过程才能结束。表 3-4-1 列出了从 $t = 0$ 开始,经过不同时间后的电容电压值。由表 3-4-1 可以看出,$t = \tau$ 时,$u_C(t)$ 下降到初始值的 36.80%;$t = 4\tau$ 时,电容电压已下降为初始值的 1.83%;$t = 5\tau$ 时,电容电压已下降为初始值的 0.67%;$t = 6\tau$ 时,电容电压已下降为初始值的 0.09%。所以,工程上一般认为 $t = (3 \sim 5)\tau$ 后,过渡过程基本结束,电路进入另一种稳定状态。

表 3-4-1 电容电压的衰减情况

时间 t	电容电压 $u_C(t)$
$t = \tau$	$0.368\,0u_C(0^+)$
$t = 2\tau$	$0.135\,0u_C(0^+)$
$t = 3\tau$	$0.049\,8u_C(0^+)$
$t = 4\tau$	$0.018\,3u_C(0^+)$
$t = 5\tau$	$0.006\,7u_C(0^+)$
$t = 6\tau$	$0.000\,9u_C(0^+)$

时间常数影响过渡过程的快慢,时间常数越小,过渡过程越快;反之,时间常数越大,过渡过程越慢。所以,改变时间常数可以改变过渡过程所用的时间。图 3-4-6 所示为不同时

间常数对应的电容电压变化曲线的示意图。

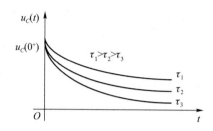

图 3-4-6　时间常数与过渡过程的关系

（2）时间常数的测定与计算

时间常数的测定可以根据前面讲过的当 $t=\tau$ 时，$u_C(t)$ 下降到初始值的 36.80% 这个事实进行测量，即在 $u_C(t)$ 的曲线上测量 $0.368\,0u_C(0^+)$ 所对应的时间，此即时间常数；也可以过 $u_C(0^+)$ 作切线，则切线与时间轴的交点就是时间常数，因为切线斜率为

$$\frac{\mathrm{d}u_C(t)}{\mathrm{d}t}\bigg|_{t=0}=\left(-\frac{1}{\tau}\right)u_C(0^+)\mathrm{e}^{-\frac{t}{\tau}}\bigg|_{t=0}=-\frac{u_C(0^+)}{\tau}$$

以上两种方法均示于图 3-4-7 中。

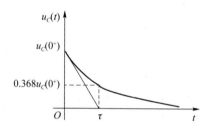

图 3-4-7　时间常数的测定

时间常数的计算也有几种方法：一是如果已知电路的微分方程，则根据特征方程的特征根与时间常数互为负倒数，即 $\tau=-1/s$ 的关系确定；二是如果已知函数表达式，根据 $u_C(t)\big|_{t=\tau}=u_C(0^+)\mathrm{e}^{-\frac{t}{\tau}}\big|_{t=\tau}=u_C(0^+)\mathrm{e}^{-1}=0.368\,0u_C(0^+)$ 确定；三是根据电路，即公式 $\tau=RC$ 和 $\tau=L/R$ 计算。但通常的电路并不像我们前面讨论的那么简单，即电路中不可能只含有一个电阻元件和一个电源，此时的 R 如何确定？通常我们要利用戴维南定理或诺顿定理将除动态元件以外的电路用戴维南等效电路或诺顿等效电路替代，则 R 就是与动态元件连接的戴维南等效电阻或诺顿等效电阻。具体方法通过下面的例题说明。

【例题 3-5】　求 $t\geqslant0^+$ 时图 3-4-8 所示电路的时间常数 τ。

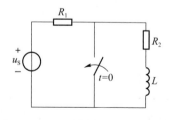

图 3-4-8　例题 3-5 用图

解:开关闭合后电路变为两个独立的部分,即 u_S 与 R_1 的串联和 R_2 与 L 的串联,所以 $\tau=\dfrac{L}{R_2}$。

【例题 3-6】　在图 3-4-9 所示电路中,已知当 $t<0$ 时,$u_S(t)=140\ V$;当 $t\geqslant0$ 时,$u_S(t)=0$。求 $t\geqslant0$ 时的 $i_C(t)$ 和 $u(t)$。

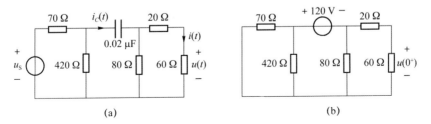

(a)　　　　　　　　　　　　　　　　　(b)

图 3-4-9　例题 3-6 用图

解:当 $t<0$ 时,电容开路,

$$u_C(0^-)=\frac{u_S(t)}{70+420}\times420=\frac{140\times420}{490}\ V=120\ V$$

当 $t\geqslant0$ 时,$u_C(0^+)=u_C(0^-)=120\ V$,与电容连接的等效电阻为

$$R_{eq}=70\,/\!/\,420+(20+60)\,/\!/\,80=\left(\frac{70\times420}{490}+40\right)\Omega=(60+40)\Omega=100\ \Omega$$

所以

$$\tau=R_{eq}C=100\times0.02\times10^{-6}\ s=2\times10^{-6}\ s$$

$$u_C(t)=u_C(0^+)e^{-\frac{t}{\tau}}=120e^{-5\times10^5t}\ V$$

$$i_C(t)=C\frac{du_C(t)}{dt}=0.2\times10^{-6}\times120\times(-5\times10^5)e^{-5\times10^5t}\ A=-1.2e^{-5\times10^5t}\ A$$

$$i(t)=\frac{1}{2}i_C(t)=-0.6e^{-5\times10^5t}\ A$$

$$u(t)=i(t)\times60=-36e^{-5\times10^5t}\ V$$

或根据 0^+ 时刻的等效电路求 $u(0^+)$,如图 3-4-9(b)所示。

$$u(0^+)=-\frac{60}{20+60}\times\frac{(20+60)\,/\!/\,80}{70\,/\!/\,420+(20+60)\,/\!/\,80}\times120\ V$$

$$=-\frac{3}{4}\times\frac{2}{5}\times120\ V=-36\ V$$

$$u(t)=u(0^+)e^{-\frac{t}{\tau}}=-36e^{-5\times10^5t}\ V$$

【例题 3-7】　在图 3-4-10 所示电路中,电感元件已有初始储能,$i_L(0^-)=1.2\ A$,求 $t\geqslant0^+$ 时的 $u_{AB}(t)$。

解:先求 AB 左端网络的等效电阻,如图 3-4-10(b)所示。

$$u_{AB}=1\times(i+5i+i_{AB})=6i+i_{AB}$$

$$u_{AB}=-2i$$

由以上二式可得 $4u_{AB}=i_{AB}$,所以

$$R_{AB}=\frac{u_{AB}}{i_{AB}}=\frac{1}{4}\Omega$$

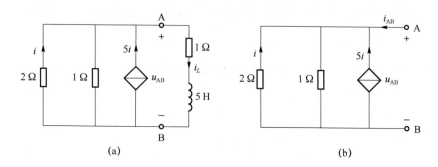

图 3-4-10　例题 3-7 用图

与电感连接的等效电阻为

$$R_{eq} = R_{AB} + 1 = \frac{5}{4}\Omega$$

$$\tau = \frac{L}{R_{eq}} = 5 \times \frac{4}{5}s = 4\ s$$

$$i_L(0^+) = i_L(0^-) = 1.2\ A$$

$$i_L(t) = i_L(0^+)e^{-\frac{t}{\tau}} = 1.2e^{-0.25t}\ A$$

$$u_{AB} = 1 \times i_L(t) + L\frac{di_L(t)}{dt}$$

$$= [1.2e^{-0.25t} + 5 \times 1.2 \times (-0.25)e^{-0.25t}]\ V$$

$$= -0.3e^{-0.25t}\ V$$

由例题 3-7 可以看出,同一电路中各量的时间常数是相同的。因为同一电路中对含有指数函数 $e^{-\frac{t}{\tau}}$ 的加减乘除以及微分与积分运算,除了 $e^{-\frac{t}{\tau}}$ 函数前面的系数有所改变外,都不会改变 $e^{-\frac{t}{\tau}}$ 指数函数本身的衰减规律。这是动态电路所特有的性质。同理,后面将要介绍的零状态响应和全响应都具有这种特点。

3.5　一阶电路的零状态响应

3.5.1　一阶 *RC* 电路的零状态响应

在图 3-5-1 所示电路中,假设开关闭合前电容元件没有储能,即 $u_C(0^-)$ 为零,则开关 S 闭合后电路的响应就是零状态响应。根据 KVL 可列出开关闭合后的电路方程为

$$Ri(t) + u_C(t) = u_S(t)$$

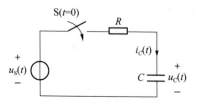

图 3-5-1　一阶 *RC* 电路

将 $i(t) = C\dfrac{\mathrm{d}u_C(t)}{\mathrm{d}t}$ 带入上式可得

$$RC\frac{\mathrm{d}u_C}{\mathrm{d}t} + u_C = u_S(t)$$

上式为一阶常系数线性非齐次微分方程。其解由两部分组成：一部分是对应齐次微分方程的通解 u_{Ch}，称为齐次解；另一部分是非齐次微分方程的特解 u_{Cp}。通解具有如下形式：

$$u_{Ch}(t) = A\mathrm{e}^{-\frac{1}{RC}t}$$

其中，待定常数 A 根据初始条件确定。

特解具有与激励相同的函数形式。在此只讨论直流激励下的动态电路，因此微分方程等号的右边为一个常数，则特解也应为一个常数，且满足微分方程。设 $u_S = U_S$，$u_{Cp} = B$，代入微分方程得

$$0 + B = U_S$$

所以

$$B = U_S$$

电容电压的完全解为

$$u_C(t) = u_{Ch}(t) + u_{Cp}(t) = A\mathrm{e}^{-\frac{1}{RC}t} + U_S$$

因为 $u_C(0^+) = u_C(0^-) = 0$，所以有

$$u_C(t)\big|_{t=0^+} = u_C(0^+) = A + U_S = 0$$

$$A = -U_S$$

由此得到电路的零状态响应为

$$u_C(t) = -U_S\mathrm{e}^{-\frac{1}{RC}t} + U_S = U_S(1 - \mathrm{e}^{-\frac{1}{RC}t}) = U_S(1 - \mathrm{e}^{-\frac{t}{\tau}}), \quad t \geqslant 0^+ \tag{3-5-1}$$

$$i(t) = C\frac{\mathrm{d}u_C}{\mathrm{d}t} = C(-U_S)\left(-\frac{1}{RC}\right)\mathrm{e}^{-\frac{1}{RC}t} = \frac{U_S}{R}\mathrm{e}^{-\frac{t}{\tau}}, \quad t \geqslant 0^+$$

$$u_R(t) = Ri(t) = U_S\mathrm{e}^{-\frac{t}{\tau}}, \quad t \geqslant 0^+$$

其中，$\tau = RC$ 为电路的时间常数。

电压和电流的响应曲线如图 3-5-2 所示。由图 3-5-2 可以看出，电容电压值随时间的增加而增加，并逐渐趋于电源电压值，所以 RC 电路的零状态响应是一个充电过程，在该过程中电容储存了能量。在开关闭合的瞬间，电路中的电流 $i(0^+) = \dfrac{U_S}{R}$，电源通过电阻对电容充电，在这一过程中电源的一部分能量储存于电容中，另一部分被电阻消耗掉。当充电结束时，电路达到一个新的稳态，此时电容相当于开路，$u_C(\infty) = U_S$，$i(\infty) = 0$。这时储存在电容中的能量为

$$W_C(\infty) = \frac{1}{2}Cu_C^2(\infty) = \frac{1}{2}CU_S^2$$

在充电过程中电阻消耗的能量为

$$W_R = \int_0^\infty i^2(t)R\mathrm{d}t = \int_0^\infty \frac{U_S^2}{R}\mathrm{e}^{-\frac{2t}{RC}}\mathrm{d}t = \frac{U_S^2}{R}\left(-\frac{RC}{2}\right)\mathrm{e}^{-\frac{2t}{RC}}\bigg|_0^\infty = \frac{1}{2}CU_S^2$$

可见，充电过程结束后，电容中储存的能量与电阻消耗的能量相等，所以充电效率为 50%。

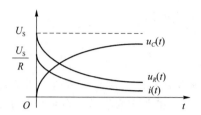

图 3-5-2　一阶 RC 电路的零状态响应曲线

根据上一节对时间常数的讨论可知,$u_C(t)$、$i(t)$ 和 $u_R(t)$ 也都按照相同的指数规律变化,即它们都具有相同的时间常数,且变化的快慢由时间常数的大小决定。这由它们的表达式也可以看出。

3.5.2　一阶 RL 电路的零状态响应

考虑图 3-5-3 所示 RL 电路,假设开关 S 闭合前电感中没有初始储能,即 $i_L(0^-)$ 为零,则开关闭合后电路的响应就是零状态响应。根据 KCL 可列出开关闭合后的电路方程为

$$i_R(t) + i_L(t) = I_S$$

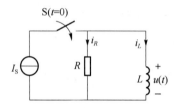

图 3-5-3　一阶 RL 电路

将 $i_R(t) = \dfrac{u(t)}{R} = \dfrac{L}{R}\dfrac{\mathrm{d}i_L(t)}{\mathrm{d}t}$ 带入上式可得

$$\frac{L}{R}\frac{\mathrm{d}i_L}{\mathrm{d}t} + i_L = I_S$$

上式为一阶常系数非齐次微分方程。同样可求得特解 $i_{Lp} = I_S$,通解具有如下形式:

$$i_{Lh}(t) = A\mathrm{e}^{-\frac{R}{L}t}$$

电感电流的完全解为

$$i_L(t) = i_{Lh}(t) + i_{Lp}(t) = A\mathrm{e}^{-\frac{R}{L}t} + I_S$$

由初始条件 $i_L(0^+) = i_L(0^-) = 0$ 求得待定常数 $A = -I_S$,由此得到电路的零状态响应为

$$i_L(t) = -I_S\mathrm{e}^{-\frac{R}{L}t} + I_S = I_S(1 - \mathrm{e}^{-\frac{R}{L}t}) = I_S(1 - \mathrm{e}^{-\frac{t}{\tau}}), \quad t \geqslant 0^+ \tag{3-5-2}$$

$$u(t) = L\frac{\mathrm{d}i_L}{\mathrm{d}t} = L(-I_S)\left(-\frac{R}{L}\right)\mathrm{e}^{-\frac{R}{L}t} = I_S R\mathrm{e}^{-\frac{t}{\tau}}, \quad t \geqslant 0^+$$

$$i_R(t) = \frac{u(t)}{R} = I_S\mathrm{e}^{-\frac{t}{\tau}}, \quad t \geqslant 0^+$$

其中,$\tau = \dfrac{L}{R}$ 为电路的时间常数。

电压和电流的响应曲线如图 3-5-4 所示。由图 3-5-4 可以看出,电感电流随时间的增加而增加,并逐渐趋于电源电流,所以 RL 电路的零状态响应也是一个储存能量的过程。在开关闭合的瞬间,电感上的电压 $u(0^+)=I_S R$,电源对电感充磁,在这一过程中电源的一部分能量储存于电感中,另一部分被电阻消耗掉。充磁过程结束后,电路达到一个新的稳态,此时电感相当于短路,$i_L(\infty)=I_s$,$u(\infty)=0$。这时存储在电感中的能量为

$$W_L(\infty)=\frac{1}{2}Li_L^2(\infty)=\frac{1}{2}LI_S^2$$

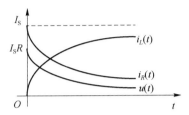

图 3-5-4 一阶 RL 电路的零状态响应曲线

电感储能过程中电阻消耗的能量为

$$W_R=\int_0^\infty i_R^2(t)R\mathrm{d}t=\int_0^\infty I_S^2 Re^{-\frac{2Rt}{L}}\,\mathrm{d}t=I_S^2 R\Big(-\frac{L}{2R}\Big)e^{-\frac{Rt}{L}}\,\Big|_0^\infty=\frac{1}{2}LI_S^2$$

可见,储能过程结束后,电感中储存的能量与电阻消耗的能量相等,所以储能的效率为 50%。

同样,$i_L(t)$、$i_R(t)$ 和 $u(t)$ 也都按照相同的指数规律变化,即它们都具有相同的时间常数,且变化的快慢由时间常数的大小决定。

考察式(3-5-1)和式(3-5-2)可以发现,它们都可以写为如下形式:

$$y(t)=y(\infty)(1-e^{-\frac{t}{\tau}}),\quad t\geqslant 0^+ \tag{3-5-3}$$

对于任何一阶 RC 电路和 RL 电路来说,电容电压和电感电流的零状态响应都具有式(3-5-3)所示的形式,因此只要求得电容电压和电感电流在 $t\rightarrow\infty$ 时的值(称其为终值),以及电路的时间常数,就可以得到电容电压和电感电流的变化规律。但需要注意的是,式(3-5-3)只适用于电容电压和电感电流,对其他量不适用。因为在零状态下,只有电容电压和电感电流满足换路定则,初始值 $y(0^+)=0$。零状态响应的公式就是状态变量(电容电压和电感电流)从零值逐渐达到稳态值 $y(\infty)$ 的过渡过程。对于非状态变量,初始值不一定为零,在 $y(0^+)\neq0$ 的情况下,就不可能满足式(3-5-3)了。

今后求解动态电路的零状态响应时不必再列方程求解,直接套用式(3-5-3)即可。如果还需求其他量的零状态响应,则可根据电路结构和元件的电压电流关系得到。注意:RC 电路和 RL 电路时间常数的计算公式不同。

线性时不变电路的零状态响应满足叠加性,即如果激励增加 K 倍,则响应也增加 K 倍。

充电过程的快慢也由时间常数决定,经过 $t=\tau$ 时间后,电容电压或电感电流就充电到稳态值的 63.20%;经过 $t=4\tau$ 后,充电到稳态值的 98.17%;经过 $t=5\tau$ 后,充电到稳态值的 99.33%。所以,工程上一般认为经过 $t=(3\sim5)\tau$ 时间后,充电完毕。

与零输入响应相同,电路的时间常数同样可以通过作曲线的切线进行测量,也可以根据 $y(t)\big|_{t=\tau}=y(\infty)(1-e^{-\frac{t}{\tau}})\big|_{t=\tau}=y(\infty)(1-e^{-1})=0.632y(\infty)$ 进行测量或计算,此处不再

赘述。

当电路比较复杂时,通常先利用戴维南定理或诺顿定理将除动态元件以外的电路用戴维南等效电路或诺顿等效电路替代,所以公式 $\tau=RC$ 和 $\tau=\dfrac{L}{R}$ 中的 R 就是与动态元件连接的戴维南等效电阻或诺顿等效电阻。

【例题 3-8】 图 3-5-5 所示电路在 $t<0$ 时处于稳态,$u_C(0^-)=0$。求开关 S 闭合后的 $u_C(t)$ 和 $u_0(t)$,并画出它们的变化曲线。

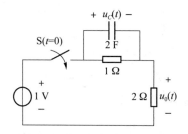

图 3-5-5　例题 3-8 用图

解: 开关 S 闭合后电路再达到稳态时,电容相当于开路,所以电容电压的稳态值为

$$u_C(\infty)=\frac{1}{1+2}\times 1\ \mathrm{V}=\frac{1}{3}\mathrm{V}$$

与电容连接的等效电阻为

$$R_{eq}=1/\!/2=\frac{1\times 2}{1+2}\Omega=\frac{2}{3}\Omega$$

所以,电路的时间常数为

$$\tau=R_{eq}C=\frac{2}{3}\times 2\ \mathrm{s}=\frac{4}{3}\mathrm{s}$$

根据式(3-5-3),电容电压为

$$u_C(t)=u_C(\infty)(1-\mathrm{e}^{-\frac{t}{\tau}})=\frac{1}{3}(1-\mathrm{e}^{-\frac{3}{4}t})\mathrm{V},\quad t\geqslant 0^+$$

根据电路结构,有

$$1=u_C(t)+u_0(t)$$

所以

$$u_0(t)=1-u_C(t)=\left[1-\frac{1}{3}(1-\mathrm{e}^{-\frac{3}{4}t})\right]\mathrm{V}=\left(\frac{2}{3}+\frac{1}{3}\mathrm{e}^{-\frac{3}{4}t}\right)\mathrm{V},\quad t\geqslant 0^+$$

$u_C(t)$ 和 $u_0(t)$ 的变化曲线如图 3-5-6 所示。

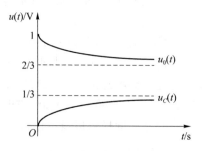

图 3-5-6　电压变化曲线

【例题 3-9】　图 3-5-7 所示电路在 $t<0$ 时处于稳态，$i_L(0^-)=0$。求开关 S 闭合后的 $i_L(t)$ 和 $u_1(t)$，并画出它们的变化曲线。

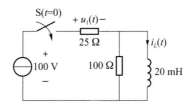

图 3-5-7　例题 3-9 用图

解：开关 S 闭合后电路再达到稳态时，电感相当于短路，所以电感电流的稳态值为

$$i_L(\infty)=\frac{100}{25}\text{A}=4\text{ A}$$

与电感连接的等效电阻为

$$R_{eq}=25\text{ }\Omega\mathbin{/\mkern-5mu/}100\text{ }\Omega=\frac{100\times25}{100+25}\Omega=20\text{ }\Omega$$

所以，电路的时间常数为

$$\tau=\frac{L}{R_{eq}}=\frac{0.02}{20}\text{s}=0.001\text{ s}$$

根据式(3-5-3)，电感电流为

$$i_L(t)=i_L(\infty)(1-\text{e}^{-\frac{t}{\tau}})=4(1-\text{e}^{-1\,000t})\text{A},\quad t\geqslant0^+$$

根据电路结构，有

$$100=u_1(t)+u_L(t)=u_1(t)+L\frac{\text{d}i_L(t)}{\text{d}t}$$

所以

$$u_1(t)=100-L\frac{\text{d}i_L(t)}{\text{d}t}$$

$$=[100-0.02\times(-4)\times(-1\,000)\text{e}^{-1\,000t}]\text{V}$$

$$=(100-80\text{e}^{-1\,000t})\text{V},\quad t\geqslant0^+$$

$i_L(t)$ 和 $u_1(t)$ 的变化曲线如图 3-5-8 所示。

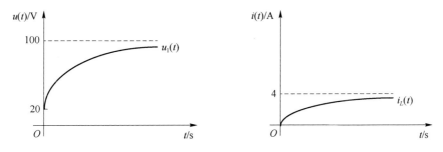

图 3-5-8　电压、电流变化曲线

【例题 3-10】　图 3-5-9 所示电路在 $t<0$ 时处于稳态，$i_L(0^-)=0$，$u_C(0^-)=0$。求开关 S 闭合后的 $i_L(t)$ 和 $u_C(t)$。

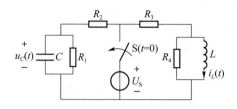

图 3-5-9　例题 3-10 用图

解： 当开关闭合后，因为左右两条支路的端电压相等且恒定不变，所以左右两部分电路是两个独立的部分，可以分别考虑。当电路在达到稳态时，电感相当于短路，电容相当于开路，所以有

$$i_L(\infty) = \frac{U_s}{R_3}$$

$$u_C(\infty) = \frac{R_1}{R_1+R_2}U_s$$

与电感连接的等效电阻为

$$R_{eq34} = R_3 /\!/ R_4 = \frac{R_3 R_4}{R_3+R_4}$$

右边电路的时间常数为

$$\tau_L = \frac{L}{R_{eq34}} = \frac{L(R_3+R_4)}{R_3 R_4}$$

与电容连接的等效电阻为

$$R_{eq12} = R_1 /\!/ R_2 = \frac{R_1 R_2}{R_1+R_2}$$

左边电路的时间常数为

$$\tau_C = R_{eq12}C = \frac{R_1 R_2 C}{R_1+R_2}$$

根据式（3-5-3），电感电流为

$$i_L(t) = i_L(\infty)(1-e^{-\frac{t}{\tau_L}}) = \frac{U_s}{R_3}(1-e^{-\frac{R_3 R_4}{L(R_3+R_4)}t}), \quad t \geqslant 0^+$$

电容电压为

$$u_C(t) = u_C(\infty)(1-e^{-\frac{t}{\tau_C}}) = \frac{R_1 U_s}{R_1+R_2}(1-e^{-\frac{R_1+R_2}{R_1 R_2 C}t}), \quad t \geqslant 0^+$$

3.6　一阶电路的全响应

当线性非时变动态电路中的动态元件有初始储能，且电路有外加激励时，电路响应既有零输入响应，也有零状态响应，此时的响应称为全响应。全响应可以看作零输入响应与零状态响应之和，即

全响应＝零输入响应＋零状态响应

对于图 3-6-1 所示电路，假设开关 S 闭合前电容已有初始储能，$u_C(0^-) = U_0 \neq 0$，则开

关闭合后的响应就是全响应。其中零输入响应为

$$u_{Cz.i.r}(t)=u_C(0^+)\mathrm{e}^{-\frac{1}{RC}t}=U_0\mathrm{e}^{-\frac{1}{\tau}t},\quad t\geqslant 0^+$$

零状态响应为

$$u_{Cz.s.r}(t)=u_C(\infty)(1-\mathrm{e}^{-\frac{1}{RC}t})=U_S(1-\mathrm{e}^{-\frac{1}{\tau}t}),\quad t\geqslant 0^+$$

则全响应为

$$u_C(t)=u_{Cz.i.r}(t)+u_{Cz.s.r}(t)=U_0\mathrm{e}^{-\frac{1}{\tau}t}+U_S(1-\mathrm{e}^{-\frac{1}{\tau}t}),\quad t\geqslant 0^+ \tag{3-6-1}$$

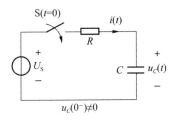

图 3-6-1　一阶 RC 电路

下面再从求解动态电路微分方程的角度,来说明全响应的求解过程。此方法是数学上求解微分方程的方法,所以称为经典法。

根据 KVL 和元件的 VCR 可得到开关闭合后的电路方程为

$$RC\frac{\mathrm{d}u_C(t)}{\mathrm{d}t}+u_C(t)=U_S$$

这个方程与 3.5.1 节中 RC 电路的微分方程形式一样,但状态变量的初始条件不同。可以求得特解为

$$u_{Cp}=U_S$$

通解仍为指数形式:

$$u_{Ch}(t)=A\mathrm{e}^{-\frac{1}{RC}t}$$

根据初始条件可以求得待定常数 A 为

$$A=u_C(0^+)-U_S=u_C(0^-)-U_S=U_0-U_S$$

所以电容电压的全响应为

$$u_C(t)=u_{Ch}(t)+u_{Cp}(t)=U_S+(U_0-U_S)\mathrm{e}^{-\frac{1}{\tau}t},\quad t\geqslant 0^+ \tag{3-6-2}$$

式(3-6-1)整理后与式(3-6-2)完全一样。

根据数学求解微分方程特解可知,当激励为常数时,特解是一恒定量,它也是电路达到新的稳定状态时的电容电压值,所以称其为稳态响应。又因为它是由激励决定的,所以又称为响应的强制分量。通解具有指数形式,随着时间增加,它会逐渐趋于零,所以将其称为暂态响应。又因为其衰减规律仅与电路结构和元件参数有关,所以又称为响应的自由分量。

在这一过渡过程中,电容是充电还是放电取决于电容电压的初始值 U_0 和激励的电压值 U_S,如果 $U_0>U_S$,则电容放电;反之,如果 $U_0<U_S$,则电容充电;如果 $U_0=U_S$,则没有动态过程,因为此时暂态响应为零。

通过以上的讨论可知:全响应可以看作零输入响应与零状态响应的叠加,也可以看作稳态响应(强制分量)与暂态响应(自由分量)的叠加。

【例题 3-11】 图 3-6-2 所示电路在开关闭合前已处于稳态，求开关 S 闭合后的电容电压 $u_C(t)$，指出其零输入响应、零状态响应、稳态响应和暂态响应并画出它们的曲线。

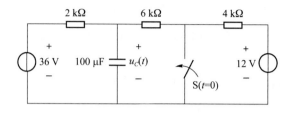

图 3-6-2 例题 3-11 用图

解： 因为开关 S 闭合前电路已处于稳态，所以电容相当于开路。

$$u_C(0^-) = \left[36 - \frac{36-12}{(2+6+4)\times 10^3} \times 2 \times 10^3 \right] \text{V} = 32 \text{ V}$$

开关 S 闭合后，原电路被分为两个独立的部分，由 12 V 电压源和 4 Ω 电阻组成的右半部分与电容无关，故不再考虑。对于左半部分，

$$u_C(0^+) = u_C(0^-) = 32 \text{ V}$$

$$u_C(\infty) = \frac{6}{2+6} \times 36 \text{ V} = 27 \text{ V}$$

$$\tau = \frac{2 \times 6}{2+6} \times 10^3 \times 100 \times 10^{-6} \text{ s} = 0.15 \text{ s}$$

零输入响应为

$$u_{Cz.i.r}(t) = u_C(0^+) \mathrm{e}^{-\frac{1}{\tau}t} = 32 \mathrm{e}^{-\frac{20}{3}t} \text{ V}, \quad t \geqslant 0^+$$

零状态响应为

$$u_{Cz.s.r}(t) = u_C(\infty)(1 - \mathrm{e}^{-\frac{1}{\tau}t}) = 27(1 - \mathrm{e}^{-\frac{20}{3}t}) \text{V}, \quad t \geqslant 0^+$$

全响应为

$$u_C(t) = u_{Cz.i.r}(t) + u_{Cz.s.r}(t) = \left[32 \mathrm{e}^{-\frac{20}{3}t} + 27(1 - \mathrm{e}^{-\frac{20}{3}t}) \right] \text{V} = (27 + 5 \mathrm{e}^{-\frac{20}{3}t}) \text{V}, \quad t \geqslant 0^+$$

其中，稳态响应为

$$u_p(t) = 27 \text{ V}, \quad t \geqslant 0^+$$

暂态响应为

$$u_h(t) = 5 \mathrm{e}^{-\frac{20}{3}t} \text{ V}, \quad t \geqslant 0^+$$

各响应的波形如图 3-6-3 所示。

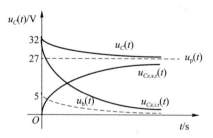

图 3-6-3 各响应的曲线

如果将 12 V 电压源改为 24 V 电压源，则对响应会有什么影响呢？根据前面的分析可知，开关闭合后电路分为两个独立的部分，所以 12 V 电压源只影响 $u_C(t)$ 的初始值，$u_C(0^+) =$

$u_C(0^-) = \left[36 - \dfrac{36-24}{(2+6+4)\times10^3}\times2\times10^3\right]\text{V} = 34\text{ V}$，而对稳态值没有影响。因此，只有 $u_C(t)$ 的零输入响应发生改变，即 $u_{Cz.i.r}(t) = 34\mathrm{e}^{-\frac{20}{3}t}$ V，而零状态响应保持不变。

如果将 36 V 电压源改为 48 V 电压源，则将对 $u_C(t)$ 的零输入响应和零状态响应都有影响，此时，$u_C(0^+) = u_C(0^-) = \left[48 - \dfrac{48-12}{(2+6+4)\times10^3}\times2\times10^3\right]\text{V} = 42\text{ V}$，$u_C(\infty) = \left(\dfrac{6}{2+6}\times48\right)\text{V} = 36\text{ V}$，全响应为 $u_C(t) = \left[42\mathrm{e}^{-\frac{20}{3}t} + 36(1-\mathrm{e}^{-\frac{20}{3}t})\right]\text{V} = (36 + 6\mathrm{e}^{-\frac{20}{3}t})\text{V}$。

3.7　一阶电路的三要素法

总结上述动态电路的分析过程，把 3.6 节用两种方法求解的 RC 电路的电容电压列写如下。

零输入、零状态法：

$$u_C(t) = u_{Cz.i.r}(t) + u_{Cz.s.r}(t) = U_0\mathrm{e}^{-\frac{1}{\tau}t} + U_s(1-\mathrm{e}^{-\frac{1}{\tau}t}), \quad t \geqslant 0^+$$

经典法：

$$u_C(t) = u_{Ch}(t) + u_{Cp}(t) = U_s + (U_0 - U_s)\mathrm{e}^{-\frac{1}{\tau}t}, \quad t \geqslant 0^+$$

在经典法中，已知特解就是 $u_C(t)$ 的稳态值，即 $u_{Cp} = U_s = u_C(\infty)$，而待定常数 $A = u_C(0^+) - U_s = u_C(0^+) - u_C(\infty)$。因此式（3-6-2）可写为如下形式：

$$u_C(t) = u_C(\infty) + [u_C(0^+) - u_C(\infty)]\mathrm{e}^{-\frac{t}{\tau}} \tag{3-7-1}$$

由此可见，只要知道了 $u_C(t)$ 的初始值、稳态值和时间常数，就可以根据式（3-7-1）得到电容电压的全响应。

需要说明的是，式（3-7-1）不仅适用于状态变量，也适用于非状态变量，即在直流激励下，一阶动态电路中任一支路的电压、电流都可利用式（3-7-1）求解。由于只需知道待求量的初始值、稳定值和电路的时间常数 3 个量就能得到该量的解，所以将这种方法称为三要素法，用一般形式表示如下：

$$y(t) = y(\infty) + [y(0^+) - y(\infty)]\mathrm{e}^{-\frac{t}{\tau}} \tag{3-7-2}$$

【例 3-12】 图 3-7-1(a)所示 RL 电路中的电压源电压如图 3-7-1(b)所示，且 $i_L(0^-) = 0$，试求 $t \geqslant 0^+$ 的 $i(t)$，并绘出其变化曲线。

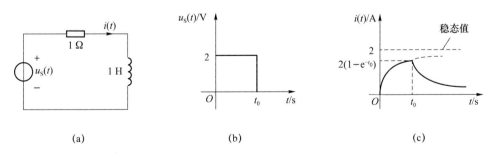

(a)　　　　　　　　　(b)　　　　　　　　　(c)

图 3-7-1　例题 3-12 用图

解： 因为激励只作用于 $(0, t_0)$ 区间，所以需要分段求响应。由于 $i_L(0^-) = 0$，所以在 $0 \leqslant$

$t \leqslant t_0$ 区间的 $i(t)$ 为零状态响应;当 $t > t_0$ 时,因为没有了外加激励,而且由于前一段的充磁,电感中已有储能,所以 $i(t)$ 为零输入响应。下面分别求解。

当 $0 \leqslant t \leqslant t_0$ 时,

$$i(0^+) = i_L(0^-) = 0$$

$$i_L(\infty) = 2 \text{ A}$$

$$\tau = \frac{L}{R} = 1 \text{ s}$$

$$i(t) = i(\infty)(1 - e^{-\frac{t}{\tau}}) = 2(1 - e^{-t}) \text{A}, \quad t \geqslant 0^+$$

当 $t > t_0$ 时,

$$u_S(t) = 0$$

$$i_L(\infty) = 0$$

$$\tau = \frac{L}{R} = 1 \text{ s}$$

$$i(0^+) = i(t_0^+) = 2(1 - e^{-t_0})$$

$$i(t) = i(t_0^+) e^{-\frac{(t-t_0)}{\tau}} = 2(1 - e^{-t_0}) e^{-(t-t_0)} \text{ A}, \quad t \geqslant t_0^+$$

$i(t_0^+)$ 是第一段在 t_0 时刻的值,此即为第二段的初始值。

变化曲线如图 3-7-1(c) 所示。

【例题 3-13】 已知 $t < 0$ 时图 3-7-2(a) 所示电路已处于稳态。求 $t \geqslant 0^+$ 时的 $u_{ab}(t)$。

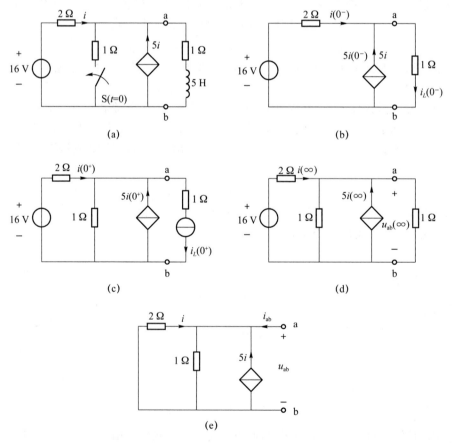

图 3-7-2 例题 3-13 用图

解：因为 $t<0$ 时电路已处于稳态，所以电感相当于短路，此时的电路如图 3-7-2(b) 所示。

$$i_L(0^-)=6i(0^-)$$

而

$$16=2i(0^-)+6i(0^-)\times1$$
$$i(0^-)=2\ \text{A}$$

所以

$$i_L(0^-)=6\times2\ \text{A}=12\ \text{A}$$

为求出 $u_{ab}(t)$ 的初始值 $u_{ab}(0^+)$，画出 0^+ 时刻的等效电路，如图 3-7-2(c) 所示。其中电感用电流为 $i_L(0^+)=i_L(0^-)=12\ \text{A}$ 的电流源替代。

$$u_{ab}(0^+)=1\times[6i(0^+)-i_L(0^+)]=6i(0^+)-12$$

而

$$16=2i(0^+)+6i(0^+)-i_L(0^+)=8i(0^+)-12$$
$$i(0^+)=3.5\ \text{A}$$

所以

$$u_{ab}(0^+)=(6\times3.5-12)\text{V}=9\ \text{V}$$

为求出 $u_{ab}(t)$ 的稳态值 $u_{ab}(\infty)$，画出 ∞ 时刻的等效电路，如图 3-7-2(d) 所示。因为电路又达到稳态，所以电感相当于短路。

$$u_{ab}(\infty)=(1/\!/1)\times6i(\infty)=3i(\infty)$$

而

$$16=2i(\infty)+(1/\!/1)\times6i(\infty)=5i(\infty)$$
$$i(\infty)=3.2\ \text{A}$$

所以

$$u_{ab}(\infty)=3\times3.2\ \text{V}=9.6\ \text{V}$$

为求时间常数，先求 ab 左端网络的等效电阻 R_{ab}，如图 3-7-2(e) 所示。

因为 $u_{ab}=1\times(6i+i_{ab})$，$u_{ab}=-2i$，由以上二式可得

$$4u_{ab}=i_{ab}$$
$$R_{ab}=\frac{u_{ab}}{i_{ab}}=0.25\ \Omega$$

与电感连接的等效电阻为

$$R_{eq}=(1+0.25)\Omega=1.25\ \Omega$$

电路的时间常数为 $\tau=\dfrac{L}{R_{eq}}=\dfrac{5}{1.25}\text{s}=4\ \text{s}$，根据式(3-7-2)可得

$$u_{ab}(t)=u_{ab}(\infty)+[u_{ab}(0^+)-u_{ab}(\infty)]e^{-\frac{1}{\tau}t}$$
$$=[9.6+(9-9.6)e^{-\frac{1}{4}t}]\text{V}$$
$$=(9.6-0.6e^{-\frac{1}{4}t})\text{V},\quad t\geq0^+$$

【例题 3-14】 已知图 3-7-3(a) 所示电路，$u_C(0^-)=6\ \text{V}$，开关闭合前电路处于稳态。求开关闭合后：

① 电容电压的全响应、稳态响应、暂态响应、零输入响应、零状态响应，并画出其曲线。

② 24 kΩ 电阻上的电压 $u_R(t)$。

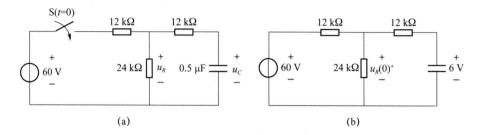

(a)　　　　　　　　　(b)

图 3-7-3　例题 3-14 用图

解：① $u_C(0^+)=u_C(0^-)=6$ V，$u_C(\infty)=\dfrac{24}{12+24}\times 60$ V$=40$ V。与电容连接的等效电

阻为

$$R_{eq}=\left(12+\frac{12\times 24}{12+24}\right)\text{k}\Omega=(12+8)\text{k}\Omega=20\ \text{k}\Omega$$

时间常数为

$$\tau=R_{eq}C=20\times 10^3\times 0.5\times 10^{-6}\ \text{s}=0.01\ \text{s}$$

所以

$$u_C(t)=u_C(\infty)+[u_C(0^+)-u_C(\infty)]\mathrm{e}^{-\frac{t}{\tau}}$$
$$=[40+(6-40)\mathrm{e}^{-100t}]\text{V}=(40-34\mathrm{e}^{-100t})\text{V},\quad t\geqslant 0^+$$

稳态响应为 40 V，暂态响应为 $-34\mathrm{e}^{-100t}$ V，零输入响应为 $6\mathrm{e}^{-100t}$ V，零状态响应为 $40(1-\mathrm{e}^{-100t})$V。

电容电压的响应曲线如图 3-7-4 所示。

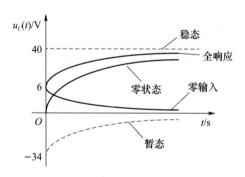

图 3-7-4　电容电压的响应曲线

② 方法一：根据电路结构和元件的 VCR 求解。

$$u_R(t)=12\times 10^3\times i_C(t)+u_C(t)$$
$$=12\times 10^3\times C\frac{\mathrm{d}u_C(t)}{\mathrm{d}t}+u_C(t)$$
$$=[12\times 10^3\times 0.5\times 10^{-6}(-34)(-100)\mathrm{e}^{-100t}+40-34\mathrm{e}^{-100t}]\text{V}$$
$$=[20.4\mathrm{e}^{-100t}+40-34\mathrm{e}^{-100t}]\text{V}$$
$$=(40-13.6\mathrm{e}^{-100t})\text{V},\quad t\geqslant 0^+$$

方法二:直接应用三要素法。

等效电路如图 3-7-3(b)所示,求 $u_R(t)$ 的初始值 $u_R(0^+)$。

由节点电压法得

$$u_R(0^+) = \frac{\dfrac{60}{12} + \dfrac{6}{12}}{\dfrac{1}{12} + \dfrac{1}{24} + \dfrac{1}{12}} \text{V} = 26.4 \text{ V}$$

稳态值为

$$u_R(\infty) = \frac{24}{12+24} \times 60 \text{ V} = 40 \text{ V}$$

所以

$$\begin{aligned}
u_R(t) &= u_R(\infty) + [u_R(0^+) - u_R(\infty)] e^{-\frac{t}{\tau}} \\
&= [40 + (26.4 - 40) e^{-100t}] \text{V} \\
&= (40 - 13.6 e^{-100t}) \text{V}, \quad t \geqslant 0^+
\end{aligned}$$

可见两种方法所得结果一致。具体用哪种方法则根据实际情况考虑,通常选用比较简便的方法。对于例题 3-14 来说,因为已经求出了 $u_C(t)$,所以用方法一更简便。

【例题 3-15】 已知图 3-7-5 所示桥式电路中的电容电压和电感电流的初始值都为零,$t=0$ 时合上开关,设 $R_1 R_2 = \dfrac{2L}{C}$,电压表的内阻无限大,求开关闭合后:

① 流过开关的电流 $i(t)$;

② 电压表读数达到最大值的时间;

③ 电压表的最大读数。

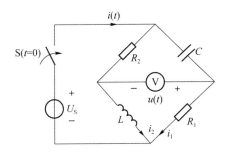

图 3-7-5 例题 3-15 用图

解: 因为电压表的内阻无限大,所以电压表连接的两节点间相当于开路,开关闭合后 R_2、L 串联支路与 R_1、C 串联支路具有相同的电压,它们各自与电压源构成回路。

① 当电路达到稳态时,$i_2(\infty) = \dfrac{U_S}{R_2}$,$u_C(\infty) = U_S$,所以

$$i_2(t) = \frac{U_S}{R_2} (1 - e^{-\frac{R_2}{L}t})$$

$$u_C(t) = U_S (1 - e^{-\frac{t}{R_1 C}})$$

$$i_1(t) = C \frac{\mathrm{d} u_C(t)}{\mathrm{d} t} = \frac{U_S}{R_1} e^{-\frac{t}{R_1 C}}$$

$$i(t) = i_1(t) + i_2(t) = \frac{U_S}{R_1} e^{-\frac{t}{R_1 C}} + \frac{U_S}{R_2}(1 - e^{-\frac{R_2}{L}t}), \quad t \geq 0^+$$

② $u(t) = R_1 i_1 - L\dfrac{di_2}{dt} = U_S(e^{-\frac{t}{R_1 C}} - e^{-\frac{R_2}{L}t}), t \geq 0^+$。

当 $\dfrac{du}{dt} = 0$ 时，$u(t)$ 达到最大值时，此时有

$$\frac{1}{R_1 C} e^{-\frac{t}{R_1 C}} = \frac{R_2}{L} e^{-\frac{R_2}{L}t}$$

整理得

$$\frac{L}{C} e^{-\frac{t}{R_1 C}} = R_1 R_2 e^{-\frac{R_2}{L}t}$$

因为 $R_1 R_2 = \dfrac{2L}{C}$，所以有

$$2e^{-\frac{R_2}{L}t} = e^{-\frac{t}{R_1 C}}$$

对上式两边取自然对数得

$$\ln 2 + \left(-\frac{R_2}{L}t\right) = -\frac{t}{R_1 C}$$

整理得

$$\ln 2 = \frac{R_1 R_2 C - L}{L R_1 C} t \qquad\qquad (3\text{-}7\text{-}3)$$

由已知条件 $R_1 R_2 = \dfrac{2L}{C}$ 可得

$$R_1 R_2 C = 2L$$

式 (3-7-3) 变为

$$\ln 2 = \frac{1}{R_1 C} t$$

所以 $t = R_1 C \cdot \ln 2$，即此时电压表读数达到最大值。

③ $U_{max} = U_S(e^{-\frac{R_1 C \cdot \ln 2}{R_1 C}} - e^{-\frac{R_2}{L}R_1 C \cdot \ln 2}) = U_S(e^{-\ln 2} - e^{-2\ln 2}) = U_S\left(\dfrac{1}{2} - \dfrac{1}{4}\right) = \dfrac{1}{4} U_S$

习　题　3

3-1　电路和电流源的波形如题图 3-1 所示，若电感无初始储能，试写出 $u_L(t)$ 的表达式。

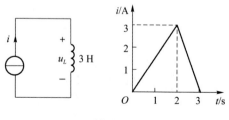

题图 3-1

3-2　电路和电流源的波形如题图 3-2 所示,若电容无初始储能,试写出 $u_C(t)$ 的表达式。

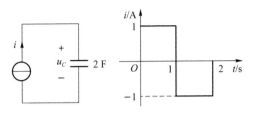

题图 3-2

3-3　已知题图 3-3 所示的电路,当 $t=0$ 时开关 S 闭合,求初始值 $u_R(0^+)$、$i_C(0^+)$、$i_L(0^+)$ 及 $u_L(0^+)$。

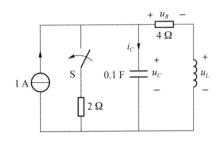

题图 3-3

3-4　已知题图 3-4 所示的电路,当 $t=0$ 时开关 S 闭合,求初始值 $i(0^+)$、$u(0^+)$、$i_C(0^+)$ 及 $i_1(0^+)$。

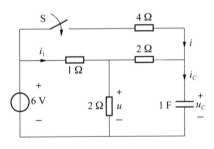

题图 3-4

3-5　已知题图 3-5 所示的电路,当 $t=0$ 时开关 S 由 a 打向 b,求初始值 $i_L(0^+)$、$u(0^+)$。

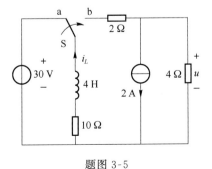

题图 3-5

3-6 已知题图 3-6 所示的电路，当 $t=0$ 时开关 S 闭合，求初始值 $i_1(0^+)$、$i_2(0^+)$、$u_C(0^+)$。

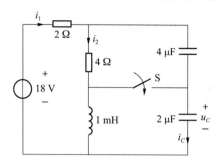

题图 3-6

3-7 已知题图 3-7 所示的电路，当 $t=0$ 时开关 S 断开，求初始值 $i(0^+)$、$u_L(0^+)$、$u(0^+)$。

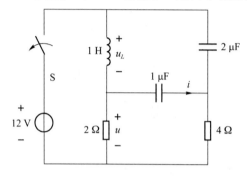

题图 3-7

3-8 已知题图 3-8 所示的电路，当 $t=0$ 时开关 S 闭合，求初始值 $i(0^+)$、$i_L(0^+)$ 和时间常数 τ。

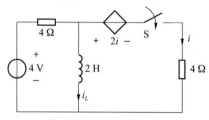

题图 3-8

3-9 已知题图 3-9 所示的电路，当 $t=0$ 时开关 S 断开，求初始值 $i(0^+)$、$u(0^+)$、$i_C(0^+)$、$u_L(0^+)$。

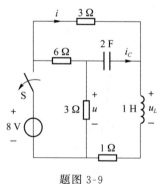

112

题图 3-9

3-10　电路如题图 3-10 所示,当 $t<0$ 时电路已处于稳态,当 $t=0$ 时合上开关。试求初始值 $i_2(0^+)$、$u_C(0^+)$ 和 $u(0^+)$。

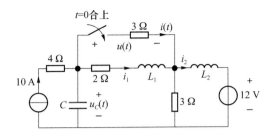

题图 3-10

3-11　已知题图 3-11 所示的电路,求电路时间常数 τ。

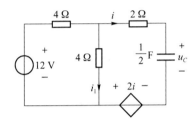

题图 3-11

3-12　已知题图 3-12 所示的电路,当 $t=0$ 时开关 S 闭合,开关 S 闭合前 $u_S=60$ V,开关 S 闭合后 $u_S=0$ V,求 $i_L(0^+)$、$u_C(0^+)$,并求出 $t\geqslant 0$ 以后的 $u_C(t)$ 和 $u(t)$。

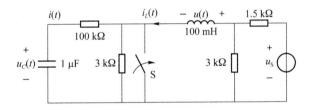

题图 3-12

3-13　已知题图 3-13 所示的电路,当 $t=0$ 时开关 S 闭合,求 $t\geqslant 0$ 以后的 $i_L(t)$ 和 $u(t)$。

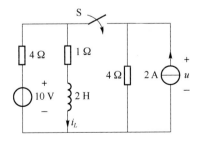

题图 3-13

3-14　已知题图 3-14 所示的电路,当 $t=0$ 时开关 S 闭合,求 $t\geqslant 0$ 以后的 $i(t)$。

113

3-15 已知题图 3-15 中所示的电路，当 $t=0$ 时开关 S 由 1 打向 2，求 $t \geqslant 0$ 以后电流 $i_L(t)$ 的全响应、零输入响应、零状态响应。

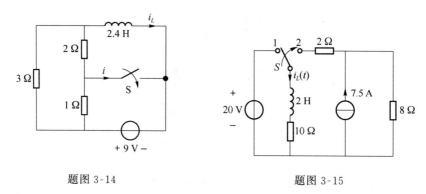

题图 3-14   题图 3-15

3-16 已知题图 3-16 所示的电路，当 $t=0$ 时开关 S 由 1 打向 2，求 $t \geqslant 0$ 以后电压 $u_C(t)$ 的全响应、零输入响应、零状态响应。

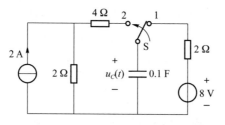

题图 3-16

3-17 已知题图 3-17 所示的电路，当 $t=0$ 时开关 S 由 1 打向 2，求 $t \geqslant 0$ 以后电压 $u_C(t)$ 的全响应、零输入响应、零状态响应。

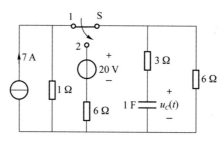

题图 3-17

3-18 已知题图 3-18 所示的电路，当 $t=0$ 时开关 S 闭合，求 $t \geqslant 0$ 以后电流 $i(t)$ 的零输入响应与零状态响应。

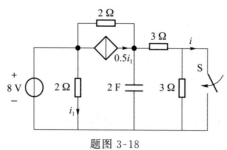

题图 3-18

3-19　电路如题图 3-19 所示,当 $t=0$ 时开关 S 闭合,求 $t \geqslant 0$ 以后电流 $i_L(t)$ 的零输入响应、零状态响应及全响应。

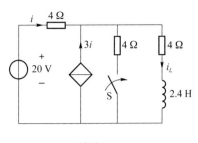

题图 3-19

3-20　已知题图 3-20 所示的电路,当 $t=0$ 时开关 S 断开,求 $t \geqslant 0$ 以后的电压 $u_1(t)$。

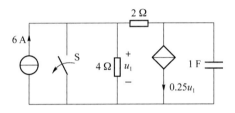

题图 3-20

3-21　已知题图 3-21 所示的电路,当 $t=0$ 时开关 S 闭合,求 $t \geqslant 0$ 以后电流 $i(t)$ 的零输入响应、零状态响应及全响应。

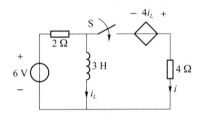

题图 3-21

3-22　已知题图 3-22 所示的电路,当 $t=0$ 时开关 S 由 a 打向 b,求 $t \geqslant 0$ 以后电流 $i(t)$ 的零输入响应、零状态响应和全响应。

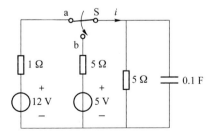

题图 3-22

3-23 已知题图 3-23 所示的电路,当 $t=0$ 时开关 S 由 a 打向 b,求 $t \geq 0$ 以后的电流 $i(t)$。

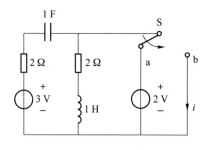

题图 3-23

3-24 已知题图 3-24 所示的电路,当 $t=0$ 时开关 S 由 a 打向 b,求 $t \geq 0$ 以后的 $i_L(t)$ 和 $u_R(t)$。

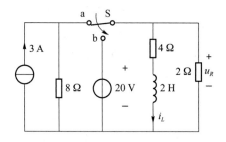

题图 3-24

3-25 已知题图 3-25 所示的电路,当 $t=0$ 时开关 S 闭合,求 $t \geq 0$ 以后的 $i(t)$、$i_C(t)$。

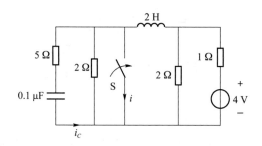

题图 3-25

3-26 若题图 3-26 所示 RL 电路的零状态响应 $i(t) = (10-10\mathrm{e}^{-200t})\,\mathrm{A}(t \geq 0)$,$u(t) = (500\mathrm{e}^{-200t})\,\mathrm{V}(t \geq 0)$,求 U_S、R、L 及时间常数 τ。

3-27 电路如题图 3-27 所示,当 $t<0$ 时无初始储能,当 $t=0$ 时闭合开关,求 u_{ab}。

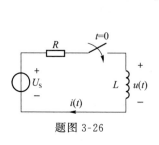

题图 3-26

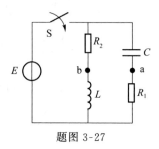

题图 3-27

第 4 章　正弦稳态电路的分析

对于含有动态元件的电路,如果外加电源是正弦信号,则换路后电路进入瞬态,而后达到稳定状态,因此电路的响应包括瞬态响应和稳态响应。对于线性时不变电路来说,从数学求解微分方程的角度可知,外加激励对应着微分方程的特解,在时域里解稳态响应就是求微分方程的特解,而特解总是具有与电源激励同形式的函数。如果只考虑稳态响应,则在正弦信号激励下电路的稳态响应是与激励同频率的正弦量。此类电路的稳态分析称为正弦电路稳态分析。

不论从理论分析还是从实际应用来说,正弦电路的分析都是十分重要的。许多电气设备的设计、性能指标就是按照正弦稳态来考虑的。例如,在设计音频放大器时,就希望能对输入的正弦信号进行"无失真"地再现和放大。又如,全世界几乎都使用三相制供电,发电、传输、供电以及电能的消耗基本上都发生在正弦稳态条件下。此外,正弦信号是用于分解信号的一类基底信号,掌握正弦电路的分析方法是分析非正弦多频电路的前提。

在直流电路的分析中,电路定理的关系是代数和的关系,计算是简单的代数运算;但在交流电路的分析中,因为电路定理的关系是相量和或复数和的关系,所以交流电路的分析和计算是相量运算或复数运算。

4.1　正弦信号的基本概念

4.1.1　正弦量

在正弦电路分析中,既可以使用正弦函数也可以使用余弦函数来描述正弦交流电,只要注意到一个正弦电路中的所有激励、响应都是同频率的正弦量这一基本特征,在对一个问题的分析中,就可选用一种同名函数去表示所有的变量。在这里,我们采用余弦函数表示正弦量。

对于图 4-1-1 所示的正弦波,设其周期为 T,即频率为 $f = \dfrac{1}{T}$,那么它的角速度为 $\dfrac{2\pi}{T}$,用 ω 来表示,称为角频率。在图 4-1-1 所示参考系下,$f(t)$ 的最大值称为振幅,用 F_m 表示。

$t=0$ 时刻的相位角称为初相角,简称初相,常用 Ψ 表示。如果知道了一个正弦量的振幅、角频率和初相角,就可以写出正弦量的函数表达式,因此这 3 个量称为正弦函数的特征量。当以时间 t 为自变量时,

$$f(t)=F_{\mathrm{m}}\cos\left(\omega t+\frac{\pi}{4}\right) \tag{4-1-1}$$

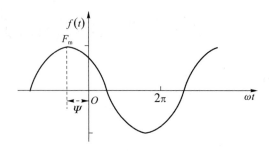

图 4-1-1 正弦波

式(4-1-1)中正弦函数的相位角是以弧度为单位的,但在实际运算中,初相角既可用弧度表示,也可用角度表示。式(4-1-1)也可以写成

$$f(t)=F_{\mathrm{m}}\cos(\omega t+45°) \tag{4-1-2}$$

如果将初相角用 Ψ 表示,则正弦量 $f(t)$ 的一般描述为

$$f(t)=F_{\mathrm{m}}\cos(\omega t+\Psi) \tag{4-1-3}$$

4.1.2　正弦信号的有效值

正弦电压、电流瞬时值是随时间变化的,不同的瞬时有不同的值。瞬时值不能表征电压、电流信号在一个周期内整体所起的作用,为表示电压、电流信号做功能力并度量其大小,引入有效值的概念。

周期信号的有效值是通过周期信号作用于电阻元件产生的热效应导出的。如果对相同阻值的两个电阻 R,在相同的时间内分别通入直流电流 I 和周期性交流电流 $i(t)$ 能产生同样的热效应,那么在此相同时间内这两种电流消耗的电能一定是相同的。若此相同的时间取为周期性交流电流的一个周期 T,并且 $i(t)=I_{\mathrm{m}}\cos(\omega t+\Psi)$,则

$$I^{2}RT=\int_{0}^{T}i^{2}(t)R\mathrm{d}t \tag{4-1-4}$$

从中可以导出

$$I=\sqrt{\frac{1}{T}\int_{0}^{T}i^{2}(t)\mathrm{d}t} \tag{4-1-5}$$

这个直流电流 I 的值就定义为该周期性电流 $i(t)$ 的有效值。因而,式(4-1-5)也表达了周期性电流 $i(t)$ 的有效值与瞬时式的关系。可以看出,周期性电流 $i(t)$ 的有效值等于周期性电流瞬时值的平方在一个周期内的平均值再取平方根,因此有效值又称为方均根值。任何周期函数都有其相应的方均根值。

正弦信号 $i(t)$ 的有效值为

$$I=\sqrt{\frac{1}{T}\int_{0}^{T}\left[I_{\mathrm{m}}\cos(\omega t+\Psi)\right]^{2}\mathrm{d}t}=I_{\mathrm{m}}\sqrt{\frac{1}{T}\frac{T}{2}}=\frac{I_{\mathrm{m}}}{\sqrt{2}}\approx0.707I_{\mathrm{m}} \tag{4-1-6}$$

同理,正弦信号 $u(t)=U_{\mathrm{m}}\cos(\omega t+\varPsi)$ 的有效值为

$$U=\sqrt{\frac{1}{T}\int_0^T\left[U_{\mathrm{m}}\cos(\omega t+\varPsi)\right]^2\mathrm{d}t}=U_{\mathrm{m}}\sqrt{\frac{1}{T}\frac{T}{2}}=\frac{U_{\mathrm{m}}}{\sqrt{2}}\approx0.707U_{\mathrm{m}}\quad(4\text{-}1\text{-}7)$$

式(4-1-6)和式(4-1-7)的结论表明,任一正弦信号的有效值总为其最大值(振幅)的 0.707 倍。例如,我们在使用工频交流电时,常说其电压为 220 V,实际上说的就是工频正弦交流电压的有效值是 220 V。一般测量交流电的仪表所表示的只是被测量的有效值。

在正弦电路的分析中,不同字体的同名符号表示不同的概念,如表 4-1-1 所示,因此应特别注意字体的使用。

表 4-1-1　常用电路变量符号表示

电路中的量	符号表示示例	符号说明
直流量	$I_{\mathrm{M}},U_{\mathrm{M}}$	变量名与角标都大写
交流量	$i_{\mathrm{m}},u_{\mathrm{m}}$	变量名与角标都小写
有效值	I,U 或者 $I_{\mathrm{b}},U_{\mathrm{b}}$	变量名大写,或者变量名大写角标小写
相量	$\dot{I},\dot{U}$	变量名大写,且头部带点
带直流分量的交流总量	$i_{\mathrm{M}},u_{\mathrm{M}}$	变量名小写,角标大写

4.1.3　正弦信号的相位差

由于正弦电路分析中的各变量具有同频率的特点,所以它们之间的关系主要表现为幅度之间、相位之间的相对关系。在一个正弦电路中,两正弦变量间的相位角之差定义为相位差,用符号 φ 表示。

若某正弦电路中有两段电压 $u_1(t)=U_{1\mathrm{m}}\cos(\omega t+\varPsi_1)$,$u_2(t)=U_{2\mathrm{m}}\cos(\omega t+\varPsi_2)$,那么 $u_1(t)$ 与 $u_2(t)$ 的相位差

$$\varphi_{12}=(\omega t+\varPsi_1)-(\omega t+\varPsi_2)=\varPsi_1-\varPsi_2\qquad(4\text{-}1\text{-}8)$$

从式(4-1-8)不难看出,两正弦量的相位差实际上是二者初相角之差。

在理解相位差这一概念时一定要注意以下几点。

第一,只有相同频率的成分之间才讨论相位差。

第二,在表达相位差时,必须表明是哪一个正弦量对另外哪一个正弦量的相位差。例如,式(4-1-8)给出的是 $u_1(t)$ 与 $u_2(t)$ 的相位差为 φ_{12}。因此,在开始熟悉相位差这一概念时,往往引进双下标以说明所研究的是谁对谁的相位差。

第三,由于初相角 $\varPsi$ 是代数量,所以相位差 φ 也是代数量。

当 $\varphi_{12}>0$ 时,称第一个正弦变量超前于第二个正弦变量。当 $\varphi_{12}<0$ 时,则称第一个正弦变量滞后于第二个正弦变量。当然也可以说第二个正弦变量超前于第一个正弦变量,所以超前与滞后的含义是相对的,但必须表达清楚。当 $\varphi_{12}=0$ 时,则称两正弦变量同相位。当 $\varphi_{12}=\pi$(或 $180°$)时,称两正弦变量倒相(或反相)。

【例题 4-1】　已知某正弦电路中的电压 $u_1(t)=U_{1\mathrm{m}}\cos(\omega t+45°)$,$u_2(t)=U_{2\mathrm{m}}\cos(\omega t-30°)$,试说明二者的相位关系,并在一个坐标系下画出波形,观察其相位关系。

解:$u_1(t)$ 与 $u_2(t)$ 的相位差为

$$\varphi_{12}=45°-(-30°)=75°$$

因为 $\varphi_{12}>0$，所以 $u_1(t)$ 相位超前 $u_2(t)$ 相位75°；或说 $u_2(t)$ 相位滞后 $u_1(t)$ 相位75°。它们的波形如图 4-1-2 所示，从中可以看出相位差的值及超前或滞后关系。

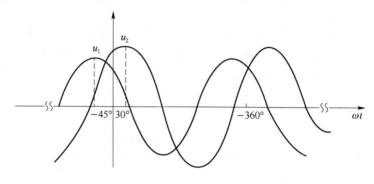

图 4-1-2　例题 4-1 的波形

4.2　正弦信号的相量表示法

4.2.1　复数及其运算法则

1. 复数的表示

设 A 为复数，用复平面上的一点来表示，该点在实轴上的坐标是 a，在虚轴上的坐标是 b，其形式为 $A=a+\mathrm{j}b$。其中，$\mathrm{j}=\sqrt{-1}$ 是虚数单位。a 为复数的实部，b 为复数的虚部。a、b 都为实数。

复数 A 还可用从原点指向点 (a,b) 的矢量来表示，如图 4-2-1 所示，即用极坐标形式表示。该矢量的长度称为复数 A 的模，记作 $|A|$，即 $|A|=\sqrt{a^2+b^2}$。复数 A 的矢量与实轴正向间的夹角 θ 称为 A 的辐角，$\theta=\arctan\dfrac{b}{a}$。

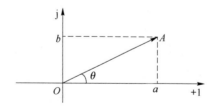

图 4-2-1　复数的矢量表示

所以复数代数形式与极坐标的关系为

$$a=|A|\cos\theta$$
$$b=|A|\sin\theta$$

由欧拉公式

$$\mathrm{e}^{\mathrm{j}\theta}=\cos\theta+\mathrm{j}\sin\theta$$

复数可以表示为指数形式，即

$$A = |A| e^{j\theta}$$

可以简化表示为

$$A = |A| \angle \theta$$

2. 复数的代数运算

设复数 $A_1 = a_1 + jb_1$，$A_2 = a_2 + jb_2$，复数的加、减运算为

$$A_1 \pm A_2 = (a_1 + jb_1) \pm (a_2 + jb_2)$$
$$= (a_1 \pm a_2) + j(b_1 \pm b_2)$$

复数的加减运算还可以在复平面上用矢量加减法则来进行，如图 4-2-2 所示。

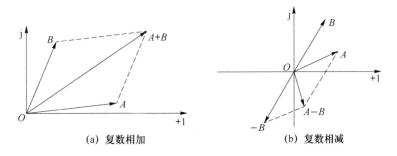

(a) 复数相加　　　　　　　　　(b) 复数相减

图 4-2-2　用矢量加减法则做复数加减运算

复数的乘除运算采用极坐标形式。例如，

$$A_1 = (a_1 + jb_1) = |A_1| \angle \theta_1$$
$$A_2 = (a_2 + jb_2) = |A_2| \angle \theta_2$$

乘除运算为

$$A_1 A_2 = |A_1| |A_2| \angle (\theta_1 + \theta_2)$$
$$\frac{A_1}{A_2} = \frac{|A_1|}{|A_2|} \angle (\theta_1 - \theta_2)$$

共轭复数是指实部相同、虚部符号相反的两个复数。

设复数为 A，则其共轭复数记为 A^*。若 $A = a + jb$，则

$$A^* = a - jb$$

若 $A = |A| \angle \theta$，则

$$A^* = |A| \angle -\theta$$

4.2.2　正弦信号的相量表示

将图 4-2-3(a)所示复平面上的复数 $\dot{F}_m$ 与图 4-2-3(b)所示实平面上的矢量(向量)$\boldsymbol{F}_m$ 相比较，我们会发现，除了 $\dot{F}_m$ 绘在复平面上，$\boldsymbol{F}_m$ 绘在实平面上以外，它们在图中的表示方法相似。因此，我们将复数 $\dot{F}_m$ 定义为复平面上的矢量，称之为相量(以与实平面上的向量有所区别)。相量用复平面上从原点指向复数所在位置的矢量表示。相量 $\dot{F}_m$ 将既服从复数的代数运算法则，又遵循矢量的几何规则，这为我们计算正弦稳态电路带来了极大的方便。

如果令相量中 $\theta = \omega t + \varPsi$，那么根据欧拉公式将有

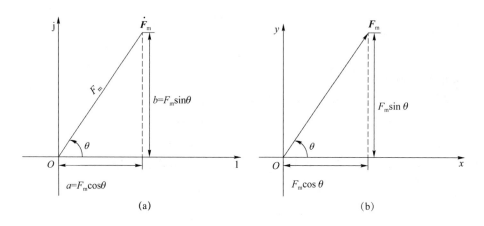

图 4-2-3　相量与矢量的对比

$$F_m e^{j(\omega t + \Psi)} = F_m \cos(\omega t + \Psi) + jF_m \sin(\omega t + \Psi) \qquad (4\text{-}2\text{-}1)$$

从式(4-2-1)我们可以看出：

第一，幅角 θ 会随着 t 的增加而增大，相量 $F_m e^{j(\omega t + \Psi)} = F_m e^{j\Psi} e^{j\omega t} = \dot{F}_m e^{j\omega t}$ 具有旋转的特点，旋转的角速度为 ω，其模不变而幅角周期性变化。我们把具有这种旋转特性的相量称为旋转相量。它实际上是一个以相量 $\dot{F}_m = F_m e^{j\Psi}$ 为基础，随着时间的增加按角速度 ω 做周期性旋转的相量，式中的 $e^{j\omega t}$ 称为旋转因子。

第二，如果从时间信号的角度去认识式(4-2-1)，旋转相量实际上就是复指数时间信号。复指数时间信号的实部就是我们采用的余弦函数表示的正弦时间信号，即

$$\mathrm{Re}\left[\dot{F}_m e^{j\omega t}\right] = \mathrm{Re}\left[F_m e^{j\Psi} e^{j\omega t}\right] = F_m \cos(\omega t + \Psi) \qquad (4\text{-}2\text{-}2)$$

考虑到正弦信号 3 个特征量中的 ω 在一个线性正弦电路中是一个固定的值，因而当一个正弦电路中所有的变量皆以 $\dot{F}_m e^{j\omega t}$ 的形式表示时，各旋转相量的旋转因子 $e^{j\omega t}$ 是相同的。如果将这组旋转相量同时置于一个复平面上，随着 t 的增加，它们将以相同的角速度旋转，在旋转过程中相量的幅度之比和相位差是不变的。这就是说，不论在哪个时刻下观察这组旋转相量的相对关系，各个相量间的关系都是一样的。所以在正弦电路分析中，在某一频率下，我们只关注幅度和相位的变化，用正弦信号振幅和初相构成的相量 $\dot{F}_m = F_m e^{j\Psi}$ 来表示正弦量，称之为正弦量的振幅相量。由于正弦信号的有效值与振幅之间仅差 $0.707 = \dfrac{1}{\sqrt{2}}$ 倍，

因此将 $\dfrac{F_m}{\sqrt{2}} e^{j\Psi} = \dfrac{\dot{F}_m}{\sqrt{2}} = \dot{F}$ 称为有效值相量。这就是正弦量的相量表示法。另外注意，在同一个电路中各正弦变量必须是同频同名函数(余弦函数或正弦函数)，这样才可用相量表示。

还要特别注意，用振幅相量或有效值相量来表示一个正弦变量，它们与相应的正弦变量间不存在相等的关系，只是对应关系，因为没有表示它们的角频率的内容。

用相量表示正弦量的目的在于寻找一种简化正弦电路分析的手段。因为相量的实质为复数，如果正弦电路的变量都用相量表示，而各有关变量之间的约束关系也可以得到相应的复数形式的表示，就可以用复数的运算及通过相量图的几何运算取代正弦函数间的各种运

算,解决正弦电路的分析问题。后面将看到,这种处理方法突出了正弦电路中各正弦量的特征量间的关系,因而使正弦电路的理论分析更加简练;这种处理方法借用了复数,使电路的微分方程转化为复数的代数方程,大大简化了计算。

【例题 4-2】　已知某同一电路中正弦电压、电流如下,试分别写出它们的振幅相量及有效值相量。

$$i_1 = 10\cos(\omega t + 30°)\,\text{mA}$$

$$u_1 = 125\sin(\omega t - 60°)\,\text{V}$$

$$i_2 = 2\sqrt{2}\cos(\omega t - 120°)\,\text{A}$$

$$u_2 = -3\cos(\omega t + 50°)\,\text{V}$$

解:在同一电路中应用相同的正弦函数,如都采用余弦形式。注意,应将电压 u_2 中的负号转化至初相中,使 u_2 成为标准的瞬时式,这样可写出其相量。所以,这 4 个正弦变量的振幅相量为

$$\dot{I}_{1\text{m}} = 10\text{e}^{\text{j}30°} = 10\,\angle\,30°\,\text{mA}$$

$$\dot{U}_{1\text{m}} = 125\,\angle\,-150°\,\text{V}$$

$$\dot{I}_{2\text{m}} = 2\sqrt{2}\,\angle\,-120°\,\text{mA}$$

$$\dot{U}_{2\text{m}} = 3\,\angle\,50° - 180°\,\text{V} = 3\,\angle\,-130°\,\text{V}$$

而它们的有效值相量则为振幅相量的 $\dfrac{1}{\sqrt{2}}$,即

$$\dot{I}_1 = \frac{1}{\sqrt{2}}10\text{e}^{\text{j}30°} = 7.07\,\angle\,30°\,\text{mA}$$

$$\dot{U}_1 = \frac{1}{\sqrt{2}}125\,\angle\,150°\,\text{V} = 88.38\,\angle\,150°\,\text{V}$$

$$\dot{I}_2 = \frac{1}{\sqrt{2}}2\sqrt{2}\,\angle\,-120°\,\text{mA} = 2\,\angle\,-120°\,\text{mA}$$

$$\dot{U}_2 = \frac{1}{\sqrt{2}}3\,\angle\,50° - 180°\,\text{V} = 2.12\,\angle\,-130°\,\text{V}$$

【例题 4-3】　已知某正弦电路中电压的相量分别为 $\dot{U}_1 = 5\,\angle\,30°\,\text{V}$,$\dot{U}_{2\text{m}} = (-3 + \text{j}4)\,\text{V}$,$\dot{U}_{3\text{m}} = -4\,\angle\,-\dfrac{\pi}{3}\,\text{V}$,请在复平面上画出相量图,并写出相应的正弦电压表达式。

解:当正弦变量用相量表示时,既可选用振幅相量,也可选用有效值相量,可根据数学运算及所讨论问题的需要来定。在本例题中,因为需写出正弦表达式,所以用振幅相量画相量图。为便于画相量图,将上述 3 段电压相量都写成振幅相量的标准形式,即

$$\dot{U}_{1\text{m}} = 5\sqrt{2}\,\angle\,30°\,\text{V}$$

$$\dot{U}_{2\text{m}} = (-3 + \text{j}4) = 5\,\angle\,126.9°\,\text{V}$$

$$\dot{U}_{3\text{m}} = 4\,\angle\,\pi - \frac{\pi}{3}\,\text{V} = 4\,\angle\,120°\,\text{V}$$

为了简洁直观,在画相量图时,可以不画出表示复平面的坐标系,而直接按照习惯,以水

平指右的箭头方向表示实轴的正向。图 4-2-4 为这 3 段电压的相量图。

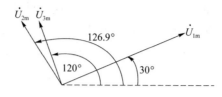

图 4-2-4　例题 4-3 的相量图

根据上面的振幅相量可知,相应的一组正弦电压为

$$u_1(t) = 7.07\cos(\omega t + 30°)\,\mathrm{V}$$

$$u_2(t) = 5\cos(\omega t + 126.9°)\,\mathrm{V}$$

$$u_3(t) = 4\cos(\omega t + 120°)\,\mathrm{V}$$

4.3　正弦电路的相量分析法

4.3.1　相量形式的基尔霍夫定律

本节将从熟知的电路基本定律 KCL、KVL 及元件约束关系的一般形式出发,找出它们的相量形式,将其作为正弦电路分析的基本依据。

已知电路的 KCL 时域表达式为

$$\sum i = 0 \tag{4-3-1}$$

当电路处于正弦稳态时,各支路电流都是同频率正弦电流 $i = \mathrm{Re}\,[I_m\mathrm{e}^{\mathrm{j}\omega t}]$,代入式(4-3-1)中,则

$$\sum i(t) = \sum \mathrm{Re}\,[\dot{I}_m\mathrm{e}^{\mathrm{j}\omega t}] = 0$$

在一个正弦电路中,所有正弦变量皆与电源同频率,因而上式中的 $\mathrm{e}^{\mathrm{j}\omega t}$ 可以作为公因子提出,而求实部的运算亦可与求和运算交换次序,所以

$$\sum \mathrm{Re}\,[\dot{I}_m\mathrm{e}^{\mathrm{j}\omega x}] = \mathrm{Re}\,\Big[\sum \dot{I}_m\Big]\mathrm{e}^{\mathrm{j}\omega x} = 0 \tag{4-3-2}$$

因为 $\mathrm{e}^{\mathrm{j}\omega t} \neq 0$,因此式(4-3-2)成立的条件是

$$\sum \dot{I}_m = 0 \tag{4-3-3}$$

同理,有效值相量

$$\sum \dot{I} = 0 \tag{4-3-4}$$

称式(4-3-3)及式(4-3-4)为相量形式的 KCL。这表明,在正弦电路中,流入任意节点(包广义节点)的电流相量($\dot{I}_m$ 或 $\dot{I}$)的代数和恒为零。

用类似的方法,电路 KVL 的一般形式为

$$\sum u = 0 \tag{4-3-5}$$

将正弦电压的瞬时式 $u = \mathrm{Re}\,[\dot{U}_m\mathrm{e}^{\mathrm{j}\omega t}]$ 代入上式,就可以得到正弦电路中任意闭合路径 KVL

的相量形式，即

$$\sum \dot{U}_m = 0 \tag{4-3-6}$$

同理，有效值相量

$$\sum \dot{U} = 0 \tag{4-3-7}$$

需要注意的是，在正弦电路中，KCL 及 KVL 只有瞬时值及与之相应的相量形式的代数和为零，而不是电流(电压)的幅度或有效值为零，即 $\sum I \neq 0$，$\sum U \neq 0$。

4.3.2　电阻、电容、电感元件的相量模型

仿照 4.3.1 节的分析方法，可以找出正弦电路中元件的相量模型。

1. 电阻元件伏安关系的相量模型

已知在关联参考方向下，图 4-3-1 所示电阻 R 中流过的电流 i_R 与电阻两端电压 u_R 的关系为

$$u_R = R i_R$$

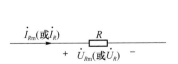

图 4-3-1　电阻元件的时域模型

若 $i_R = I_{Rm}\cos(\omega t + \Psi_i) = \mathrm{Re}[\dot{I}_{Rm}\mathrm{e}^{j\omega t}]$，则电阻电压

$$u_R = R i_R(t) = R I_{Rm}\cos(\omega t + \Psi_u) = \mathrm{Re}[R\dot{I}_{Rm}\mathrm{e}^{j\omega t}] = \mathrm{Re}[\dot{U}_{Rm}\mathrm{e}^{j\omega t}]$$

对应的相量形式为

$$\dot{U}_{Rm} = R\dot{I}_{Rm} \tag{4-3-8}$$

或

$$\dot{U}_R = R\dot{I}_R \tag{4-3-9}$$

式(4-3-8)及式(4-3-9)说明了电阻元件的正弦电特性。在关联参考方向下，u_R 与 i_R 是同频率、同相位的一对正弦变量，即

$$U_{Rm}\angle\Psi_u = R \cdot I_{Rm}\angle\Psi_i \tag{4-3-10}$$

式(4-3-10)表明，在关联参考方向下，正弦电路中电阻元件上的电压相量与电流相量间仍成正比例的约束关系，比例系数为常数 R，且 $\Psi_u = \Psi_i$。

由于式(4-3-8)及式(4-3-9)中的电压、电流皆为相量，称式(4-3-8)及式(4-3-9)为电阻元件的复数欧姆定律。当直接以电压电流相量作为变量时，电阻元件的模型称为相量(复数)模型，如图 4-3-2 所示。电阻元件电压与电流的相量关系如图 4-3-3 所示。

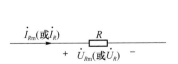

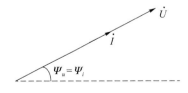

图 4-3-2　电阻元件的相量模型　　　　图 4-3-3　电压与电流的相量关系图

2. 电容元件伏安关系的相量模型

已知在关联参考方向下,图 4-3-4 中的电容电流与电容两端电压间满足

$$i_C = C \frac{\mathrm{d}u_C(t)}{\mathrm{d}t}$$

若

$$u_C(t) = U_{Cm}\cos(\omega t + \Psi_u) = \mathrm{Re}\left[\dot{U}_{Cm}\mathrm{e}^{\mathrm{j}\omega t}\right]$$

则

$$
\begin{aligned}
i_C(t) &= C \frac{\mathrm{d}u_C(t)}{\mathrm{d}t} = C \frac{\mathrm{d}}{\mathrm{d}t}\mathrm{Re}\left[\dot{U}_{Cm}\mathrm{e}^{\mathrm{j}\omega t}\right] \\
&= \mathrm{Re}\left[C\mathrm{j}\omega\dot{U}_{Cm}\mathrm{e}^{\mathrm{j}\omega t}\right] = \mathrm{Re}\left[C\omega U_{Cm}\mathrm{e}^{\mathrm{j}\omega t}\mathrm{e}^{\mathrm{j}90°}\mathrm{e}^{\mathrm{j}\Psi}\right] \\
&= \omega C U_{Cm}\cos(\omega t + \Psi_u + 90°) = I_{Cm}\cos(\omega t + \Psi_i) \\
&= \mathrm{Re}\left[\dot{I}_{Cm}\mathrm{e}^{\mathrm{j}\omega t}\right]
\end{aligned}
\tag{4-3-11}
$$

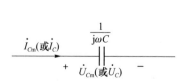

图 4-3-4　电容元件的时域模型

从式(4-3-11)可以看出,在关联参考方向下,u_C 与 i_C 为同频率的正弦变量;在相位关系上 i_C 超前 u_C 90°;其振幅(或有效值)满足 $I_{Cm} = \omega C U_{Cm}$(或 $I_C = \omega C U_C$)的关系。

由式(4-3-11)可得

$$
\begin{cases}
\dot{U}_{Cm} = \dfrac{1}{\mathrm{j}\omega C}\dot{I}_{Cm} \\[2mm]
\dot{I}_{Cm} = \mathrm{j}\omega C \dot{U}_{Cm}
\end{cases}
\tag{4-3-12}
$$

式(4-3-12)是一组类似于欧姆定律的电压电流复数关系式,称之为电容元件的复数欧姆定律。其表明正弦电路中电容元件的电压相量与电流相量成正比例关系,即

$$\frac{\dot{U}_{Cm}}{\dot{I}_{Cm}} = \frac{\dot{U}_C}{\dot{I}_C} = \frac{1}{\mathrm{j}\omega C} = -\mathrm{j}X_C = \frac{1}{\omega C}\angle-90° \tag{4-3-13}$$

其中,$X_C = \dfrac{1}{\omega C}$,称为容抗,单位为 Ω(欧姆)。复数容抗可以解释为电容对其引线上通过的正弦交流电流有阻碍作用。所以,在一定的 $\dot{U}_{Cm}$ 之下,容抗越大则 $\dot{I}_{Cm}$ 越小。

根据电容元件的复数欧姆定律,即式(4-3-12),可以方便地得到以相量表示正弦变量时电容元件的复数模型。图 4-3-5 给出了电容元件的相量图。电容元件电压与电流的相量关系如图 4-3-6 所示。

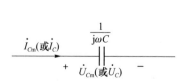

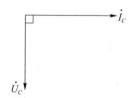

图 4-3-5　电容元件的相量模型　　　　图 4-3-6　电压与电流的相量关系

从图 4-3-5 可见,在正弦电路中,当用相量表示正弦量时,可以用容抗表示电容对电流的阻碍作用。对于电容 C 一定的电容元件,其容抗的大小与电容元件的工作频率 ω 有关,这一特点表明容抗具有频率特性。随着频率的不断增大,容抗越来越小。对于 $\omega=0$ 的正弦信号(即直流信号),电容将呈开路状态;而对于 $\omega\to\infty$ 的正弦信号,电容则相当于一条短路线。

3. 电感元件伏安关系的相量模型

掌握了电容元件的相量法描述后,根据对偶原理就很容易得到电感的相量法描述。

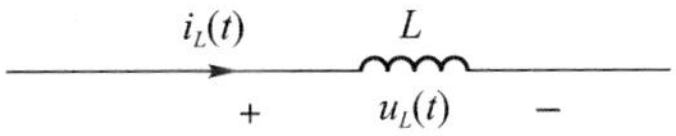

$$i_L(t) \quad\quad L$$
$$\underline{\quad\quad\quad} \qu\text{——}\mkern-6mu\curvearrowright\mkern-6mu\text{——} \quad\quad$$
$$+ \quad u_L(t) \quad -$$

图 4-3-7　电感元件的时域模型

从电感元件的时域伏安关系 $u_L=L\dfrac{\mathrm{d}i_L(t)}{\mathrm{d}t}$ 出发,在正弦信号激励的情况下,若

$$i_L=I_L\cos(\omega t+\varPsi_i)=\mathrm{Re}\left[\dot{I}_{Lm}\mathrm{e}^{\mathrm{j}\omega t}\right]$$

则在关联参考方向下的电感电压为

$$
\begin{aligned}
u_L &= L\,\frac{\mathrm{d}}{\mathrm{d}t}\left[\dot{I}_{Lm}\mathrm{e}^{\mathrm{j}\omega t}\right]\\
&= \omega L I_m\cos(\omega t+\varPsi_i+90°)\\
&= \mathrm{Re}\left[\dot{U}_{Lm}\mathrm{e}^{\mathrm{j}\omega t}\right]
\end{aligned}
\tag{4-3-14}
$$

由式(4-3-14)可得

$$\dot{U}_{Lm}=\mathrm{j}\omega L\dot{I}_{Lm} \tag{4-3-15}$$

式(4-3-15)是电感元件的复数欧姆定律。它表明正弦电路中电感元件的电压相量与电流相量成正比例关系,相量模型如图 4-3-8 所示。在关联参考方向下,电感电压 $\dot{U}_L$ 总超前电感电流 $\dot{I}_L$ 90°,相应的电压与电流的相量关系绘于图 4-3-9 中。

$$\frac{\dot{U}_{Lm}}{\dot{I}_{Lm}}=\frac{\dot{U}_L}{\dot{I}_L}=\mathrm{j}\omega L=\mathrm{j}X_L=\omega L\angle90° \tag{4-3-16}$$

式(4-3-16)是式(4-3-15)的另一种形式。其中,$X_L=\omega L$ 称为感抗。感抗也以 Ω(欧姆)为单位。感抗反映了正弦电路中电感元件的电压相量与电流相量间的正比例关系,表示电感阻碍电流通过的能力,在一定的 $\dot{U}_{Lm}$ 下,感抗越大则 $\dot{I}_{Lm}$ 越小。

图 4-3-8　电感元件的相量模型　　　　图 4-3-9　电压与电流的相量关系

在正弦电路中,电感元件的特性可用感抗清楚地表征。感抗 $X_L=\omega L$ 表示电感电压电流的大小关系。感抗同样具有频率特性,一个电感的感抗随频率的增加而增加,因而电感对直流信号的作用相当于一条短路线,而对高频交流信号则阻力很大。

4.3.3 阻抗和导纳

1. 阻抗

一般来说,无源线性支路中既有电阻元件又有电抗元件,如图 4-3-10 所示,可以将这类支路在关联参考方向下的相量电压与相量电流的比例系数统称为支路的阻抗,即

$$\frac{\dot{U}}{\dot{I}} = Z \qquad\qquad (4\text{-}3\text{-}17)$$

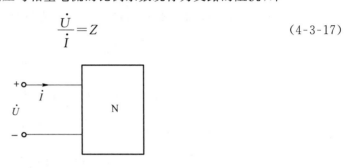

图 4-3-10　无源二端网络

由于阻抗是无源线性支路在关联参考方向下两端电压相量与电流相量之比的一般描述,所以阻抗的单位是 Ω(欧姆)。

阻抗为复数,一般可表示成代数型或指数型两种形式,即

$$Z = R + jX = |Z| \angle \varphi_z \qquad\qquad (4\text{-}3\text{-}18)$$

其中,$|Z| = \sqrt{R^2 + X^2}$ 是阻抗的模,它是二端网络输入电压和电流振幅或有效值的比值。$\varphi_z = \arctan\dfrac{X}{R} = \Psi_u - \Psi_i$ 是阻抗角,是端电压与电流之间的相位差。阻抗的实部为等效电阻 $R = |Z|\cos\varphi_z$,虚部为等效电抗 $X = |Z|\sin\varphi_z$,如图 4-3-11 所示。这也正是阻抗名称的由来。

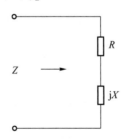

图 4-3-11　阻抗的等效电路

【例题 4-4】　图 4-1-12 所示电路工作在正弦稳态下,求 R、L、C 串联电路的阻抗。

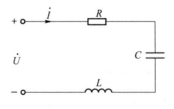

图 4-3-12　例题 4-4 用图

解：由于

$$\dot{U}=\dot{U}_R+\dot{U}_C+\dot{U}_L$$

$$\dot{U}=R\dot{I}+j\omega L\dot{I}+\frac{1}{j\omega C}\dot{I}=\left(R+j\omega L+\frac{1}{j\omega C}\right)\dot{I}$$

$$\frac{\dot{U}}{\dot{I}}=R+j\omega L+\frac{1}{j\omega C}=R+j\left(\omega L-\frac{1}{\omega C}\right)$$

$$=\frac{U}{I}\angle\underline{\Psi_u-\Psi_i}=\frac{U}{I}\angle\varphi_{ui}$$

所以电路的等效阻抗为

$$Z=\frac{\dot{U}}{\dot{I}}=R+j\omega L+\frac{1}{j\omega C}=R+j\left(\omega L-\frac{1}{\omega C}\right)$$

$$=R+j(X_L-X_C)$$

$$=R+jX$$

$$=\sqrt{R^2+\left(\omega L-\frac{1}{\omega C}\right)^2}\angle\arctan\frac{\omega L-\dfrac{1}{\omega C}}{R}$$

应该指出，从等效的观点认识阻抗时，阻抗式中的虚部作为等效电抗。X 为一个代数量，$X>0$，表明 X 等效于一个电感的性能，与此相应的 $Z=R+jX$ 称为感性阻抗；$X<0$，表明 X 等效于一个电容的性能，相应的 $Z=R+jX$ 称为容性阻抗。

同时也可以根据阻抗角的值域判断电路的性质：当 $0°<\varphi_Z<90°$ 时，Z 为感性阻抗；当 $-90°<\varphi_Z<0°$ 时，Z 为容性阻抗；当 $\varphi_Z=0°$ 时，Z 为纯电阻性的；当 $\varphi_Z=90°$ 时，Z 为纯电感性的；当 $\varphi_Z=-90°$ 时，Z 为纯电容性的。

因此，选取支路电流 $\dot{I}$ 为参考相量，即假设电流 $\dot{I}$ 的相位角 $\varphi_i=0$，则例 4-4 所示电路中电压与电流的相量图如图 4-3-13 所示。

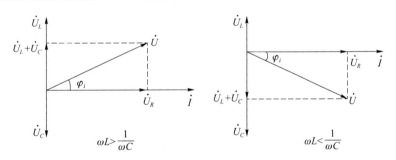

图 4-3-13　电压与电流的相量图

2. 导纳

某支路阻抗 Z 的倒数记作 Y，称为支路的导纳，即

$$Y=\frac{1}{Z}=\frac{\dot{I}}{\dot{U}}=G+jB \tag{4-3-19}$$

现在用导纳的观点去回顾 R、L 及 C 元件的复数欧姆定律,则有

$$\frac{\dot{I}_R}{\dot{U}_R}=\frac{1}{R}=G \tag{4-3-20}$$

$$\frac{\dot{I}_C}{\dot{U}_C}=\mathrm{j}\omega C=\omega C\underline{/90^\circ}=B_C\underline{/90^\circ}=\mathrm{j}B_C \tag{4-3-21}$$

$$\frac{\dot{I}_L}{\dot{U}_L}=\frac{1}{\mathrm{j}\omega L}=\frac{1}{\omega L}\underline{/-90^\circ}=B_L\underline{/-90^\circ}=-\mathrm{j}B_L \tag{4-2-22}$$

可以看出,导纳也是一个复数,其单位是 S(西门子)。

$$Y=G+\mathrm{j}B=|Y|\underline{/\theta_Y} \tag{4-3-23}$$

其中,参数 G、B_C 及 B_L 都是从支路导电能力的角度表达支路特性的参数,分别称为电导、容纳及感纳。

$|Y|=\sqrt{G^2+B^2}$,称为导纳模数,也就是支路电流与电压有效值大小的比。

$\varphi_Y=\arctan\dfrac{B}{G}$,称为导纳角,表示导纳的性质。

$$G=|Y|\cos\varphi_Y$$
$$B=|Y|\sin\varphi_Y$$

导纳的实部 G 称为等效电导,虚部 B 称为等效电纳。

- 当 $B>0$ 时,Y 是容性导纳。
- 当 $B<0$ 时,Y 是感性导纳。

从导纳角可以判断导纳的性质。

- 当 $-90^\circ<\varphi_Y<0^\circ$ 时,为感性导纳。
- 当 $0^\circ<\varphi_Y<90^\circ$ 时,为容性导纳。
- 当 $\varphi_Y=0^\circ$ 时,导纳为纯电阻性的。
- 当 $\varphi_Y=-90^\circ$ 时,导纳为纯电感性的。
- 当 $\varphi_Y=+90^\circ$ 时,导纳为纯电容性的。

由于一条支路的阻抗与导纳互为倒数,所以其导纳角与阻抗角互为负数,导纳角与阻抗角都可以直接表示关联参考方向下支路电压电流间的相位关系,即 $\varphi_Y=-\varphi_Z=-\varphi_{ui}=\varphi_{iu}$。

当用阻抗或导纳一般地表征无源线性支路时,这种支路的串、并联及混联运算将变得非常容易掌握。因为支路的阻抗、导纳与第 2 章所述只有电阻支路的电阻、电导完全可以对应,所以只要将电阻(电导)支路混联运算的一整套结论中的变量 u、i 代之以正弦变量的相量,将支路电阻(或电导)代之以阻抗(或导纳)就转变成阻抗(导纳)支路混联的运算规律。

例题 4-4 中的 R、L、C 串联电路就可以看作 3 个阻抗支路 $Z_1(=R)$、$Z_2(=\mathrm{j}\omega L)$、$Z_3\left(=\dfrac{1}{\mathrm{j}\omega C}\right)$ 的串联,那么电路的总阻抗 $Z=Z_1+Z_2+Z_3$,如图 4-3-14 所示。具体化后即 $Z=R+\mathrm{j}\omega L+\dfrac{1}{\mathrm{j}\omega C}$,而各段电压与总电压的分压关系就可以写成 $\dot{U}_R=\dfrac{Z_1}{Z}\dot{U}$,$\dot{U}_L=\dfrac{Z_2}{Z}\dot{U}$,

$\dot U_C=\dfrac{Z_3}{Z}\dot U$。也就是说,在正弦串联电路中,按阻抗值正比分压。这些关系与 3 个电阻串联电路的结论完全对应。

同理,如果若干个导纳并联,如图 4-3-15 所示,则电路的等效导纳 $Y=Y_1+Y_2+Y_3$。

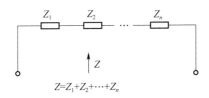

$Z=Z_1+Z_2+\cdots+Z_n$

图 4-3-14　阻抗的串联

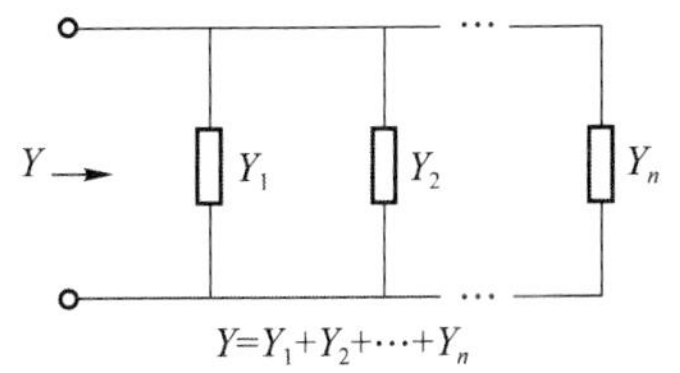

$Y=Y_1+Y_2+\cdots+Y_n$

图 4-3-15　导纳的并联

【**例题 4-5**】　当正弦电源的频率 $\omega=1$ rad/s 时,求图 4-3-16(a)所示二端电路两端的阻抗,并画出其等效电路。

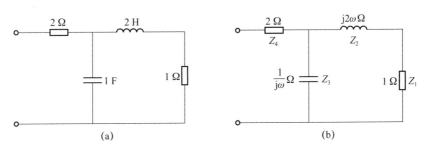

(a)　　　　　　　　　　(b)

图 4-3-16　例题 4-5 用图

解: 当正弦电源作用于图 4-3-16(a)所示的电路时,此电路呈现阻抗(导纳)的关系。首先画出图 4-3-16(a)所示电路的阻抗模型,如图 4-3-16(b)所示。则此电路的阻抗为

$$Z=Z_4+\frac{(Z_1+Z_2)Z_3}{(Z_1+Z_2)+Z_3}=2+\left.\frac{(1+\mathrm{j}2\omega)\dfrac{1}{\mathrm{j}\omega}}{(1+\mathrm{j}2\omega)+\dfrac{1}{\mathrm{j}\omega}}\right|_{\omega=1\,\mathrm{rad/s}}$$

$$=\left[2+\frac{(1+\mathrm{j}2)\dfrac{1}{\mathrm{j}}}{(1+\mathrm{j}2)+\dfrac{1}{\mathrm{j}}}\right]\Omega$$

$$=(2.5-\mathrm{j}1.5)\,\Omega=R+\mathrm{j}X$$

在写出阻抗式后,应将复数化简成实部加虚部的代数形式或模数与幅角的形式。

然后根据等效的概念找出等效电路。现在,阻抗中包含一个实部和一个负值虚部,说明其是一个容性阻抗。根据阻抗串并联的关系可知,这个阻抗可以看作由两个阻抗(2.5 Ω 及 $-$j1.5 Ω)串联组成,前者为一个电阻元件的阻抗,后者为一个电容元件呈现的阻抗,即

$$Z=2.5-\mathrm{j}1.5=R'-\mathrm{j}\frac{1}{\omega C'}$$

阻抗是频率的函数,从而可以解出在 $\omega=1$ rad/s 时,串联等效电路的元件值 $R'=2.5$ Ω,

131

$C' = \dfrac{1}{1 \times 1.5}$ F$=0.667$ F。图 4-3-16(b)所示电路的等效电路如图 4-3-17 所示。

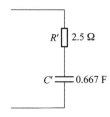

图 4-3-17　例题 4-5 的等效电路

4.3.4　正弦电路的相量分析

电路分析的全部定理及方法都是在 KCL、KVL 及元件特性的基础上得到的。因此,当我们导出相量形式的 KCL、KVL 及元件的相量模型后,就可以应用对比的方法直接将各种电阻电路的定理、方法推广到正弦电路的分析中。

【例题 4-6】 $u_S(t)=40\cos(3\,000t)$ V,电路如图 4-3-18 所示,求 $i(t)$、$i_C(t)$ 和 $i_L(t)$。

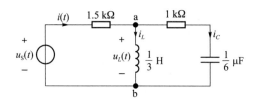

图 4-3-18　例题 4-6 用图

解: 画出例题 4-6 中电路的相量模型,如图 4-3-19 所示。

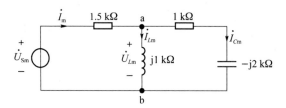

图 4-3-19　例题 4-6 中电路的相量模型

电源电压的相量为 $\dot{U}_{Sm}=40\angle 0°$ V,$\omega=3\,000$ rad/s。

$$j\omega L = j3\,000 \times \frac{1}{3} = j1 \text{ k}\Omega$$

$$\frac{1}{j\omega C} = \frac{1}{j3\,000 \times \frac{1}{6} \times 10^{-6}} = -j2 \text{ k}\Omega$$

所以电路总阻抗

$$Z = 1.5 + Z_{ab} = 1.5 + \frac{j1(1-j2)}{j1+1-j2} = 1.5 + \frac{2+j1}{1-j1} = (2+j1.5)\text{k}\Omega = 2.5\angle 36.9° \text{ k}\Omega$$

$$\dot{I}_{\mathrm{m}} = \frac{\dot{U}_{\mathrm{Sm}}}{Z} = \frac{40\angle 0°}{2.5\angle 36.9°} = 16\angle -36.9° \text{ mA}$$

$$\dot{I}_{Cm} = \dot{I}_{\mathrm{m}} \frac{\mathrm{j}1}{\mathrm{j}1+1-\mathrm{j}2} = 11.3\angle 98.1° \text{ mA}$$

$$\dot{I}_{Lm} = \dot{I}_{\mathrm{m}} \frac{1-\mathrm{j}2}{\mathrm{j}1+1-\mathrm{j}2} = 25.3\angle -55.3° \text{ mA}$$

根据电流相量 $\dot{I}_{Sm}$、$\dot{I}_{Cm}$、$\dot{I}_{Lm}$ 分别写出电流的时域形式,为

$$i(t) = 16\cos(3\,000t - 36.9°)\text{mA}$$
$$i_C(t) = 11.3\cos(3\,000t + 98.1°)\text{mA}$$
$$i_L(t) = 25.3\cos(3\,000t - 55.3°)\text{mA}$$

【**例题 4-7**】　电路的相量模型如图 4-3-20 所示,试分别用网孔电流法和节点电压法求解电流 $\dot{I}_0$(各相量均为有效值相量)。

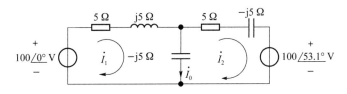

图 4-3-20　例题 4-7 用图

解:方法一:网孔电流法。设网孔电流 $\dot{I}_1$ 和 $\dot{I}_2$ 为顺时针方向,得

$$\begin{cases} (5+\mathrm{j}5-\mathrm{j}5)\dot{I}_1 - (-\mathrm{j}5)\dot{I}_2 = 100 \\ -(-\mathrm{j}5)\dot{I}_1 + (5-\mathrm{j}5-\mathrm{j}5)\dot{I}_2 = -100\angle 53.1° \end{cases}$$

$$\dot{I}_0 = \dot{I}_1 - \dot{I}_2$$

整理解得

$$\dot{I}_0 = 6.326\angle 71.57° \text{ A}$$

方法二:节点法。画成以导纳表示的模型,如图 4-3-21 所示。

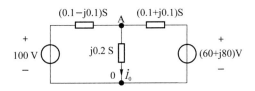

图 4-3-21　以导纳表示的模型

对节点 A 列节点电压方程为

$$(0.1-\mathrm{j}0.1+\mathrm{j}0.2+0.1+\mathrm{j}0.1)\dot{U}_A = 100(0.1-\mathrm{j}0.1) + (60+\mathrm{j}80)(0.1+\mathrm{j}0.1)$$

$$\dot{U}_A = \frac{8+\mathrm{j}4}{0.2+\mathrm{j}2} = 31.62\angle -18.43° \text{ V}$$

$$\dot{I}_0 = \mathrm{j}0.2\dot{U}_A = 0.2\angle 90° \times 31.62\angle -18.43° \text{ A} = 6.325\angle 71.57° \text{ A}$$

【**例题 4-8**】　求图 4-3-22 所示正弦稳态电路的戴维南等效电路,已知 $u_S(t) = 2\cos(0.5t + 120°)\text{V}$,$r = 1\ \Omega$。

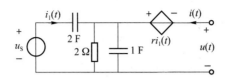

图 4-3-22　例题 4-8 用图

解：求 $\dot{U}_{OCm}$，电路如图 4-3-23 所示。

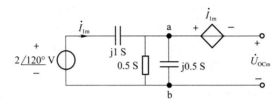

图 4-3-23　求 U_{OCm} 的电路图

$$\dot{U}_{abm}=\frac{j\dot{U}_{sm}}{0.5+j1.5}$$

$$\dot{I}_{1m}=j(\dot{U}_{Sm}-\dot{U}_{abm})$$

$$\dot{U}_{OCm}=-\dot{I}_{1m}+\dot{U}_{abm}=-j(\dot{U}_{Sm}-\dot{U}_{abm})+\dot{U}_{abm}$$

$$=(1+j)\dot{U}_{abm}-j\dot{U}_{Sm}=(1+j)\frac{j\dot{U}_{Sm}}{0.5+j1.5}-jU_{Sm}$$

$$=j\dot{U}_{Sm}\left(\frac{1+j}{0.5+j1.5}-1\right)=0.894\underline{/93.44^{\circ}}$$

求 $\dot{I}_{SCm}$，电路如图 4-3-24 所示。

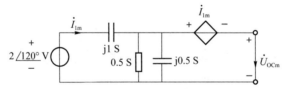

图 4-3-24　求 I_{SCm} 的电路图

$$\dot{I}_{SCm}=\dot{I}_{1m}-0.5\dot{I}_{1m}-j0.5\dot{I}_{1m}$$

$$j(\dot{U}_{Sm}-\dot{I}_{1m})=\dot{I}_{1m}$$

$$\dot{I}_{1m}=\frac{j}{1+j}\dot{U}_{Sm}$$

所以，

$$\dot{I}_{SCm}=(0.5-0.5j)\frac{j}{1+j}\dot{U}_{Sm}=0.5\dot{U}_{Sm}$$

求等效内阻。

$$Z_{o}=\frac{\dot{U}_{OCm}}{\dot{I}_{SCm}}=\frac{1+j}{1+3j}\dot{U}_{Sm}\times\frac{1}{0.5\dot{U}_{Sm}}=0.894\underline{/-25.56^{\circ}}\ \Omega$$

戴维南等效电路如图 4-3-25 所示。

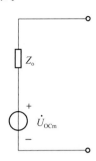

图 4-3-25　戴维南等效相量模型

4.4　正弦电路的功率

前三节讨论了正弦电路中的电压、电流以及阻抗、导纳等概念,本节将讨论正弦电路中的功率。

4.4.1　瞬时功率

某支路瞬时功率是指其瞬时吸收的功率,若电压电流取关联参考方向,则瞬时功率 $p = u \cdot i$。在定义瞬时功率时,对电压、电流的特征及电路的工作状态都没有限制,对支路的组成及元件的特征也没有限制。

这里以图 4-4-1 所示的一个工作在正弦信号下的无源网络为例,分析正弦网络瞬时吸收功率的特征。

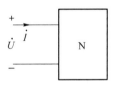

图 4-4-1　无源二端网络

设在关联参考方向下,支路的电压、电流分别为

$$u(t) = U_\mathrm{m} \cos(\omega t + \Psi_u)$$

$$i(t) = I_\mathrm{m} \cos(\omega t + \Psi_i)$$

则支路瞬时吸收功率为

$$
\begin{aligned}
p = u(t) \cdot i(t) &= U_\mathrm{m} \cos(\omega t + \Psi_u) I_\mathrm{m} \cos(\omega t + \Psi_i) \\
&= \frac{1}{2} U_\mathrm{m} I_\mathrm{m} \cos(\Psi_u - \Psi_i) + \frac{1}{2} U_\mathrm{m} I_\mathrm{m} \cos(2\omega t + \Psi_u + \Psi_i) \qquad (4\text{-}4\text{-}1) \\
&= UI \cos \varphi_{ui} + UI \cos(2\omega t + \Psi_u + \Psi_i)
\end{aligned}
$$

从式(4-1-1)不难看出,瞬时功率的频率是电压和电流频率的 2 倍,即电压或者电流完成一个周期,瞬时功率完成两个周期。其波形如图 4-4-2 所示,瞬时功率有正有负,功率为正表示无源网络从外界吸收能量,功率为负表示无源网络中的电容、电感中存储的能量得到释放。

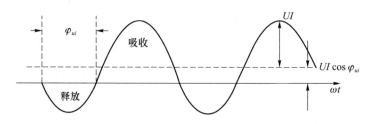

图 4-4-2　瞬时功率的波形

一条支路吸收与释放功率的比例则取决于支路电压、电流的相位差 φ_{ui}。

- 当 $\varphi_{ui}=0$ 时，支路呈纯电阻性，则支路总处于吸收功率的状态。
- 当 $|\varphi_{ui}|=90°$ 时，支路呈纯电抗性（纯感抗或纯容抗），支路从外电路吸收功率后又全部释放给外电路。
- 当 $0<|\varphi_{ui}|<90°$ 时，支路呈电感性或电容性，从外电路吸收的功率总大于向外电路释放的功率。

如果将无源支路的瞬时功率用另外的方法推导，则有

$$
\begin{aligned}
p &=U_{m}\cos(\omega t+\Psi_{u})I_{m}\cos(\omega t+\Psi_{i})\\
&=U_{m}I_{m}\cos(\omega t+\Psi_{u})\cos(\omega t+\Psi_{u}-\varphi_{ui})\\
&=U_{m}I_{m}\cos(\omega t+\Psi_{u})\left[\cos(\omega t+\Psi_{u})\cos\varphi_{ui}+\sin(\omega t+\Psi_{u})\sin\varphi_{ui}\right]\quad(4\text{-}4\text{-}2)\\
&=UI\cos\varphi_{ui}\left[1+\cos 2(\omega t+\Psi_{u})\right]+UI\varphi_{ui}\sin 2(\omega t+\Psi_{u})\\
&=p_{1}+p_{2}
\end{aligned}
$$

式(4-4-2)表明，任意正弦支路的瞬时功率总可以理解成两个分量：p_1 和 p_2，其中，p_1 是瞬时值为正的成分，说明支路中有吸收功率后转化为有用功的成分，因而称 p_1 为瞬时功率的有功分量。从等效电路的观点，这个 p_1 可以直接理解为支路中电阻成分每瞬时消耗的功率。而 p_2 的瞬时值具有正弦型的波动特征，也就是说一段时间由外电路吸收功率后在另一段时间又全部释放给外电路，因而称 p_2 为瞬时功率的无功分量，这种与外电路交换能量的功能只有支路中的电抗成分具备。如果用瞬时功率与瞬时能量的关系来理解 p_1、p_2，那么 p_1 可以认为是该支路消耗能量的瞬时速度，而 p_2 则为该支路与外电路交换能量的瞬时速度。

4.4.2　平均功率(有功功率)与无功功率

1. 平均功率

平均功率指瞬时功率的平均值。由于周期信号的瞬时功率具有周期性，所以平均功率用瞬时功率一个周期的平均值定义，使用大写字母 P 表示，即

$$
P=\frac{1}{T}\int_{0}^{T}p\,\mathrm{d}t\qquad(4\text{-}4\text{-}3)
$$

将瞬时功率的表达式代入式(4-4-3)，可得

$$
\begin{aligned}
P&=\frac{1}{T}\int_{0}^{T}p\,\mathrm{d}t\\
&=\frac{1}{T}\int_{0}^{T}\left[U_{m}\cos(\omega t+\Psi_{u})I_{m}\cos(\omega t+\Psi_{i})\right]\mathrm{d}t\qquad(4\text{-}4\text{-}4)\\
&=\frac{1}{T}\int_{0}^{T}\left[\frac{1}{2}U_{m}I_{m}\cos(\Psi_{u}-\Psi_{i})+\frac{1}{2}U_{m}I_{m}\cos(2\omega t+\Psi_{u}+\Psi_{i})\right]\mathrm{d}t\\
&=UI\cos\varphi_{ui}
\end{aligned}
$$

平均功率的单位为 W(瓦特)。由式(4-4-4)可见,支路的平均功率不仅与支路的电压、电流的有效值有关,且与它们的相位差有关。因而,当支路为纯电阻支路时,$P=UI$;而当支路为纯电抗支路时,$P=0$;当 $0°<|\varphi_{ui}|<90°$ 时,从等效电路的观点来看,设支路阻抗为

$$Z=|Z|\cos\varphi_{ui}+\mathrm{j}|Z|\sin\varphi_{ui}=R_{\mathrm{eq}}+\mathrm{j}X_{\mathrm{eq}}$$

则

$$P=UI\cos\varphi_{ui}=|Z|\cdot I\cdot I\cos\varphi_{ui}=I^2R_{\mathrm{eq}} \tag{4-4-5}$$

若设支路导纳为

$$Y=|Y|\cos(-\varphi_{ui})+\mathrm{j}|Y|\sin(-\varphi_{ui})=G_{\mathrm{eq}}+\mathrm{j}B_{\mathrm{eq}}$$

则

$$P=UI\cos\varphi_{ui}=U|Y|U\cos(-\varphi_{ui})=U^2G_{\mathrm{eq}} \tag{4-4-6}$$

式(4-4-5)和式(4-4-6)都表明,支路的平均功率实际上是描述其中电阻成分所消耗的功率的。对比式(4-4-4)可以看出,支路的平均功率实际上也就是该支路瞬时功率有功分量的平均值,它表示该支路消耗能量的平均速度,所以平均功率也称为有功功率。

若网络中有 N 个电阻,根据能量守恒定律,网络吸收的总平均功率等于各电阻吸收的平均功率之和,即

$$P=\sum_{n=1}^{N}P_{Rn} \tag{4-4-7}$$

2. 无功功率

无功功率用大写字母 Q 表示,数学表达式为

$$Q=UI\sin\varphi_{ui} \tag{4-4-8}$$

式(4-4-8)表示的是网络内部各个电感、电容功率之和。由于电容、电感不消耗能量,其上的功率反映了电容或电感与网络或网络外部能量发生交换这一特性,因此称为无功功率。

类比式(4-4-5)和式(4-4-6)的推导,可知

$$\left.\begin{array}{l}Q=UI\sin\varphi_{ui}=I|Z|I\sin\varphi_{ui}=I^2X_{\mathrm{eq}}\\Q=UI\sin\varphi_{ui}=U|Y|U\sin\varphi_{ui}=-U^2B_{\mathrm{eq}}\end{array}\right\} \tag{4-4-9}$$

可见,无功功率仅与支路中的等效电抗成分有关。对比式(4-4-8)与式(4-4-4)可知,无功功率表示支路电抗成分与外电路交换能量的最大速度,即瞬时功率无功分量的最大值。为区别于有功功率,尽管无功功率也具有伏安量纲,但其基本单位用 var(乏)。应该强调一点,不论从式(4-4-8)还是式(4-4-9)都可以看出,对感性支路来说,其无功功率 Q 值为正;而对容性支路来说,其无功功率 Q 值为负。

4.4.3　视在功率与功率因数

视在功率表示支路电压、电流有效值的乘积,用符号 S 表示。视在功率并非仅是一种形式上的功率。例如,各种电机或电器设备都有各自额定的电压与电流,都以有效值给出,那么这两个额定量的乘积就是设备额定的视在功率,它是一个确定的值,表示设备的容量。

在一般情况下,视在功率与有功功率是不同的,只有纯电阻电路的视在功率等于有功功率,因此为区别视在功率与有功功率,视在功率使用 V·A(伏安)作为基本单位。

在非纯电阻情况下,将有功功率与视在功率的差异用比值的形式给出,即

$$\frac{P}{S}=\cos \varphi_{ui} \tag{4-4-10}$$

式中,$\cos \varphi_{ui}$ 定义为电路的功率因数。

在动力系统中,为充分利用电力,要尽可能地将发电机提供的视在功率转为负载的有功功率,这样功率因数就成为重要的参考指标。不同性质负载的电路有不同的功率因数值,只有功率因数为 1 时,电源提供的视在功率才全部转化为负载的有功功率(即做有用功)。然而,由于实际的动力负载大部分为感性负载,因此需要在系统中配以适当的电容来改善其功率因数值。

【例题 4-9】 图 4-4-3(a)所示电路是日光灯工作电路的简化模型,其中 R 为 110 V、40 W 日光灯管的理想模型,L 为镇流器的理想模型,电源是 220 V、50 Hz 的正弦电源。试求电路中的电流。在保证日光灯管正常工作的前提下,为使电路的功率因数为 1,应配以多大容量的电容器。

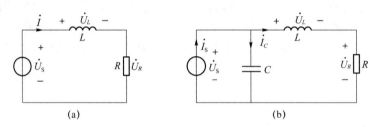

(a)　　　　　　　　　　(b)

图 4-4-3　例题 4-9 用图

解:根据日光灯的瓦数及工作电压,可以方便地求出电路的工作电流为

$$I=\frac{P}{U_R}=\frac{40}{110}\mathrm{A}=0.364 \mathrm{~A}$$

这个电路的负载是 R、L 串联的感性负载,可以算出其功率因数为

$$\cos \varphi_{ui}=\frac{P}{S}=\frac{P}{U_S I}=\frac{40}{220\times 0.364}=0.5$$

在电源电压一定时,功率因数值取决于作为负载的日光灯工作电路(RL 串联电路)。因此,为使此电路的功率因数提高到 1,即在保证日光灯正常工作的前提下,要使电源供出的视在功率全是有功功率,必须设法使电源的负载具有纯电阻性。所以,需要配上合适的电容,这样既可以克服日光灯电路的感性影响,又不会影响日光灯的正常工作。这个电容必须跨接在日光灯工作电路上,如图 4-4-3(b)所示。

当电路的功率因数为 1 时,电源电压、电流必定同相位。根据这个特点画出其相量图,如图 4-4-4 所示。可知

$$I_C=I\sin 60°=0.315 \mathrm{~A}$$

所以,由

$$\frac{1}{\omega C}=\frac{U_S}{I_C}$$

可得

$$C=\frac{I_C}{\omega U_S}=\frac{0.315}{2\pi\times 50\times 220}\mathrm{F}=4.56 \mu\mathrm{F}$$

只要配以 4.56 μF 的电容器,图 4-4-3(b)的电路功率因数就为 1,电源供出的视在功率全部为有功功率。

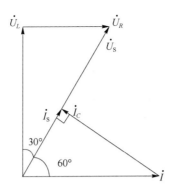

图 4-4-4　$\cos \varphi = 1$ 时的相量图

全电路的功率为电源供出的功率(包括有功功率和无功功率),其中有功功率为电路中电阻元件所消耗的功率,无功功率代表了电抗元件与电源交换能量的规模大小。

4.4.4　最大功率传输

在正弦稳态电路中,电源电压和电源内阻抗一定,怎样的负载才能获得最大的功率? 这是信号传输中经常遇到的问题。

最大功率传输问题是从等效电路的观点研究从等效电源向负载传送最大功率的问题。从数学的角度出发,求最大功率传输条件,就是根据等效电路找出负载的功率关系式后,使用数学中求极值的运算方法,找出那些允许可调的参数与其他参数满足的关系。

在图 4-4-5 所示的电路中,电路的等效信号源 $\dot{U}_{OC}$ 和内阻抗 $Z_S = R_S + jX_S$ 是一定的,负载阻抗 $Z_L = R_L + jX_L$ 可变,以负载阻抗的实部 R_L 及虚部 X_L 均允许可调的一种常见情况为例,找出这种情况下负载 Z_L 获得最大平均功率的条件。

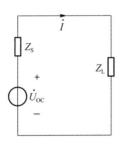

图 4-4-5　一般的等效电路

这个电路负载的平均功率为

$$P_L = I^2 R_L$$

代入电流 I 的有效值

$$I = \frac{U_{OC}}{\sqrt{(R_S + R_L)^2 + (X_S + X_L)^2}}$$

则

$$P_L = \frac{U_{OC}^2 R_L}{(R_S + R_L)^2 + (X_S + X_L)^2}$$

由于 R_L、X_L 皆可调，X_L 只在 P_L 等式的分母上，所以很容易看出，只要调节 X_L，使得 $X_\mathrm{L}+X_\mathrm{S}=0$，即 $X_\mathrm{L}=-X_\mathrm{S}$，则此时分母最小，功率为

$$P_\mathrm{L}=\frac{U_\mathrm{OC}^2 R_\mathrm{L}}{(R_\mathrm{S}+R_\mathrm{L})^2}$$

然后调节 R_L，利用求极值的运算 $\dfrac{\mathrm{d}}{\mathrm{d}R_\mathrm{L}}\left[\dfrac{U_\mathrm{OC}^2 R_\mathrm{L}}{(R_\mathrm{S}+R_\mathrm{L})^2}\right]=0$ 解出

$$R_\mathrm{L}=R_\mathrm{S}$$

综合这两步的结果可知，当负载实部及虚部分别可调时，只要做到 $R_\mathrm{L}=R_\mathrm{S}$，$X_\mathrm{L}=-X_\mathrm{S}$，负载就可获得最大功率。因此，负载获得最大功率的条件为

$$Z_\mathrm{L}=Z_\mathrm{S}^*=R_\mathrm{S}-\mathrm{j}X_\mathrm{S} \tag{4-4-11}$$

此时负载 Z_L 可得到最大平均功率，其值为

$$P_\mathrm{Lmax}=\frac{U_\mathrm{OC}^2}{4R_\mathrm{S}} \tag{4-4-12}$$

在传输理论中，当网络的连接关系在某点呈现式（4-4-11）的结果时，往往称网络在该点呈共轭匹配连接状态，简称共轭匹配。

【例题 4-10】 电路如图 4-4-6 所示，试求能获得最大功率的负载阻抗 Z_L，并求所获得的功率 P。

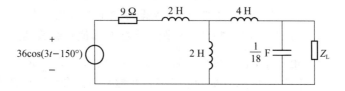

图 4-4-6　例题 4-10 用图

解：采用有效值相量画出电路的相量模型，如图 4-4-7(a)所示。

断开 Z_L，如图 4-4-7(b)所示，求等效内阻 Z_0，即 Z_ab。

$$Z_\mathrm{cb}=\frac{(9+\mathrm{j}6)\times\mathrm{j}6}{9+\mathrm{j}6+\mathrm{j}6}\Omega=\frac{-36+\mathrm{j}54}{9+\mathrm{j}12}\Omega=(1.44+\mathrm{j}4.08)\Omega$$

$$Z_\mathrm{ab}=\frac{(1.44+\mathrm{j}4.08+\mathrm{j}12)\times(-\mathrm{j}6)}{1.44+\mathrm{j}4.08+\mathrm{j}12-\mathrm{j}6}\Omega=(0.59-\mathrm{j}9.5)\Omega$$

求开路电压 $\dot{U}_\mathrm{OC}$，电路如图 4-4-7(c)所示。

$$\dot{I}=\frac{18\sqrt{2}\angle-150°}{9+\mathrm{j}6+\mathrm{j}3}\mathrm{A}=\frac{18\sqrt{2}\angle-150°}{9\sqrt{2}\angle45°}\mathrm{A}=2\angle-190°\,\mathrm{A}$$

$$\dot{U}_\mathrm{OC}=-\mathrm{j}6\times\dot{I}_\mathrm{c}=6\angle-90°\times\frac{2\angle165°}{2}\mathrm{V}=6\angle75°\,\mathrm{V}$$

求负载功率，电路如图 4-4-7(d)所示，则负载 $Z_\mathrm{L}=Z_0^*=(0.5+\mathrm{j}9.5)\Omega$，$Z_\mathrm{L}$ 可得到最大平均功率，其值为

$$P_\mathrm{Lmax}=\frac{U_\mathrm{OC}^2}{4R_\mathrm{S}}=\frac{6^2}{4\times0.5}\mathrm{W}=18\,\mathrm{W}$$

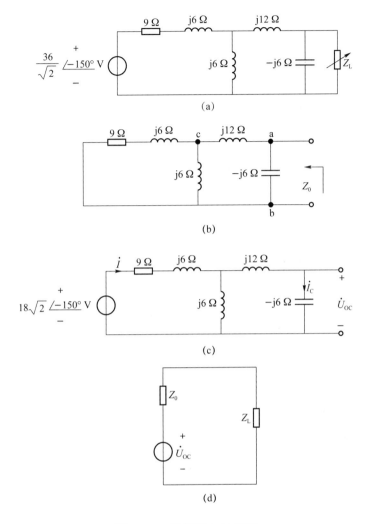

图 4-4-7　解例题 4-10 用图

4.5　三相电路的概念

三相电路是一种特殊的正弦电路。前面关于正弦电路的一整套分析方法完全适用于三相电路。本节根据三相制的特征,使用正弦电路相量分析法了解三相电路的工作情况。

4.5.1　三相电路简介

三相制几乎是目前世界上通用的,是从 19 世纪末一直保持至今的供电制式。相比于单相制,三相制有许多优点,例如,单相电路的瞬时功率是随时间交变的,而对称三相电路的总瞬时功率却是恒定的,因此三相电动机能产生恒定的转矩等。

三相电路是指由三相发电机向三相负载供电的系统。图 4-5-1 给出了三相发电机的示意图。图 4-5-1 中 AX、BY、CZ 为几何上相距120°的 3 个定子绕组,分别称为三相电源的

A 相、B 相与 C 相。A、B、C 引出端称为始端,X、Y、Z 引出端称为末端。当磁铁作为转子以角速度 ω 旋转时,定子绕组中将感应出 3 个相位上依次相差120°的同幅度、同频率的正弦电压,它们的瞬时式及相应的有效值相量为

$$u_A(t)=U_{pm}\cos \omega t \rightarrow \dot{U}_A=U_p \angle 0°$$

$$u_B(t)=U_{pm}\cos(\omega t-120°) \rightarrow \dot{U}_B=U_p \angle -120°$$

$$u_C(t)=U_{pm}\cos(wt+120°) \rightarrow \dot{U}_C=U_p \angle +120° \tag{4-5-1}$$

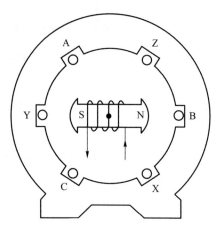

图 4-5-1　三相发电机示意图

这组电压称为 3 相电源的 3 个相电压,式中下标 p 就是相位(Phase)一词的首字母,用理想电压源模型表示于图 4-5-2 中。

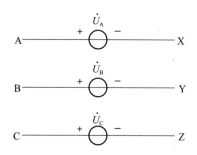

图 4-5-2　三相电源的每相模型

AX、BY、CZ 的顺序称为相序,直接涉及三相电源作为整体对外供电时的特征,不能任意颠倒。如果相序接错了,电动机就会倒转。

将 3 个末端连在一起的点称为中点(中性点),而从 3 个始端向外电路供电时,如图 4-5-3 所示,称为星形三相电源。由于 3 个相的电压大小相等、频率相同、相位依次相差120°,这种关系称为对称,所以构成的三相电源称为对称三相电源。图 4-5-3 的电源向外电路供电的引线称为火线或端线。从发电厂输出电力时一般皆用三线制。火线之间的电压称为线电压,按 A、B、C 的顺序依次观察线电压,则根据 KVL 或通过图 4-5-4 所示的相量图很容易得出线电压。

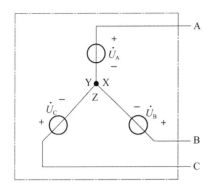

图 4-5-3 星形三相电源

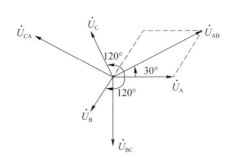

图 4-5-4 对称星形三相电源的相量图

$$\begin{cases} \dot{U}_{AB} = \sqrt{3}\,U_{p} \angle 30° \\ \dot{U}_{BC} = \sqrt{3}\,U_{p} \angle -90° \\ \dot{U}_{CA} = \sqrt{3}\,U_{p} \angle +150° \end{cases} \tag{4-5-2}$$

式(4-5-2)说明,对称星形三相电源的线电压在数值上总为相电压的 $\sqrt{3}$ 倍,而在相位上仍依次相差120°,所以同样具有对称特征。

如果将 3 个定子绕组依次按 AX、BY、CZ 构成三角形连接,以 A、B、C 作为火线引出,则称为三相三角形电源,如图 4-5-5 所示。

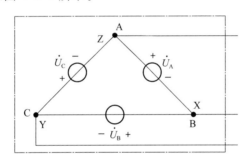

图 4-5-5 三角形三相电源

三角形电源的线电压就等于相电压,应该指出,由于 3 个相电压的对称性,在 AX、BY、CZ 环路内不会出现环流,然而如果其中任一相接反的话,则将形成极大的环流,这是绝对不允许的。

三相电路的负载统称为三相负载。三相负载也分星形与三角形两种连接形式,如图 4-5-6 所示。在配电系统中,星形负载往往为四线制,其中除 3 条火线外,还有一条由中性点引出的中线(或称零线)。图 4-5-6 中的各个阻抗都表示一个相的负载,不论在哪种连接方式下,当 3 个相的负载阻抗值相同,即 $Z_{A} = Z_{B} = Z_{C} = Z \angle \Psi$ 时,称为对称三相负载。3 个相的负载可以是一个整体(如三相电动机),也可以分别是独立的负载(如灯泡)。一个相的负载是独立负载时称为单相负载,也就是说,有些三相负载是由许多单相负载组合而成的。

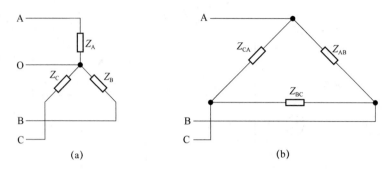

图 4-5-6　星形与三角形负载

　　由对称三相电源向对称三相负载供电的电路称为对称三相电路。在电源与负载都为星形连接的对称三相电路中,每条火线上的电流就是每相的相电流,它们具有大小相同、相位依次相差120°的对称特点;而对于对称三角形负载,如图 4-5-7 所示,线电流将为相电流的$\sqrt{3}$倍,相电流与线电流的相位差为30°,相电流间的相位差为120°。

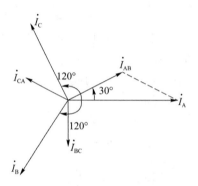

图 4-5-7　三角形负载连接线电流与相电流相量图

4.5.2　对称三相电路的计算特点

　　根据供电、用电的要求,三相电源通过输电线与三相负载构成三相电路时,可以有多种连接方式。这里以图 4-5-8 的 Y-Y 对称三相电路为例,了解对称三相电路的运算特征。在图 4-5-8 中,Z_L 是火线的等效阻抗(在对称三相电路中 3 条火线阻抗也相等),Z_N 是中线的等效阻抗。

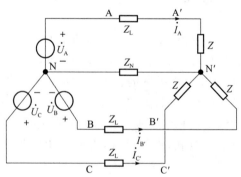

图 4-5-8　Y-Y 对称三相电路

这里,重点观察两中性点间的电压、各线电流及负载各相的电压。根据节点电压法可知,

$$\dot{U}_{\text{N'N}} = (\dot{U}_{\text{A}} + \dot{U}_{\text{B}} + \dot{U}_{\text{C}}) \frac{1}{Z_{\text{L}} + Z} \bigg/ \left(\frac{3}{Z_{\text{L}} + Z} + \frac{1}{Z_{\text{N}}} \right)$$

由于在对称三相电路中 $\dot{U}_{\text{A}} + \dot{U}_{\text{B}} + \dot{U}_{\text{C}} = 0$,所以 $\dot{U}_{\text{N'N}} = 0$。将 Z_{N} 用短接线替代,则可将对对称三相电路的分析分解为对由 3 个独立相构成的 3 个回路的分析。且由于对称三相电源120°的相位对称特点,实际上只要通过对一相构成的独立回路的分析就可得到全部解答。

【例题 4-11】　已知对称三相电路的输电线阻抗 $Z_{\text{L}} = (3 + \text{j}4)\,\Omega$,负载阻抗 $Z = (19.2 + \text{j}14.4)\,\Omega$,构成三角形负载,电源的对称线电压有效值为 380 V。求负载端的线电压与线电流。

解:由电源的线电压求出相电压。根据对称 Y-Y 电路的计算特点,可以将本题的星形负载构成图 4-5-9 所示的对称三相电路求解。

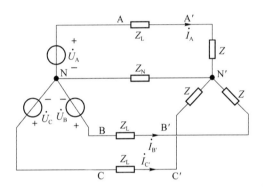

图 4-5-9　例题 4-11 的 Y-Y 等效电路

其中电源的相电压应为线电压的 $\dfrac{1}{\sqrt{3}}$ 倍,$U_{\text{A}} = U_{\text{B}} = U_{\text{C}} = 220$ V,根据对称性,设其相位依次差120°。由 $\triangle \rightarrow$ Y 转换公式,将负载转为对称星形,其每相阻抗为

$$Z' = \frac{Z}{3} = (6.4 + \text{j}4.8)\,\Omega$$

由图 4-5-9 可知,负载端线电流为

$$\dot{I}_{\text{A}} = \frac{\dot{U}_{\text{A}}}{Z_{\text{L}} + Z'} = \frac{220 \angle 0°}{3 + \text{j}4 + 6.4 + \text{j}4.8} = 17.09 \angle -43.11°$$

利用对称特征得

$$\dot{I}_{\text{B}} = \dot{I}_{\text{A}} \angle -120° = 17.09 \angle -163.11°$$

$$\dot{I}_{\text{C}} = \dot{I}_{\text{A}} \angle +120° = 17.09 \angle 76.89°$$

负载端线电压、相电流间仍服从图 4-5-4 所示的相量图关系,所以可知负载端的线电压为

$$\dot{U}_{\text{A'B'}} = \sqrt{3}\dot{U}_{\text{A'N'}} \angle +30° = \sqrt{3}\dot{I}_{\text{A'}}Z' = 236 \angle 23.79°$$

$$\dot{U}_{\text{B'C'}} = 236 \angle 23.79° - 120° = 236 \angle 96.21°$$

$$\dot{U}_{\text{C'A'}} = 236 \angle 23.79° + 120° = 236 \angle 143.79°$$

4.5.3 不对称三相电路的概念

在三相电路中,一般都采用对称电源。当三相电路的负载不对称时,称为不对称三相电路。这时上述的各种对称特点都不再存在。这里,仍以 Y-Y 来观察不对称情况。图 4-5-10 给出了不对称三相三线 Y-Y 结构的简单模型。

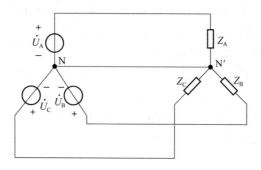

图 4-5-10　简单的不对称三相 Y-Y 电路

由节点电压法可知,

$$\dot{U}_{N'N} = \frac{\dfrac{\dot{U}_A}{Z_A} + \dfrac{\dot{U}_B}{Z_B} + \dfrac{\dot{U}_C}{Z_C}}{\dfrac{1}{Z_A} + \dfrac{1}{Z_B} + \dfrac{1}{Z_C}}$$

因为负载不对称,所以 $\dot{U}_{N'N} \neq 0$。设 $\dot{U}_{N'N}$ 如图 4-5-11 所示,那么负载各相电压将不再对称,且其不对称程度受负载不对称程度的影响,负载相电压的不对称可能导致各相负载工作的不正常。然而,如果在 N、N′ 之间连上一条 $Z_N = 0$ 的中线,强迫 $\dot{U}_{N'N} = 0$,那么尽管负载不对称,但各相是分别独立的,无相互影响,不会出现工作不正常的状态。所以,在星形负载的配电系统中往往使用中线,为使 $Z_N \approx 0$,中线上不允许接入保险或开关。

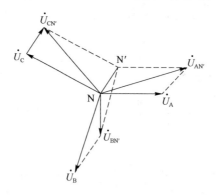

图 4-5-11　图 4-5-10 的相量图

4.5.4 三相电路的功率

三相电路功率的分析与正弦电路功率的分析完全相同。三相负载吸收的瞬时功率应等于各相吸收的瞬时功率之和,即

$$p = p_A + p_B + p_C$$

对称时,设备相阻抗为 $Z = |Z| \angle \varphi$,取 A 相电压为 $U_A = U_{pm} \cos \omega t$,则

$$p = U_{pm} I_{pm} \cos \omega t \cos(\omega t + \varphi) + U_{pm} I_{pm} \cos(\omega t + 120°) +$$
$$U_{pm} I_{pm} \cos(\omega t + 120°) \cos(\omega t + 120° + \varphi)$$
$$= \frac{1}{2} U_{pm} I_{pm} \cos \varphi + c + \frac{1}{2} U_{pm} I_{pm} \cos(2\omega t + \varphi) + \frac{1}{2} U_{pm} I_{pm} \cos \varphi + \qquad (4\text{-}5\text{-}3)$$
$$\frac{1}{2} U_{pm} I_{pm} \cos(2\omega t + \varphi - 240°) + \frac{1}{2} U_{pm} I_{pm} \cos \varphi + \frac{1}{2} U_{pm} I_{pm} \cos(2\omega t + \varphi + 240°)$$
$$= 3 U_p I_p \cos \varphi$$

式(4-5-3)指出,对称三相负载吸收的瞬时功率为一常数。这种功率平衡的特点说明发电机每瞬时供出的功率为一常数,也就是说任何瞬时发电机的机械转矩为一常数,表明发电机在运转中无振动。这是对称三相电路的一个优点。因而,三相供电系统总希望在对称状态下运行。

三相负载吸收的平均功率是各相负载吸收的平均功率之和,即

$$P = P_A + P_B + P_C$$
$$= U_{pA} I_{pA} \cos \varphi_A + U_{pB} I_{pB} \cos \varphi_B + U_{pC} I_{pC} \cos \varphi_C \qquad (4\text{-}5\text{-}4)$$

对称时

$$P = 3 U_p I_p \cos \varphi = \sqrt{3} U_l I_l \cos \varphi \qquad (4\text{-}5\text{-}5)$$

式(4-5-5)中,$\varphi = \Psi_{pu} - \Psi_{pi}$,表示每相电压、电流的相位差,即对称时每相阻抗的阻抗角。U_l、I_l 表示线电压、线电流的有效值。

三相负载吸收的无功功率是各相负载的无功功率之和,即

$$Q = Q_A + Q_B + Q_C = U_{pA} I_{pA} \sin \varphi_A + U_{pB} I_{pB} \sin \varphi_B + U_{pC} I_{pC} \sin \varphi_C \qquad (4\text{-}5\text{-}6)$$

对称时

$$Q = 3 U_p I_p \sin \varphi = \sqrt{3} U_l I_l \sin \varphi \qquad (4\text{-}5\text{-}7)$$

对称三相负载的视在功率为

$$S = \sqrt{P^2 + Q^2}$$

将对称三相负载每相的功率因数 $\cos \varphi$ 定义为对称三相负载的功率因数。在不对称负载时,作为整体不定义功率因数。

4.6　传输函数与滤波的基本知识

1. 传输函数与滤波

本章的前几节着重讨论了单一频率正弦信号激励下电路的稳态响应。在现实中,我们对电路系统输入的信号除了正弦信号外,还有许多其他函数描述的信号或者随机信号等。这些信号可以通过傅里叶级数分解的方法展开成一系列正弦谐波信号的叠加,因此可将这些信号看作多频信号激励电路系统。电阻电路的响应与激励之间不会因为激励频率的不同而有所改变,而动态电路则不同,不同频率的信号引起的响应可能完全不同,所以动态电路可以完成许多电阻电路不能完成的任务,如滤波、移相、选频等。

我们定义传输函数的概念为

$$\frac{响应相量}{激励相量} = H(j\omega) \tag{4-6-1}$$

系统表示如图 4-6-1 所示。

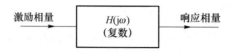

图 4-6-1　表征激励与响应的系统函数框图

从式(4-6-1)可以看出,传输函数是关于 jω 的函数。式(4-6-1)在多频信号激励下仍然成立。传输函数 $H(j\omega)$ 是响应相量与激励相量的比值,而响应相量与激励相量都可以用复数来表示,所以传输函数也可以表示为复数,即

$$H(j\omega) = |H(j\omega)| e^{j\varphi(\omega)} \tag{4-6-2}$$

传输函数也称为系统函数或者传递函数。

在多频信号激励下,对于式(4-6-2)可以进行两个方面的讨论:一是传输函数幅度值 $|H(j\omega)|$ 与 ω 间的关系,这种关系称为幅频响应特性,幅度值的大小随 ω 的变化曲线称为幅频特性曲线;二是相位 $\varphi(\omega)$ 随 ω 的变化规律,这种规律称为相频响应特性,相位大小随 ω 的变化曲线称为相频特性曲线。

【例题 4-12】　电路如图 4-6-2 所示,已知输入电压 $u_1 = 2.5\sqrt{2}\cos(100\pi t + 30°)\,\text{V},\tau = RC = 10^{-3}\,\text{s}$,试求输出电压 u_2 并绘出系统的幅频特性曲线和相频特性曲线。

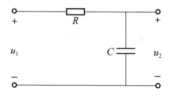

图 4-6-2　例题 4-12 用图

解:根据电路的相量形式可知,输出信号 u_2 是对输入信号 u_1 的分压,由此可得

$$H(j\omega) = \frac{\dot{U}_2}{\dot{U}_1} = \frac{\dfrac{1}{j\omega C}}{R + \dfrac{1}{j\omega C}} = \frac{1}{1 + j\omega RC}$$

因此分别得到传输函数的幅度和相位,即

$$|H(j\omega)| = \frac{1}{\sqrt{1 + \omega^2 R^2 C^2}} \tag{4-6-3}$$

$$\varphi(\omega) = -\arctan(\omega RC) \tag{4-6-4}$$

从式(4-6-3)和式(4-6-4)可以看出,幅度和相位都是关于 ω 的函数,以横轴方向表示 ω,以纵轴方向表示幅度或者相位大小,画出幅度和相位随 ω 的变化曲线。在此我们取一些特殊的点:当 ω=0 时,$|H(j\omega)|=1$;当 ω→∞ 时,$|H(j\omega)| \to 0$;当 $\omega = \dfrac{1}{RC}$ 时,$|H(j\omega)| = \dfrac{1}{\sqrt{2}}$,类似再取若干点计算,可画出幅频特性曲线,如图 4-6-3(a)所示。仿照幅频特性曲线的画法可以画出相频特性曲线,如图 4-6-3(b)所示。

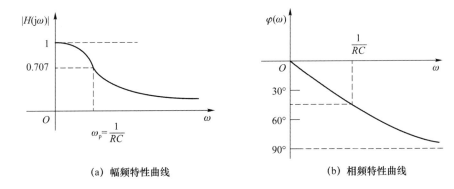

(a) 幅频特性曲线　　　　　(b) 相频特性曲线

图 4-6-3　例题 4-12 的幅频特性曲线和相频特性曲线

从图 4-6-3(a) 不难看出，传输函数 $|H(j\omega)|$ 的大小随频率的变化而变化，当电路通过低频信号时，信号的通过性较好，当电路通过高频信号时衰减十分厉害，因此该系统为低通滤波器。当传输函数的幅值 $|H(j\omega)|$ 随频率变化降为最大高度的 0.707 倍时，所对应的频率 ω_p 称为截止频率，高于截止频率 ω_p 的那些信号高频成分将被滤掉，频率 $0 \sim \omega_p$ 称为通频带宽度。

当 $\omega = 100\pi = 314$ rad/s 时，由式 (4-6-3) 可得

$$|H(j\omega)| = 0.954$$

由式 (4-6-4) 可得

$$\varphi(\omega) = -17.43°$$

$$\dot{U}_2 = H(j\omega)\dot{U}_1$$
$$= (0.954 \angle -17.43°)(2.5 \angle 30°) \text{V}$$
$$= 2.385 \angle 12.57° \text{V}$$
$$u_2 = 2.385\sqrt{2}\cos(100\pi t + 12.57°)\text{V}$$

2. 滤波电路的种类

如图 4-6-4 所示，滤波器通常分为低通滤波器 (LPF)、高通滤波器 (HPF)、带通滤波器 (BPF)、带阻滤波器 (BEF) 和全通滤波器 (APF)。

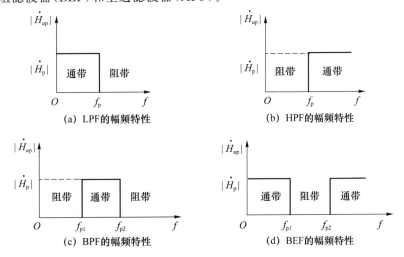

(a) LPF 的幅频特性　　　　　(b) HPF 的幅频特性

(c) BPF 的幅频特性　　　　　(d) BEF 的幅频特性

图 4-6-4　理想滤波电路的幅频特性

设截止频率为 f_p,频率低于 f_p 的信号能够通过,而高于 f_p 的信号被衰减的滤波电路称为低通滤波器;反之,频率高于 f_p 的信号能够通过,而频率低于 f_p 的信号被衰减的滤波电路称为高通滤波器。低通滤波器除了可以在通信设备中作为恢复调制或者抽样信号外,还可以作为直流电源整流后的滤波电路,以得到平滑的直流电压;高通滤波器作为交流放大电路的耦合电路,隔离直流成分,只放大频率高于 f_p 的信号。

设低频段的截止频率为 f_{p1},高频段的截止频率为 f_{p2},频率在 f_{p1} 到 f_{p2} 之间的信号能够通过,低于 f_{p1} 和高于 f_{p2} 的信号被衰减的滤波电路称为带通滤波器;反之,频率低于 f_{p1} 和高于 f_{p2} 的信号能够通过,而频率在 f_{p1} 到 f_{p2} 之间的信号被衰减的滤波电路称为带阻滤波器。带通滤波器常用于载波通信或弱信号提取等场合,以提高信噪比;带阻滤波器用于已知干扰或噪声频率时阻止其通过。

允许通过的频段宽度称为通频带,将信号衰减到零的频段称为阻带。

3. 分贝坐标

在传输函数的频响特性分析中,工程中还有一种常用图形表示方法,就是用对数坐标来表示幅频特性和相频特性曲线的坐标。将传输函数 $|H(j\omega)|$ 以 dB(分贝)为单位表示为

$$H_{dB} = 20\lg|H(j\omega)| \tag{4-6-5}$$

对于功率传输函数,式(4-6-5)中与对数函数相乘的因子将是 10 而不是 20,式(4-6-5)变为

$$H_{dB} = 10\lg|H(j\omega)| \tag{4-6-6}$$

式(4-6-5)的逆运算为

$$|H(j\omega)| = 10^{(H_{dB}/20)} \tag{4-6-7}$$

下面我们举一些例子来看看 dB 这个单位。$\lg 1 = 0$,$\lg 2 = 0.3$,$\lg 10 = 1$。因此可以得到下面一些对应关系:

$$|H(j\omega)| = 1 \Leftrightarrow H_{dB} = 0 \text{ dB}$$
$$|H(j\omega)| = 2 \Leftrightarrow H_{dB} = 6 \text{ dB}$$
$$|H(j\omega)| = 10 \Leftrightarrow H_{dB} = 20 \text{ dB}$$

当 $|H(j\omega)| = \sqrt{2}$ 时,$H_{dB} = 20\lg\sqrt{2} = 3$ dB;当 $|H(j\omega)| = \frac{1}{\sqrt{2}}$ 时,$H_{dB} = 20\lg\frac{1}{\sqrt{2}} = -3$ dB。所以当传输函数最大值 $|H(j\omega)| = 1$ 时,其所对应的对数坐标为 $H_{dB} = 0$ dB。$|H(j\omega)|$ 增大10倍,H_{dB} 相应地增加 20 dB。$|H(j\omega)|$ 增大到 1 000 倍,对应 60 dB。

4. 波特图

在电子电路中,若不以分贝作为坐标绘制幅频响应图,则要表示一个网络在低频和高频下的所有情况,频率轴会很长。此外,一般放大电路的放大倍数可能达到几百甚至十几万,这样就使得纵轴也很长。为了改善绘图时的上述问题,将幅频响应图形做如下改进。

① 将幅频特性图的横坐标频率改成指数增长,而不是线性增长,例如频率刻度为 10、100、1 000 等,每一小格代表不同的频率跨度,使一条横轴能表示如 1 Hz 到 10^8 Hz 的频率范围。

② 将幅频特性图的纵坐标系统函数 H_{dB}(放大倍数)用分贝来表示,在图中容易看出放大的分贝数,并缩短了纵轴的长度。

③ 把曲线做直线化处理。画图时根据频率跨度如 f_L、f_H 来确定 H_{dB} 的值。得出的幅频特性图也应该在 f_L 和 f_H 处出现拐角(不是拐弯)。虽然按拐角处理会产生一定的误差,

但是不影响对系统函数关系的分析。在斜率不为 0 的直线处要标明斜率,标出每十倍频程放大倍数的变化情况。

经过上述方法改进的幅频特性图称为波特图。也可以画出相频特性曲线的波特图。

【例题 4-13】　某系统的传输函数为 $H(jf)$,当 $f=0,10,10^2,10^3,10^4,10^5,10^6$ 时,$|H(j\omega)|$ 分别等于 $10^5,10^5,10^5,10^5,10^4,10^2,1$。请画出该系统幅频响应的波特图。$f$ 的单位为 Hz。

解:根据题意首先可以得到系统频率 f 与 H_{dB} 的对应关系如下:$f=0,10,10^2,10^3,10^4,$ $10^5,10^6$ 时,H_{dB} 分别等于 100 dB,100 dB,100 dB,100 dB,80 dB,40 dB,0 dB。可得图 4-6-5 所示的波特图。

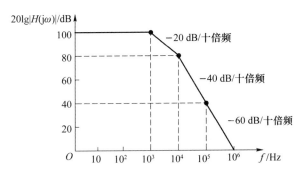

图 4-6-5　系统幅频响应的波特图

4.7　RLC 电路的谐振简介

含有电容和电感这两种不同储能元件的电路在某一频率的正弦信号激励下有可能产生一种重要的现象——谐振。谐振现象在无线电中得到广泛应用,例如,可利用谐振现象来选择电台信号等。但是,若电力系统发生谐振,则会影响系统的正常工作。

图 4-7-1 所示为含有电容、电感元件的二端网络,若端口的电压 $\dot{U}$ 与电流 $\dot{I}$ 同相,则称电路发生了谐振。电路的谐振分为串联谐振与并联谐振两种形式。

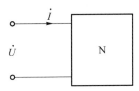

图 4-7-1　含有电容、电感元件的二端网络

4.7.1　RLC 串联谐振

RLC 串联谐振电路如图 4-7-2 所示。

当 $u_S=10\sqrt{2}\cos(1\,000t)$ V 时,由相量模型可知

$$Z=(1-j100+j100)\Omega=1\underline{/0^\circ}\ \Omega$$

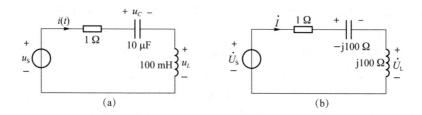

图 4-7-2 *RLC* 串联谐振

$$\dot{I} = \frac{\dot{U}_S}{Z} = \frac{10 \angle 0^\circ}{1 \angle 0^\circ} = 10 \angle 0^\circ \text{ A}$$

$$\dot{U}_C = \dot{I}(-j100 \ \Omega) = -j1\ 000 \text{ V} = 1\ 000 \angle -90^\circ \text{ V}$$

$$\dot{U}_L = \dot{I}(j100 \ \Omega) = j1\ 000 \text{ V} = 1\ 000 \angle 90^\circ \text{ V}$$

$$\dot{U}_C + \dot{U}_L = 0$$

从上面的结果可以得出以下结论。

① 该电路虽然有电感与电容元件,但是当激励信号频率为 1 000 rad/s 时,对激励源而言,电路的阻抗表现为纯电阻电路阻抗,电容、电感的串联相当于短路,此时电路总的阻抗最小,电流最大。

② 电容、电感上电压的有效值均为 1 000 V,而激励源的电压有效值只有 10 V,可见电容、电感上的电压有效值是激励源的 100 倍,局部形成高压。但是电容上的电压与电感上的电压相位相反,相互抵消。

在 *RLC* 串联电路中总是有

$$Z = \left(R - j\frac{1}{\omega C} + j\omega L\right) = R \tag{4-7-1}$$

由式(4-7-1)可得

$$\frac{1}{\omega C} = \omega L \tag{4-7-2}$$

满足式(4-7-2)的 ω 用 ω_0 表示,ω_0 称为串联谐振频率,

$$\omega_0 = \frac{1}{\sqrt{LC}} \tag{4-7-3}$$

4.7.2 *RLC* 并联谐振

RLC 并联谐振电路如 4-7-3 所示。

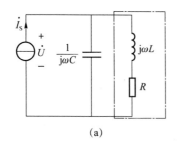
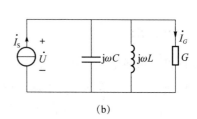

图 4-7-3 并联谐振电路

由图 4-7-3(a)所示相量模型可知

$$Y = j\omega C + \frac{1}{R + j\omega L}$$

$$= \frac{R}{R^2 + (\omega L)^2} + j\left(\omega C - \frac{\omega L}{R^2 + (\omega L)^2}\right) \tag{4-7-4}$$

当式(4-7-4)的虚部为零时,电路发生并联谐振现象,并且呈现纯电阻电路特性,因此有

$$\omega C - \frac{\omega L}{R^2 + (\omega L)^2} = 0 \tag{4-7-5}$$

一般电路满足高频小阻抗的条件,也就是说 $R \ll \omega_0 L$,则式(4-7-5)可变为

$$\omega C - \frac{\omega L}{R^2 + (\omega L)^2} = 0 \rightarrow \omega C - \frac{1}{\omega L} = 0 \tag{4-7-6}$$

满足式(4-7-6)的 ω 用 ω_0 表示,ω_0 称为并联谐振频率,

$$\omega_0 = \frac{1}{\sqrt{LC}} \tag{4-7-7}$$

由图 4-7-2(b)同样可以得出式(4-7-7)所表示的并联谐振频率,图 4-7-2(b)所示电路的导纳为

$$Y = G + j\omega C + \frac{1}{j\omega L} \tag{4-7-8}$$

发生谐振时,式(4-7-8)虚部为零,就可得到谐振频率 ω_0 如式(4-7-7)所示。

　　谐振现象在无线电通信中有重要用途,当有高频电流经过天线时,因电磁感应而在谐振线圈中有高频电流通过。这时,在天线与地线电路中,虽有各种频率的振荡电流通过,可在谐振电路中,由于线圈与电容器的作用,只有某一种固定频率的振荡电流通过得特别多,这种现象叫电谐振。某一特定线圈和特定电容器仅能谐振一个频率,改变调谐电路中的电感和电容值均可改变谐振频率。了解此特性,就能明白谐振电路如何选择电台了。

习　题　4

4-1　写出下列正弦量的相量,列出有效值和初相位,并画出它们的相量图。

① $i = -10\cos(\omega t - 60°) A$;

② $u = -10\cos 2\pi \times 10^6 (t - 0.2 \times 10^6) V$;

③ $u = \cos 2\pi f(t + 0.15T) mV$;

④ $u = 7.5\cos 2\pi/T(t - 0.15T) V$。

4-2　已知 $u(t) = 5\cos(\omega t + 60°) V$,请写出该电压 $u(t)$ 的相量形式 $\dot{U}_m$。

4-3　已知电流 $i(t)$ 的相量形式为 $\dot{I} = 6 + j8 = 10\angle 53.1°$,请写出电流的时域表达式。

4-4　题图 4-1 所示为正弦交流电路,已知 $u = 10\cos(10t + 30°) V$,$i = 10\cos(10t + 75°) A$,则图中 A、B 为何元件,其值多少?

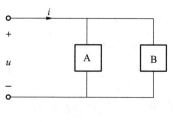

题图 4-1

4-5 已知 $i(t) = 2\sqrt{2}\sin\left(\omega t + \dfrac{\pi}{6}\right)$ A,请写出电流的相量形式 $\dot{I}$。

4-6 试对题图 4-2 中各个电路的问题给出答案(可借助于相量图),图中给出的电压、电流皆为有效值,待求的也是相应的有效值。

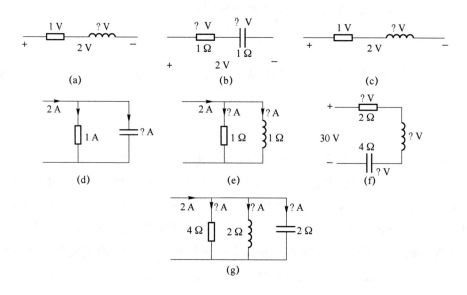

题图 4-2

4-7 电路如题图 4-3 所示,已知 $\dot{U}_L = 2\angle 0° $ V,$\omega = 4$ rad/s,求 $\dot{U}_C$ 与 $\dot{U}_L$ 的相位差。

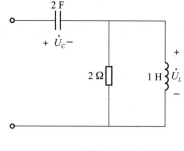

题图 4-3

4-8 题图 4-4 所示电路处于正弦稳态中,请判断电压 u 与电流 i 的相位关系。

4-9 电路如题图 4-5 所示,求单口网络的输入阻抗 Z_{ab}。

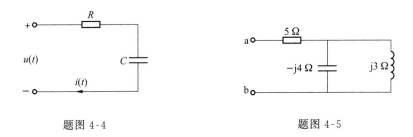

题图 4-4　　　　　　　　　　　题图 4-5

4-10　电路如题图 4-6 所示，$\omega = 10^4$ rad/s，求单口网络的输入阻抗 Z_{ab}。

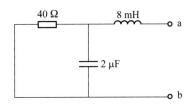

题图 4-6

4-11　电路如题图 4-7 所示，求当电压频率 f 为多少时，电压 $\dot{U}_1$ 和 $\dot{U}_2$ 同相。

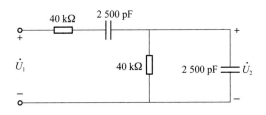

题图 4-7

4-12　如题图 4-8 所示，已知 $R = 10\ \Omega$，$C = 20\ \mu\text{F}$，$L = 30$ mH，$u(t) = 30\cos(\omega t + 45°)$，求电流 $i(t)$。

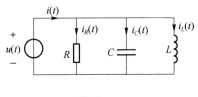

题图 4-8

4-13　电路如题图 4-9 所示，已知 $u_R(t) = \cos\omega t$ V，$\omega = 1$ rad/s，求 $u(t)$。

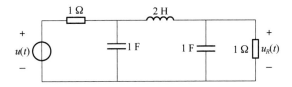

题图 4-9

4-14　正弦稳态电路如题图 4-10 所示,列写题图 4-10(a)所示电路的网孔电流方程和题图 4-10(b)所示电路的节点电压方程。

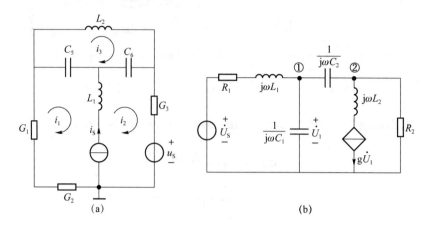

题图 4-10

4-15　电路如题图 4-11 所示,已知 $u_S=U_{Sm}\cos 3t$,求 ab 端的戴维南等效电路。

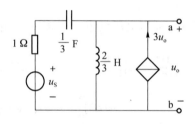

题图 4-11

4-16　电路如题图 4-12 所示,已知 $u_S=\sqrt{2}\cos 10^4 t$ V,求 ab 端的戴维南等效电路。

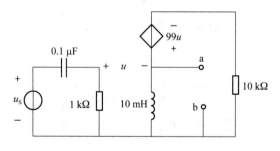

题图 4-12

4-17　已知电路如题图 4-13 所示,输入电压 $u_S=2\cos(\omega t)$ V,请用相量图表示输入电压 $u_i(t)$ 与输出电压 $u_o(t)$ 之间的相位关系。

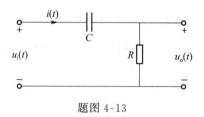

题图 4-13

4-18　已知电路如题图 4-14 所示,求电流表 A 的读数。

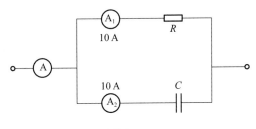

题图 4-14

4-19　正弦稳态电路如题图 4-15 所示,$R=2\ \text{k}\Omega$,$I_2/I_1=\sqrt{3}$,试求以 $\dot{U}_1$ 作为参考向量,使 $\dot{U}_2$ 超前 $\dot{U}_1$ 45°时感抗 ωL 的值。

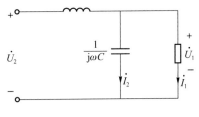

题图 4-15

4-20　在题图 4-16 所示电路中,已知 $u_\text{S}(t)=(\cos t+\cos 2t)\text{V}$,求电流 $i(t)$ 以及电路吸收的功率。

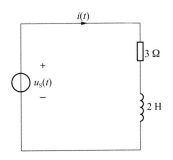

题图 4-16

4-21　电路如题图 4-17 所示,已知 $i_\text{S}(t)=5\sin(10^4 t-20°)\text{A}$。试求:

① 电路的输入阻抗 Z_ab,说明电路的性质;

② $\dot{U}_\text{S}$ 及 $u_\text{S}(t)$;

③ $\dot{U}_C$ 及 $u_C(t)$;

④ 电路吸收的平均功率 P。

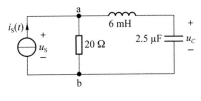

题图 4-17

4-22　已知某电路的瞬时功率为 $p = [10 + 8\sin(300t + 45°)]\text{W}$，求最大瞬时功率、最小瞬时功率和平均功率。

4-23　在题图 4-18 所示二端网络 N 中，已知 $u(t) = 110\cos(\omega t + 45°)\text{V}$，$i(t) = 10\cos(\omega t + 15°)\text{A}$，求网络 N 吸收的平均功率 P、无功功率 Q、视在功率 S。

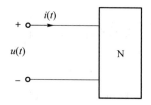

题图 4-18

4-24　电路如题图 4-19 所示，已知 $u_\text{S}(t) = 10\sqrt{2}\cos 2t\ \text{V}$，试求电流 $i(t)$、电源供出的有功功率 P 和无功功率 Q。

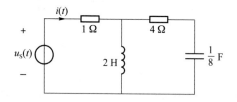

题图 4-19

4-25　已知某单口网络当负载功率为 30 kW 时，功率因数为 0.6（感性），负载电压为 220 V，若使得负载功率因数提高到 0.9，并联电容为多大？

4-26　已知电路如题图 4-20 所示，电阻 R_L 为多大值能够获取最大功率？最大功率是多少？

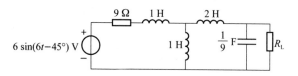

题图 4-20

4-27　电路如题图 4-21 所示，负载 Z_x 为多大值能够获得最大功率？最大功率是多少？

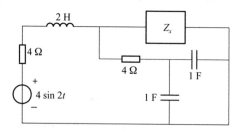

题图 4-21

4-28　在题图 4-22 所示电路中，$u_\text{S}(t) = 10\sqrt{2}\cos 10^4 t\ \text{V}$，若负载 Z_L 的实部和虚部均可

调,求负载 Z_L 获得的最大功率。

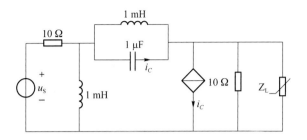

题图 4-22

4-29 电路如题图 4-23 所示,试求电路的输入电流和总功率因数。

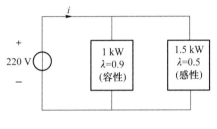

题图 4-23

4-30 题图 4-24 所示对称三相电路,负载阻抗 $Z_L = (60 + j60)\Omega$,负载端的线电压为 380 V,求电源端线电压。

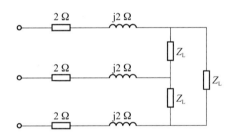

题图 4-24

4-31 在题图 4-25 所示的对称三相电路中,已知线电压 $U_l = 380$ V,负载 $Z = (20 + j15)\Omega$,求线电流 $\dot{I}_A$、$\dot{I}_B$ 和 $\dot{I}_C$ 及负载吸收的总功率 $P_{总}$。

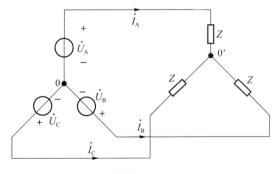

题图 4-25

4-32 求题图 4-26 所示电路的网络系统函数 $H(\mathrm{j}\omega)=\dot{U}_2/\dot{U}_1$。

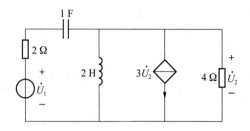

题图 4-26

4-33 正弦电路如题图 4-27 所示,求电路的谐振角频率,设 $\alpha<1$。

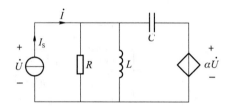

题图 4-27

4-34 串联电路如题图 4-28 所示,已知 $u_{\mathrm{S}}(t)=4\cos\omega t\ \mathrm{mV}$,求该电路的谐振频率、谐振时的电流 $i(t)$ 和电感电压 $u_L(t)$。

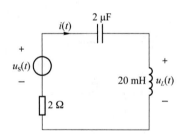

题图 4-28

第 5 章 基本放大电路

在电子系统中,很多电路具有共性部分,这些共性部分成为电子电路设计中的基本模块电路。用三极管(也称为晶体管)或场效应管组成的放大电路叫作基本放大电路,在集成电路中叫作放大电路模块,它是一种重要的基本模块电路,其功能是对输入信号进行放大。在信号放大过程中,基本放大电路要满足两个条件:输出功率大于输入功率;输出信号的失真应在允许的范围内。

为了简化放大电路的分析,假设半导体器件工作在线性工作区域,系统具有线性时不变的特性。另外,元件都工作在正常温度范围内,各种输入信号的频率都处于电路和元件所允许的频率范围内。以上条件除了有特殊说明外,为后续内容分析设计所默认的条件,不再单独声明。

由于基本放大电路的应用领域十分广泛,所以在电子系统中放大电路的种类很多,包括电压放大电路、电流放大电路、隔离放大电路、功率放大电路等。放大电路的分类方法很多,可以根据放大电路所处理信号的种类进行分类,也可以根据信号频率进行分类,还可以根据放大电路的工作方式进行分类等。在实际工程中,往往根据放大电路的用途对放大电路进行分类。

5.1 三极管构成的基本共射放大电路

一个放大电路必须同时满足以下 3 个条件。

① 必须有直流电源。放大电路的任务是将微弱的电信号转化成所需的较大能量的电信号,直流电源为此提供能量。

② 必须使三极管工作在线性放大区。这就必须保证三极管的发射结处于正向偏置状态,集电结处于反向偏置状态;而且各元件的选择能使放大电路有合适的静态工作点,保证信号被不失真地放大。

③ 放大电路必须有信号的传输通路。信号从放大电路的输入端加到三极管上,能组成输入回路,同时信号从输出端输出,有输出回路。

下面以共射极放大电路为例,说明放大电路的结构、工作原理以及分析方法。

5.1.1 共射极放大电路的组成和各元件的作用

图 5-1-1 所示为共射极放大电路(直接耦合),满足上述放大电路的 3 个条件。输入端接交流信号 u_i,输出端接负载电阻 R_L,输出电压为 u_o。

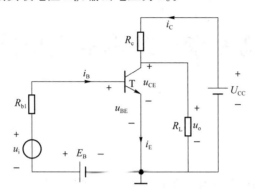

图 5-1-1 共射极放大电路(直接耦合)

三极管 T 是放大电路的核心元件,其作用是使能量较小的输入信号通过三极管的控制作用,在输出端获得对输入信号放大的输出信号。

集电极电源 U_{CC} 为输出信号提供能量,同时保证集电结处于反偏状态。U_{CC} 一般为几伏到几十伏。集电极电阻 R_c 将集电极电流的变化转换为电压的变化,以实现电压放大。R_c 的阻值一般为几千欧到几十千欧。

基极直流电源 E_B 和基极电阻 R_{b1} 使发射结处于正向偏置状态,并为三极管提供大小合适的基极电流,使放大电路有合适的静态工作点。R_{b1} 的阻值一般为几十千欧到几百千欧。

在直接耦合电路中,因为没有隔离直流的电容,信号源对静态工作状态产生影响,同时在多级放大器级联中,各级三极管的静态工作点相互影响。为了减小上述影响,将图 5-1-1 所示放大电路改进为图 5-1-2(a)所示放大电路,称其为共射极阻容耦合放大电路。电容 C_1、C_2 称为耦合电容,主要起到隔直流通交流的作用。

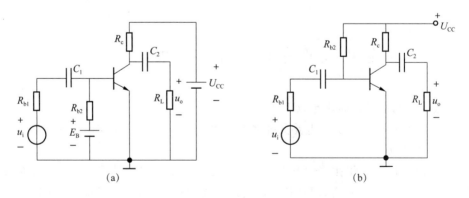

图 5-1-2 共射极阻容耦合放大电路

为了减少图 5-1-2(a)所示电路电源的个数,可以适当修改 R_{b2} 的值改接成由单电源供电的电路,如图 5-1-2(b)所示。

5.1.2　共射极放大电路的静态分析

1. 电路静态工作点与直流通路

当放大电路没有输入信号（$u_i=0$）时，在直流电源作用下，三极管各极上的电压、电流值是不变的，是直流量，可用 U_{BE}、I_B、U_{CE}、I_C、I_E 来表示。这组数据决定了静态工作点的位置，习惯上将对这组数据的分析称为静态工作点分析。这组数据表示电路的基本工作状态，其设置得是否合适，对放大电路的性能有极其重要的影响。

图 5-1-2(b)所示放大电路的直流通路如图 5-1-3 所示。

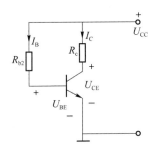

图5-1-3　共射极放大电路的直流通路

放大电路的静态分析就是确定一个实际放大电路的直流状态，确定静态工作点的位置。其分析方法常采用估算法和图解法。

2. 估算法

在工程实际中，估算法是一个重要的分析方法。例如，在进行电路调试时，如果所测量到的结果与预计结果不相符，就可以通过估算法估计出影响因素。

所谓估算法，就是根据电路的基本结构和使用的器件，利用电路与电子电路的基本理论和器件特性（如器件功能、电路定律、电路功能等）来确定电路的功能和元器件的作用，并估计一些简单的电路变量值（如管脚电位、支路中的电流、输入-输出波形关系等）。估算法不需要进行精确的定量计算，是一种简便的电路分析方法。

在对三极管组成的放大电路进行估算分析时，电路中的元器件应当处于正常状态。对于图 5-1-3 所示的直流通路，有

$$U_{CC}=I_B R_B+U_{BE}$$

即

$$I_B=\frac{U_{CC}-U_{BE}}{R_B} \tag{5-1-1}$$

式中，U_{BE} 为三极管的发射结电压，对于硅三极管，为 0.6～0.7 V，对于锗三极管，为 0.2～0.3 V。在一般情况下，式(5-1-1)也可近似为

$$I_B\approx\frac{U_{CC}}{R_B} \tag{5-1-2}$$

I_B 确定后，就可以估算出 I_C 和 U_{CE} 的值。假如静态工作点在线性放大区，则有

$$I_C=\beta I_B \tag{5-1-3}$$
$$U_{CE}=U_{CC}-I_C R_C \tag{5-1-4}$$

【**例题 5-1**】　试估算图 5-1-2(b)所示放大电路的静态工作点。设 $U_{CC}=12$ V，$R_{b2}=280$ kΩ，$R_c=3$ kΩ，三极管 $\beta=50$。

解:直流通路如图 5-1-3 所示。首先,估算出基极电流。U_{BE} 为三极管的发射结电压,对硅三极管为 0.6~0.7 V,锗三极管为 0.2~0.3 V,假设图中的三极管为硅三极管,则

$$I_B = \frac{U_{CC} - U_{BE}}{R_{b2}} = \frac{12 - 0.7}{280} \text{mA} = 0.04 \text{ mA}$$

然后,根据三极管的放大特性可知

$$I_C = \beta I_B = 50 \times 0.04 \text{ mA} = 2 \text{ mA}$$

最后,根据 KVL 定律可得

$$U_{CE} = U_{CC} - I_C R_c = (12 - 2 \times 3) \text{V} = 6 \text{ V}$$

三极管放大电路估算法的基本步骤如下。

① 考察基极的工作状态,看基极为三极管提供了什么样的静态工作电流。

② 根据基极电流与集电极电流的比例关系,估算出集电极电流与发射极电流。

③ 根据基尔霍夫电压定律,估算出集电极与发射极间的电压。

3. 图解法

图解法的目的与估算法一样,都是对电路静态工作点进行基本估算分析。放大电路的图解法就是在半导体放大器件的输入、输出特性曲线上用作图的方法确定静态工作情况。图解法的基本步骤如下。

① 通过查阅相关手册获得分析电路中半导体放大器件的特性曲线。

② 根据电路提供的其他元器件参数,估算出 I_B,在输出特性曲线上确定与所选定静态基极电流 I_B 相对应的曲线。

③ 绘制直流负载线,得到与 I_B 相对应的曲线交点,此点即静态工作点,得到此点的 I_C、U_{CE} 值。

我们仍以三极管共射极放大电路为例说明图解法。

首先,根据电路结构,估算出 I_B,在三极管的输出特性曲线上确定与所选定静态基极电流 I_B 相对应的曲线。

其次,根据 U_{CE} 与电源 U_{CC} 和集电极电流 I_C 的关系 $U_{CE} = U_{CC} - I_C R_c$,计算出 U_{CE} 的两个极限点(最大值和最小值):

· 令 $U_{CE} = 0$,得 $I_C = U_{CC}/R_c$;

· 令 $U_{CE} = U_{CC}$,得 $I_C = 0$。

绘制出两个极限点之间的直线,这条直线叫作直流负载线。

最后,直流负载线与 I_B 的交点 Q 就是静态工作点。上述分析过程如图 5-1-4 所示。

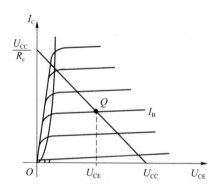

图 5-1-4 直流负载线与静态工作点的求法

当有信号输入时,电路将在静态工作点附近工作(变化),因此静态工作点将是影响失真、功率输出、放大倍数的主要因素。换句话说,直流静态工作点是放大器工作的基础。

5.1.3　分压式偏置放大电路

上节讨论的放大电路为固定偏置放大电路,该类电路的特点是结构简单,调试方便,通过调整基极电阻 R_b 的大小就可以调整静态工作点 Q。但是静态工作点同时还会受到外部其他因素的影响而产生变动,如温度、三极管老化、电源电压波动等。当这些因素产生的影响较大时,放大电路就无法正常工作。在上述诸因素中,影响最大的是温度。下面讨论温度变化对静态工作点的影响以及对放大电路的改进。

1. 温度对静态工作点的影响

(1) 温度对反向饱和电流的 I_{CBO} 的影响

I_{CBO} 是集电区和基区少数载流子在集电结反向电压作用下形成的漂移电流,对温度非常敏感,温度每升高 10 ℃,I_{CBO} 约增加 1 倍。穿透电流 $I_{CEO}=(1+\beta)I_{CBO}$,因此对温度的变化更加敏感,上升更加显著,会导致整个输出特性曲线族向上平移。

(2) 温度对电流放大系数 β 的影响

三极管的电流放大系数 β 会随温度的升高而增大。温度的升高加速了向基区注入载流子的扩散运动,载流子的运动速度加快,基区电子与空穴复合数目减小,因而 β 增加。

(3) 温度对发射结电压 U_{BE} 的影响

温度升高时,载流子运动加剧,发射结导通电压将减小,对于同样的 I_B,U_{BE} 减小,三极管的输入特性曲线整体向左平移。

综上所述,温度升高,静态工作点 Q 将在直流负载线上向上滑移。直流负载线基本不受温度的影响。静态工作点 Q 向上或向下滑移的幅度过大,就有可能导致输出信号产生饱和或者截止失真。

2. 分压式偏置放大电路

图 5-1-5 所示电路为一种能够自动稳定静态工作点的分压式偏置放大电路。

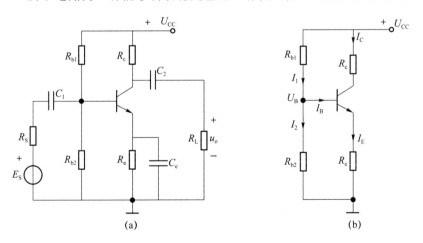

(a)　　　　　　　　　　　　(b)

图 5-1-5　分压式偏置放大电路及其直流通路

利用分压电阻 R_{b1}、R_{b2} 来确定基极电位。图 5-1-5(b) 是图 5-1-5(a) 的直流通路。选择

合适的 R_{b1}、R_{b2}，使 $I_2 \gg I_B$，则有 $I_1 = I_2 + I_B \approx I_2$。

$$U_B = I_2 R_{b2} = \frac{R_{b2}}{R_{b1} + R_{b2}} U_{CC} \qquad (5\text{-}1\text{-}5)$$

R_{b1}、R_{b2} 和 U_{CC} 确定后，U_B 就基本不变了，不再随温度的改变而发生明显的变化。由图 5-1-5(b)可知，当温度升高 I_C 增大时，I_E 也增大，发射电位 $U_E = I_E R_e$ 同时升高，由于 $U_{BE} = U_B - U_E$，所以 U_{BE} 减小，迫使 I_B 减小，I_B 减小引起 I_C 和 I_E 减小，达到稳定静态工作点的目的。这个过程可以用以下过程简单表述：

$$I_C \uparrow \to I_E \uparrow \to U_E \uparrow \to U_{BE} \downarrow \to I_B \downarrow \to I_C \downarrow$$

在此过程中起调节直流静态工作点作用的是射极电阻 R_e，R_e 越大，抑制电流 I_C 随温度变化的能力越强，电路的稳定性越好。电阻 R_e 称为负反馈电阻，有关负反馈的概念将在第 7 章中详细介绍。为了使电阻 R_e 不影响交流信号变化，给电阻 R_e 并联一个电容。

【例题 5-2】 使用估算法分析图 5-1-6 所示放大器电路。已知 $U_{CC} = 12$ V，$R_{b1} = 110$ kΩ，$R_{b2} = 40$ kΩ，$R_c = 1$ kΩ，$R_e = 500$ Ω，$C = C_e = 1$ μF，三极管的 $r_{be} = 700$ Ω，$\beta = 50$。

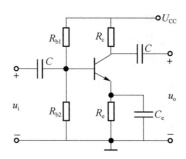

图 5-1-6 工作点稳定的共射放大电路

解：R_{b1}、R_{b2} 形成基极工作点的分压电路，设计时使 R_{b1}、R_{b2} 中的电流远大于基极电流，则在一定的温度范围内（忽略 R_{b1}、R_{b2} 的温度特性），基极电压取决于 U_{CC} 和 R_{b1}、R_{b2}。根据给定的元件值，得

$$U_B = 12 \times \frac{40}{110 + 40} \text{V} = 3.2 \text{ V}$$

$$U_E = (3.2 - 0.7) \text{V} = 2.5 \text{ V}$$

$$I_E = \frac{U_E}{R_e} = \frac{2.5}{500} \text{A} = 5 \text{ mA} = (\beta + 1) I_B$$

$$I_B = \frac{5 \times 10^{-3}}{51} \text{A} = 98 \text{ μA}$$

$$I_C = 50 \times 0.098 \text{ mA} = 4.9 \text{ mA}$$

$$U_C = (12 - 0.004 \text{ } 9 \times 1 \text{ } 000) \text{V} = 7.1 \text{ V}$$

本例的结果可以用 Multisim 仿真软件进行验证，请读者自行完成。

5.1.4 共射极放大电路的动态分析

放大电路在有输入信号（$u_i \neq 0$）时，三极管各极的电压、电流都会随着输入信号的变化而变化，这时放大电路所处的状态称为动态。在动态时，在输入信号 u_i 和直流电源 U_{CC} 的共同作用下，放大电路中既有直流分量，也有交流分量。用叠加原理来分析，可把三极管各极的电压、电流值看作在静态值基础上叠加一个随输入信号 u_i 作相应变化的交流量。动态分析考虑的是交流量以及交流量传输的过程。

图 5-1-7 所示电路为图 5-1-2(b)所示放大电路的交流通路。对放大电路进行动态分析,主要采用图解法和微变等效电路法。

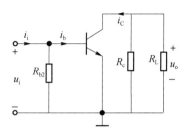

图 5-1-7　基本共射极放大电路的交流通路

1. 用图解法进行共射极放大电路的动态分析

首先用图解法分析放大电路中输入和输出电压 u_{BE}、u_{CE} 以及电流瞬时值 i_B、i_C 的波形,从而得出输出电压 u_o 和输入电压 u_i 之间的大小和相位关系,然后研究输出电压的波形失真和动态范围问题。

(1) 输入和输出电压、电流波形的研究

① 在输入特性曲线上求 i_B。

设输入电压 $u_i = u_{im} \sin \omega t$。图 5-1-2(b)所示电路在静态时基极和发射极间电压为 U_{BE},加入输入信号 u_i 后,三极管基极和发射极间电压 $u_{BE} = U_{BE} + u_i = U_{BE} + u_{im} \sin \omega t$。基极电流 $i_B = I_B + i_b = I_B + I_{bm} \sin \omega t$。

u_{BE} 将在 U_{BE} 的基础上作正弦规律变化,如图 5-1-8 中的曲线 1 所示。i_B 将在 I_B 的基础上作正弦规律变化,如图 5-1-8 中的曲线 2 所示。

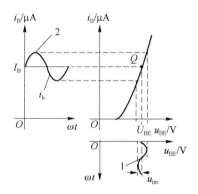

图 5-1-8　在输入特性曲线上求 i_B

② 交流负载线与动态工作点。

由于 i_C 受 i_B 的控制,有 $i_C = \beta i_B = \beta(I_B + I_{bm} \sin \omega t) = I_C + i_c$。$i_C$ 也是在 I_C 的基础上作正弦规律变化。由图 5-1-7 所示交流通路可知,$u_{ce} = -i_c(R_c /\!/ R_L) = -i_c R'_L = u_o$,$R'_L$ 为交流分析时考虑外加负载 R_L 的等效负载。当放大电路有输入信号 u_i 时,集电极和发射极间电压为 u_{CE}。则

$$u_{CE}=U_{CE}+u_{ce}=U_{CE}+u_o=U_{CE}-i_cR'_L=U_{CE}-(i_c-I_C)R'_L \qquad (5-1-6)$$

式(5-1-6)中,交流量 $u_{ce}=-i_cR'_L$，i_c 与 u_{ce} 的关系是一条斜率为 $-\dfrac{1}{R'_L}$ 的直线,这条直线称为交流负载线,如图 5-1-9(b)所示。该关系式称为交流负载方程。从图 5-1-9(b)中还可以看出,交流负载线通过静态工作点 Q，这是因为静态值可以看作变化量为零的特殊情况。u_{CE} 与 i_C 的轨迹是在交流负载线上。

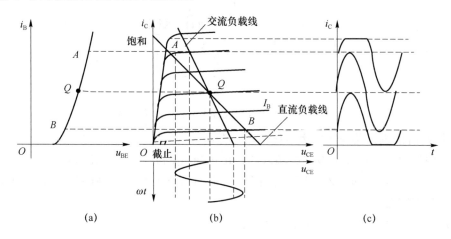

图 5-1-9　交流负载线与动态工作点图解

③ 由交流负载线和输出特性曲线求出 u_{CE} 与 i_C。

当 i_B 在 I_B 的基础上作正弦规律变化时,会引起 i_C 在 I_C 的基础上也做同样规律的正弦变化。当 i_C 在静态工作点 Q 的基础上变大到某值时,其 u_{CE} 的大小一定是沿着交流负载线从静态工作点 Q 变化到 A 点的位置值决定的。同理,当 i_C 在静态工作点 Q 的基础上变小时,其 u_{CE} 的大小一定也是沿着交流负载线从静态工作点 Q 变化到 B 点的位置值决定的。根据交流负载线可以确定 u_{CE} 与 i_C 的变化规律。由式(5-1-6)进一步推导可得

$$u_{CE}=U_{CE}+u_{ce}=U_{CE}+U_{cem}\sin(\omega t-180°) \qquad (5-1-7)$$

并且电路中电容的隔直作用使得

$$u_{ce}=u_o=U_{cem}\sin(\omega t-180°) \qquad (5-1-8)$$

分析式(5-1-8)可知,输出电压 u_o 与 u_i 的相位相差 $180°$，这种现象称为"倒相",也称为反相输出。这是共射极放大电路的一个重要特征。

(2) 非线性失真

非线性失真指由于三极管的非线性而造成的失真,分为截止失真和饱和失真。产生失真的原因是静态工作点设置不当或者输入信号太大,使得动态工作点超出了三极管的线性区域。

① 截止失真。

在图 5-1-9(c)中,i_C 最下面的输出正弦曲线底部被削平,说明该放大电路的静态工作点设置过低,造成输出波形失真。这种由于三极管的动态工作点进入截止区造成的失真称为截止失真。改善截止失真的办法是提高静态工作点。在共射极放大电路中(如图 5-1-6 所示),减小 R_{b2} 可以提高 I_B。

② 饱和失真。

在图 5-1-9(c)中，i_C 最上面的输出正弦曲线顶部被削平，说明该放大电路的静态工作点设置过高，造成输出波形失真。这种由于三极管的动态工作点进入饱和区造成的失真称为饱和失真。改善饱和失真的办法是降低静态工作点。在共射极放大电路中(如图 5-1-6 所示)，增大 R_{b2} 可以降低 I_B。

在放大电路中也可能会出现由于输入信号过大，输出波形同时具有截止失真和饱和失真的情况。这时就要对输入信号作适当的限幅处理。

通过对共射极放大电路的图解分析，可以得到以下一些结论。

• 在合适的静态工作点和输入信号幅度很小的条件下，三极管各极电压、电流都是在静态值的基础上叠加一个交流分量。

• 当输入信号为正弦信号时，电路中各交流分量都是与输入信号同频率的正弦波，输入信号与输出信号反相。

2. 用微变等效电路法进行共射极放大电路的动态分析

图解法的特点是直观，它较全面地反映了分立器件电路的工作情况，使人们便于理解电路工作点的作用及其对电路的影响，并能大概地估计出动态工作范围。也可以从 i_B-u_{BE} 曲线图中估计出 r_{be}，当电路具有反馈通路时，分析将变得复杂。

与图解法相比，微变等效电路方法具有参数解析表达、易于计算机分析的特点，弥补了图解法的不足。利用等效电路和特性曲线结合的仿真分析和设计方法日益受到重视。因此，建立电路分析模型的技术和基本概念已经成为电子技术的重要组成部分。

所谓"微变"是指输入信号很小，电路中的电压、电流都只是在静态值的基础上作微小变化。这样图 5-1-9(a)中 AB 段可以近似地看成直线，并且输出特性曲线中的 i_C 只受 i_B 的影响而不受 u_{CE} 的影响。

所谓"等效电路"是指三极管的等效电路。三极管是一个非线性元件，但在"微变"的条件下，可以用一个线性电路来代替三极管电路，保证 u_{be}、i_b、i_c、u_{ce} 间的关系不变。

微变等效电路法所反映的只是半导体器件的低频小信号工作状态。当电路输入信号较大时，如功率放大时，微变等效电路法就失去了作用，变成了一种不精确的计算。

根据第 1 章的图 1-4-38，可以得到三极管的微变等效电路，如图 5-1-10(b)所示。

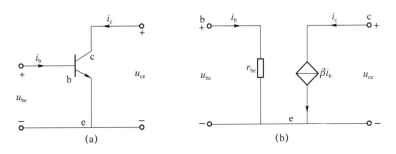

图 5-1-10　三极管的微变等效电路

【例题 5-3】　绘制图 5-1-11(a)所示共射极放大电路的微变等效电路。

解：考虑是微变等效电路，令直流电压源短路，所以与基极相连接的两个电阻 R_{b1} 与 R_{b2}

是并联关系,可以得到微变等效电路如图 5-1-11(b)所示。

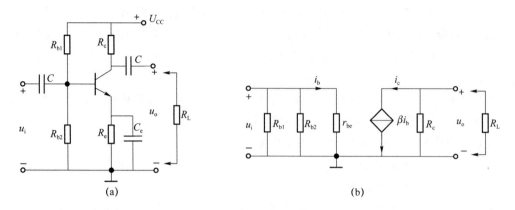

(a)   (b)

图 5-1-11　共射极放大电路及其微变等效电路

(1) 微变等效电路分析

实际上,如果能够提供器件的所有微变等效模型,则可以先得到电子电路的微变等效电路图,再根据电路的分析要求,利用电路分析基本原理与方法分析电路。

微变等效电路分析的过程如下。

① 根据放大电路画出电路的交流通路。

② 用三极管微变等效电路模型代替三极管,画出微变等效电路。

③ 在微变等效电路中分析电路的功能和工作特性。

(2) 共射放大电路的性能指标 $\dot{A}_u$、R_i、R_o。

① 电压放大倍数 $\dot{A}_u$。

电压放大倍数是衡量放大电路能力的基本性能指标,定义为输出电压与输入电压之比,当信号为正弦信号时,$\dot{A}_u = \dfrac{\dot{U}_o}{\dot{U}_i}$。如图 5-1-11(b)所示,$\dot{U}_i = \dot{U}_{be} = \dot{I}_b r_{be}$,$\dot{U}_o = -\dot{I}_c (R_c /\!/ R_L) = -\beta \dot{I}_b R'_L$,式中 $R'_L = R_c /\!/ R_L$ 为等效负载电阻。

电压放大倍数为

$$\dot{A}_u = \frac{\dot{U}_o}{\dot{U}_i} = \frac{-\beta \dot{I}_b R'_L}{\dot{I}_b r_{be}} = -\beta \frac{R'_L}{r_{be}} \tag{5-1-9}$$

式(5-1-9)中的负号表示输出电压与输入电压的相位相差180°。共射极放大电路的放大倍数较高,一般为几十到几百。

② 输入电阻 R_i。

当输入信号 u_i 加到放大电路的输入端时,放大电路相当于信号源的负载,这个负载可以用一个电阻来等效,等效电阻即为输入电阻,其大小可以表示为

$$R_i = \frac{\dot{U}_i}{\dot{I}_i} \tag{5-1-10}$$

图 5-1-11 中的输入电阻 $R_i = R_{b1} /\!/ R_{b1} /\!/ r_{be}$,当输入电流 $\dot{I}_b$ 确定时,R_i 的大小实际影

响了放大电路所接收到的输入信号电压 $\dot{U}_i$ 的大小。

图 5-1-12 是外加了信号源的 5-1-11 所示放大电路的微变等效电路。R_s 是信号源内阻，$\dot{E}_s$ 信号源是正弦电压信号。R_s 的存在使实际加到放大电路的信号 $\dot{U}_i$ 的幅度比 $\dot{E}_s$ 要小，$\dot{U}_i=\dot{E}_s R_i/(R_s+R_i)$，输入电阻 R_i 越大，输入信号 $\dot{U}_i$ 越大。因此，在放大电路的输入端，较大的输入电阻有利于放大电路从电压信号源获取较大的输入信号，通常希望放大电路的输入电阻大一些为好。

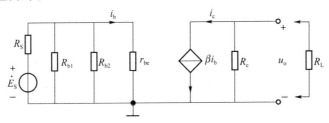

图 5-1-12　外加信号源的微变等效电路

③ 输出电阻 R_o。

放大电路对负载电阻 R_L 来讲，相当于一个带内阻的信号源，其内阻就是放大电路的输出电阻 R_o，R_o 可以用下式来表示：

$$R_o=\left.\frac{\dot{U}_o}{\dot{I}_o}\right|_{E_S=0} \tag{5-1-11}$$

R_o 还可以理解为将负载 R_L 断开，从负载 R_L 两端看进去的戴维南等效内阻，其大小就等于 R_c。从放大电路的戴维南等效电路来理解，R_o 越小，则负载获得的分压就越大，R_o 对输出电压的影响也就越小。所以，放大电路的输出电阻 R_o 是衡量放大电路带负载 R_L 能力的参数，R_o 越小，带负载 R_L 能力越强。

【例题 5-4】　用微变等效电路法分析图 5-1-13 所示电路的功能、交流信号的输入-输出关系和参数特性。三极管 T 的放大倍数 $\beta=50$。其他参数 $R_{b1}=50$ kΩ，$R_{b2}=10$ kΩ，$R_c=1$ kΩ，$R_e=80$ Ω，$U_{CC}=9$ V，电容都为 10 μF。微变等效电路中的 $r_{be}=1$ kΩ。

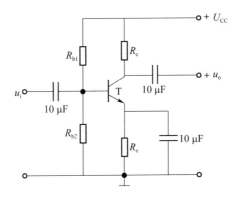

图 5-1-13　一种信号检测器电路

解： 根据图 5-1-13 可知，在电路的交流通路中电容和直流电压源短路，那么与基极相连接的两个电阻 R_{b1} 与 R_{b2} 是并联关系。

根据交流通路可以得到图 5-1-13 所示电路的微变等效电路,如图 5-1-14 所示。电阻 R_e 被电容短路。

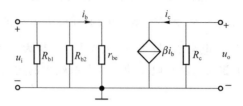

图 5-1-14　微变等效电路

① 交流行为特性分析。

根据 $\beta=50$, $R_c=1\ \mathrm{k\Omega}$, 动态电阻 $r_{be}=1\ \mathrm{k\Omega}$, 由式 (5-1-10) 可以列写出 u_i 与 u_o 的关系,即

$$u_o=\frac{-\beta R_c u_i}{r_{be}}=-50u_i \tag{5-1-12}$$

$R_L'=R_c$, 把参数的具体数值代入上式,最后可以得到

$$u_o=\frac{-\beta R_c u_i}{r_{be}}=-50u_i$$

可见,电路对交流信号大约放大了 50 倍。

② 参数特性分析。

在上述分析中,电路的工作点稳定,放大倍数由射极电阻和集电极电阻决定。

根据式 (5-1-10),放大电路输入电阻大约为 900 Ω。电路的输出电阻是 R_c。

5.2　其他放大电路

上一节讨论的电路是共射极放大电路,从输入回路和输出回路看,公共端是三极管的发射极。第 1 章介绍了三极管的共集电极与共基极两种接法的放大电路。下面分别介绍其特性。

5.2.1　射极输出器

共集电极放大电路也叫射极输出器,如图 5-2-1 所示。

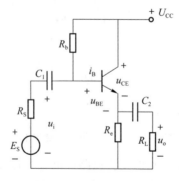

图 5-2-1　射极输出器

从图 5-2-2(a)所示电路可以看出,交流通路的公共端是集电极。又由于该电路的输出端是从发射极引出的,故称之为射极输出器。

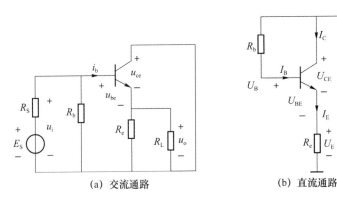

图 5-2-2　射极输出器的交流与直流通路

射极输出器的工作原理是:R_b 为基极提供一个静态电流,使电路工作在一个静态工作点上。当有交流信号加载到基极时,基极电流会发生变化,引起集电极电流发生变化,发射极电流也随之发生变化,并在发射极电阻 R_e 上形成射极输出电压的变化。

1. 射极输出器的静态工作点计算

射极输出器的静态工作点可以计算如下:

$$U_B = U_{BE} + U_E$$
$$U_C = U_{CC}$$
$$U_E = I_E R_e$$
$$I_B = (U_{CC} - U_B)/R_b$$
$$I_C = \beta I_B$$
$$I_E = (\beta + 1) I_B \tag{5-2-1}$$

2. 射极输出器的交流分析

对于交流信号,直流电源处于短路状态,集电极成为交流信号的公共点。用三极管低频小信号等效电路代替三极管,于是得到了三极管共集电极电路的微变等效电路(关于交流信号的电路模型),如图 5-2-3(b)所示。

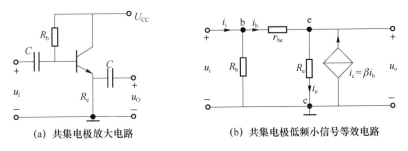

图 5-2-3　共集电极放大电路及其等效电路

(1)电压放大倍数

由电路图可知

$$u_e = i_e R_e$$

输出的交流放大信号为

$$u_o = u_e = i_e R_e = (\beta + 1) i_b R_e$$

根据低频小信号等效电路图 5-2-3(b)，在已知 R_b 时，

$$i_b = \frac{u_i - u_e}{r_{be}}$$

$$i_b = \frac{u_i - i_b(\beta + 1) R_e}{r_{be}} \tag{5-2-2}$$

$$u_i = i_b [r_{be} + (1 + \beta) R_e]$$

所以

$$A = \frac{u_o}{u_i} = \frac{(\beta + 1) R_e}{r_{be} + (\beta + 1) R_e}$$

如果 $(\beta + 1) R_e \gg r_{be}$，有

$$A \approx \frac{(\beta + 1) R_e}{(\beta + 1) R_e} = 1 \tag{5-2-3}$$

（2）射极输出器的输入电阻

在图 5-2-3(b) 中，输入电阻是对交流输入信号而言的参数，所以

$$i_i = u_i / R_b + i_b$$

$$u_i = i_b r_{be} + (\beta + 1) i_b R_e$$

则

$$R_i = \frac{u_i}{i_i} = R_b \mathbin{/\mkern-5mu/} [r_{be} + (\beta + 1) R_e] \tag{5-2-4}$$

若 $\beta \gg 1$，且 $(\beta + 1) R_e \gg r_{be}$，则

$$R_i = R_b \mathbin{/\mkern-5mu/} \beta R_e \tag{5-2-5}$$

如果输出端接有负载 R_L，则

$$R_i = R_b \mathbin{/\mkern-5mu/} \beta (R_e \mathbin{/\mkern-5mu/} R_L) \tag{5-2-6}$$

当信号源内阻为 R_S 时，共集电极放大电路的输出电阻为

$$R_o = R_e \mathbin{/\mkern-5mu/} \frac{r_{be} + R_S \mathbin{/\mkern-5mu/} R_b}{1 + \beta} \tag{5-2-7}$$

由上述分析可以看出，射极输出器在低频小信号工作状态下：

① 如果满足 $(\beta + 1) R_e \gg r_{be}$ 条件，放大器的放大倍数几乎与三极管的参数无关，电压放大倍数近似为 1。

② 由三极管的特性可知，$i_c = \beta i_b$，电路仍具有电流放大能力。

③ 要选择合适的 R_e，因为只有三极管工作在放大区，才有 $I_C = \beta I_B$ 这样的线性关系。首先 R_e 不能过大，否则会使电路进入饱和区。与共射极放大电路一样，当温度变化时，射极电阻 R_e 有抑制温度漂移的作用，所以 R_e 也不能太小。

④ 输入信号与输出信号的电压相位相同。

由于共集电极放大电路在低频小信号工作状态下，放大倍数总是近似为 1，并且输入信号与输出信号的相位相同，所以这种电路又叫作电压跟随器。其基本特点是：电流输出能力强，输入电阻高，输出电阻低，适合多级放大电路的第一级和最后一级；工作频带较宽，适用于信号驱动。

【例题 5-5】 用 Multisim 仿真分析图 5-2-3 所示电路中 R_e 对电路的影响。

解： 在 Multisim 仿真平台中，连接仿真图如图 5-2-4 所示。

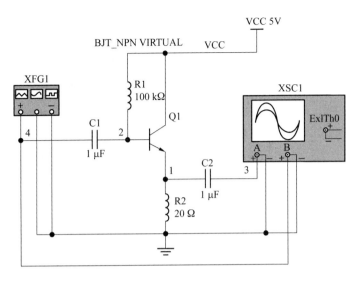

图 5-2-4 射极输出器仿真电路

连接电路时,选用理想 NPN 型三极管。分别设 $R_e = 1\ k\Omega$ 和 $R_e = 20\ \Omega$ 两种情况,选择正弦交流信号作为输入信号,信号幅度最大值为 200 mV,频率为 100 Hz。得到如图 5-2-5 所示信号波形。从实验结果可以看出,射极电阻不仅影响输出电压的幅度,还影响信号的形状。当 R_e 过小时,静态工作点不正常,造成信号的失真。

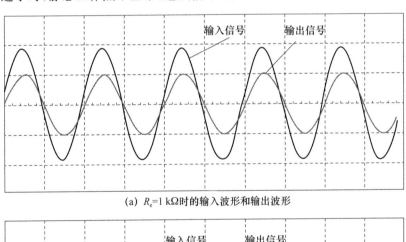

(a) $R_e = 1\ k\Omega$ 时的输入波形和输出波形

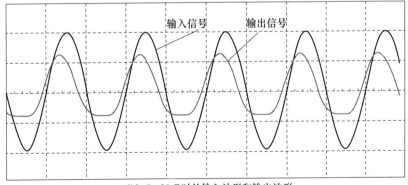

(b) $R_e = 20\ \Omega$ 时的输入波形和输出波形

图 5-2-5 射极输出器的实验结果

5.2.2 共基极放大电路

共基极放大电路的基本特点是输入、输出信号相位相同,电流放大系数 α 接近于 1。这种电路主要用于高频信号放大和电压调节电路,电路的工作频带较宽。共基极放大电路的电路原理和微变等效电路模型如图 5-2-6 所示。

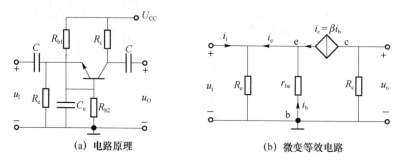

(a) 电路原理　　　　　(b) 微变等效电路

图 5-2-6　共基极放大电路

共基极放大电路的基本工作原理是:R_{b1}、R_{b2} 分压为基极提供一个基本不变的电位,使电路工作在一个静态工作点上。当有交流信号从发射极输入时,引起 u_e 的变化,由于基极电位一定,u_{be} 将发生变化,基极电流、集电极电流也都随之变化,在 R_e 的作用下形成集电极电位变化,使 R_c 上的电压发生变化。如果接有负载电阻,则这个输出电压就会在负载电阻上形成输出电流。

由于输入信号只发生微小变化,基极电流的变化很小(远小于共射极电路电流),集电极电流的变化幅度也小,所以这种电路的特点是电流放大倍数小于 1($\alpha < 1$)。但由于 u_{ce} 变化小,所以电路可以工作在比较高的频率上。因此,共基极放大电路一般用于射频电路(RF电路)。

分析共基极放大电路时需要注意,这里低频小信号中的低频是指信号工作频率远小于三极管允许的最高工作频率。请读者仿照共射极和共集电极放大电路的分析过程,分析共基极放大电路的静态工作点和交流电压放大倍数。

【**例题 5-6**】 用微变等效电路法分析图 5-2-6 所示的共基极放大电路。

解:根据图 5-2-6(a)可绘制直流通路和低频小信号等效电路,如图 5-2-7 所示。

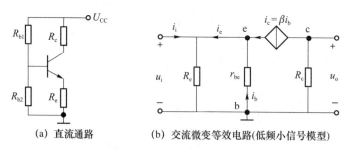

(a) 直流通路　　　　(b) 交流微变等效电路(低频小信号模型)

图 5-2-7　共基极放大电路的直流通路和微变等效电路

① 静态工作点分析。

根据图 5-2-7 中的直流通路,读者可仿照前面的分析方法自行完成静态工作点的分析。

② 交流分析。

从共基极低频小信号交流等效电路可以看出,对于交流信号来说,输入的信号电压就是三极管发射极对参考点(基极)的电压,由基极电流的固有特性(参考三极管的工作原理)可知,输入电压为

$$u_i = -i_b r_{be}$$

输出电压 u_o 则是集电极电流在 R_c 上电压降的变化,即

$$u_o = -i_c R_c$$

所以,电路的电压放大倍数为

$$A = \frac{\dot{U}_o}{\dot{U}_i} = \frac{-i_c R_c}{-i_b r_{be}} = \beta \frac{R_c}{r_{be}} \tag{5-2-8}$$

在等效电路中,应用电路分析中的等效定理,可以计算出从输入端看进去电路的等效输入电阻

$$R_i = R_e /\!/ r'_{eb} \tag{5-2-9}$$

在共基极结构中,由于电流的关系,三极管 e-b 电极间(注意,不是 b-e)的电阻 r'_{eb} 为

$$r'_{eb} = \frac{\dot{U}_e}{\dot{I}_e} = \frac{-I_b r_{be}}{-(1+\beta)I_b} = \frac{r_{be}}{1+\beta} \tag{5-2-10}$$

所以,共基极电路的输入电阻为

$$R_i = R_e /\!/ \frac{r_{be}}{1+\beta} \tag{5-2-11}$$

如果从共基极交流放大电路的输出端看进去,作为一个电流源,在忽略 c-b 间的电阻后,共基极交流放大电路的输出电阻近似为 R_c。

5.3 场效应晶体管

场效应晶体管(Field Effective Transistor,FET,简称场效应管)的工作原理与三极管截然不同,场效应管是利用改变电场来控制半导体材料的导电特性,从而形成受电场控制的导电沟道,而不是像三极管那样用电流控制 PN 结的电流。场效应管的制作工艺比三极管简单,体积小,重量轻,耗电少。场效应管也是集成电路的基本单元。

与三极管相比,场效应管具有以下优点。

① 起导电作用的是多数载流子,又被称为单极型晶体管。

② 具有负温度系数,可避免热击穿。

③ 由于是电场控制电流方式,可以使用其他半导体材料。

④ 由于是电场控制,所以输入阻抗高,输入电阻可高达 $10^7 \sim 10^{15}$ Ω。

⑤ 场效应管的输出曲线比三极管的输出曲线更平坦,因此具有更好的线性度。

⑥ 噪声低,热稳定性好,抗辐射能力强,制造工艺简单。

场效应管主要有结型场效应管(JFET)和绝缘栅型场效应管(MOSFET,简称 MOS)两种。每种类型的场效应管都有栅极 g、源极 s 和漏极 d 3 个工作电极,同时每种类型的场效应管都有 N 沟道和 P 沟道两种导电结构。

场效应管与三极管一样,可用于信号放大(交流、直流)、功率放大、信号驱动等,因此场效应管也是一种有源器件。

5.3.1　场效应管的基本结构和工作原理

通过前面的学习我们了解到,三极管是通过外加电压对半导体载流子的扩散运动和数量加以控制达到小信号控制大信号的目的的。下面我们讨论的场效应管是通过外电场直接对单一多数载流子进行运动控制实现导通,从而达到小信号控制大信号的目的的。

1. 场效应管的基本结构

绝缘栅型场效应管按工作原理又可分为增强型和耗尽型两种。N 沟道和 P 沟道绝缘栅型场效应管的结构如图 5-3-1 和图 5-3-2 所示,其中的 P^+ 和 N^+ 表示高浓度掺杂质半导体区域,g 为栅极,s 为源极,d 为漏极,B 代表衬底引线。

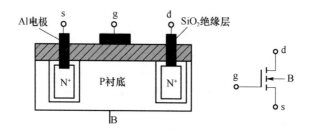

图 5-3-1　N 沟道绝缘栅型场效应管的基本结构与电路符号

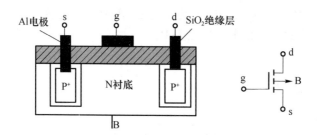

图 5-3-2　P 沟道绝缘栅型场效应管的基本结构与电路符号

从绝缘栅型场效应管的结构可以看出,在一种半导体的衬底上镶嵌另外一种半导体,镶嵌的这种半导体之间的间隔较大(如图 5-3-1 中的 N^+),因而在相同类型的半导体与衬底之间形成的 PN 结处存在内电场。在源极 s 和漏极 d 与半导体的接触面上会形成表面电场。

增强型 MOS 在外加电压 $u_{GS}=0$ 时不存在导电沟道,因此即使 u_{DS} 不为零,也不会引起电流 i_D。耗尽型 MOS 的氧化绝缘层中加入了大量的正离子,因此即使在 $u_{GS}=0$ 时也存在导电沟道。这是增强型和耗尽型的基本区别。

从场效应管的基本结构可以看出,无论是绝缘栅型还是结型,场效应管都相当于两个背靠背的 PN 结。电流通路不是由 PN 结形成的,而是依靠漏极 d 和源极 s 之间半导体的导电状态来决定的。

【例题 5-7】　在 Multisim 仿真平台中用 IV 分析仪测试理想绝缘栅型场效应管,如图 5-3-3 所示,改变 u_{GS},观察电压 u_{DS} 与电流 i_D 之间的关系。

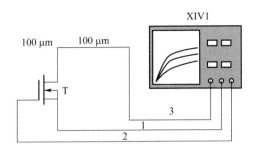

图 5-3-3　场效应管测试电路

解：① 在 Multisim 仿真平台中选择理想绝缘栅型场效应管，按图 5-3-3 连接好电路。
② 设置 IV 分析仪的仿真参数，如图 5-3-4 所示。

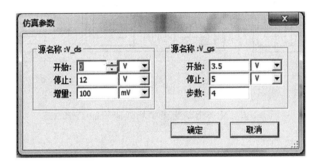

图 5-3-4　设置 IV 分析仪的仿真参数

③ 结果如图 5-3-5 所示。可以看到，与三极管输出曲线相似，u_{DS} 与 i_D 之间存在着非线性关系。

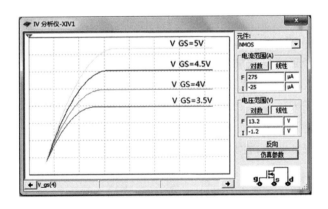

图 5-3-5　MOS 的电流特性和输出特性

2. 场效应管的基本工作原理

以绝缘栅型场效应管为例说明场效应管的工作原理。

图 5-3-6 和图 5-3-7 所示是 N 沟道绝缘栅型场效应管的基本结构和工作原理。

在图 5-3-6 中，当 g-s 之间加上正向电压 u_{GS} 后，在栅极 g 与衬底间会形成一个因吸收电子而形成的耗尽层。当 u_{GS} 高于某个固定电压值（叫作开启电压）的正向电压 $U_{GS(th)}$ 后，在 P

衬底上的两个 N^+ 之间会出现一个反型层(原来是 P 型,由于电场吸收电子的作用而成为 N 型),反型层的厚度与 u_{GS} 成正比。由于反型层与源极 s 和漏极 d 的半导体类型相同,因此这时如果在 d-s 之间加一个正向偏置电压 u_{DS},就会形成漏极电流 i_D。由此可知,正是反型层在 d-s 之间形成了导电沟道。导电沟道中电流引起的电位沿 s-d 方向下降,从而使导电沟(反型层)形状发生改变,s 端最厚,d 端最薄,如图 5-3-6(b)所示。

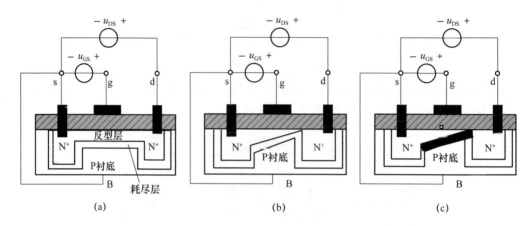

图 5-3-6　N 沟道绝缘栅型场效应管的工作原理

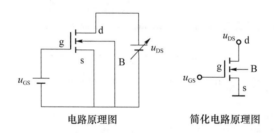

图 5-3-7　N 沟道绝缘栅型场效应管的工作原理电路

在 u_{GS} 不变且大于形成反型层的最小电压值 $U_{GS(th)}$ 的情况下:

① 当 $u_{DS} < (u_{GS} - U_{GS(th)})$ 时,d-s 之间的导电沟道存在,处于导通状态。这时由于半导体电阻的原因,形成了大小与 u_{DS} 成正比的电流 i_D,如图 5-3-6(a)所示。

② 当加大 u_{DS},使 $u_{DS} = (u_{GS} - U_{GS(th)})$ 时,d-s 之间的导电沟道在 d 端厚度为 0,这时称 MOS 处于预夹断状态。此时,在某个 u_{GS} 下电流 i_D 不再随 u_{DS} 的增加而增加,如图 5-3-6(b)所示。

③ 继续加大 u_{DS},使 $u_{DS} > (u_{GS} - U_{GS(th)})$ 时,d-s 之间的导电沟道在 d 端厚度为 0 的部分(耗尽层)向 g-s 方向扩大,耗尽层的宽度与 u_{DS} 成正比,这时称 MOS 处于夹断状态。在耗尽层电场作用下,从 d 端进入的电子会加速向 s 端漂移,i_D 的值与预夹断时的值基本相同,不会随 u_{DS} 的增加而增加,如图 5-3-6(c)所示。

④ 继续加大 u_{DS},达到一定程度后,半导体被高电压击穿,i_D 会急剧上升。

从以上过程得出,绝缘栅型场效应管的工作状态取决于耗尽层的状态,而耗尽层的状态由 u_{GS} 和 u_{DS} 共同决定。如果保持 $u_{DS} > (u_{GS} - U_{GS(th)})$,则电流 i_D 的变化完全取决于 u_{GS}。

通过以上分析可以看出,MOS 的基本工作原理是,在满足 $u_{DS} > (u_{GS} - U_{GS(th)})$ 的条件下,利用 g-s 电压的变化控制 i_D,因此 MOS 是一种电压控制电流器件,d-s 间电流的大小与 u_{GS} 成正比。

由于金属与半导体表面电场的作用,在 g-B 之间会产生一个较高的电场(方向是 g→B)。这个电场过高将会造成器件的损坏,因此绝缘栅型场效应管的 g-B 之间不能开路。

注意,由于氧化物 SiO_2 的绝缘作用,g-B 之间会形成电压,但没有电流。

通过上述分析总结如下:

① 绝缘栅型和结型场效应管的基本工作原理都是用电压信号控制电流信号,而不是直接利用 PN 结的导通特性,这是其与三极管的本质区别。

② 控制电流的电压信号就是栅极与源极的电压,固定 u_{DS},改变 u_{GS},就可以改变电流 i_D。这与三极管基极电流控制集电极电流的过程相似。

③ 场效应管的控制信号是电压,基本不需要电流,因此其输入阻抗很高。

④ 场效应管的噪声系数很小[1],所以低噪声放大器的输入级和要求信噪比[2]较高的电路应选用场效应管,当然也可选用特制的低噪声晶体管。

⑤ 场效应管的漏极电流 i_D 受栅极电压的控制。

从电路分析的角度看,除了可以认为场效应管是电压控制的电流源外,还可以认为它是一个电压控制下的可变电阻。绝缘栅型场效应管与结型场效应管的特性基本相同。

5.3.2　场效应管的工作状态与特性曲线

在实际应用中,最常见的是共源极电路连接方式。场效应管的共源极连接是把源极 s 作为公共端,把栅极 g 作为输入端,把漏极 d 作为输出端。由于共源极场效应管的输入电流几乎为零。d-s 间电压与 i_D 之间的关系叫作输出曲线,如图 5-4-8 所示。

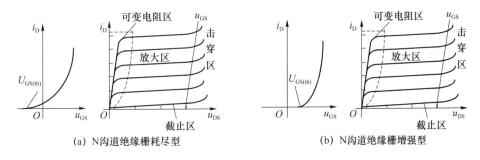

(a) N沟道绝缘栅耗尽型　　　　(b) N沟道绝缘栅增强型

图 5-3-8　场效应管特性曲线

由图 5-3-8 可见,场效应管有可变电阻区(也叫作夹断区)、饱和区(也叫作放大区)、截止区和击穿区 4 个工作区。这与三极管的饱和区、截止区、放大区和击穿区相似。但是形成这 4 种工作状态的原因不同。场效应管 d-s 间不导通的状态叫作截止,此时 i_D 接近于 0,场效应管相当于开关断开。产生截止的原因是此时场效应管没有形成导电沟道。在场效应管的输出特性曲线中,u_{DS} 与 i_D 之间呈线性关系的区域叫作可变电阻区,在可变电阻区,场效应

---

① 噪声系数 $N_F=\dfrac{P_{si}/P_{ni}}{P_{so}/P_{no}}$,$P_{si}$ 与 P_{ni} 分别为信号的输入功率与输出功率,P_{so} 与 P_{no} 分别为噪声的输入功率与输出功率。

② 信噪比为放大电路输出的信号功率与噪声功率之比。

管的 d-s 之间近似为一个不变电阻。注意,由于这时的 i_D 不仅受 u_{DS} 控制,而且还受 u_{GS} 控制,所以在不同的 u_{GS} 下会有不同的导通电阻。在一般情况下,在设计模拟信号电路时,一定要使电路工作在场效应管的饱和区(相当于三极管的放大区),避免进入可变电阻区和截止区。在设计开关电路时,要使电路能很快地在可变电阻区和截止区之间转换,避免进入饱和区。

场效应管与三极管一样,仍然可以看成一个广义节点,由于栅极电流很小,近似为零,因此漏极电流基本等于源极电流。根据这个特点可以得出以下结论:

① g-s 两极之间基本上是开路的。

② g-s 之间提供控制导通漏-源间电流的电压。

③ u_{DS} 低于一定数值时就进入可变电阻区,要实现放大器功能,必须保证 u_{DS} 高于一定的电压值(这与三极管是相同的)。

上述三条是分析场效应管电路时所使用的最基本的概念。在三极管器件分析中,我们引入了放大倍数的概念。三极管的集电极电流大小受基极电流的控制,从而可以把集电极电流看作基极电流的放大。场效应管中的跨导 g_m 与三极管中的电流放大倍数 β 相对应。g_m 的定义为

$$g_m = \frac{\partial i_D}{\partial u_{GS}} \bigg|_{u_{DS}} \tag{5-3-1}$$

当 u_{DS} 为常数时,跨导反映了栅源电压对漏极电流的控制能力。从图 5-4-8 可以看出,场效应管是非线性器件,具有不同的工作区。所以,g_m 在不同的工作区域内具有不同的数值。

当场效应管工作在饱和区时,由于在某一 u_{GS} 下 i_D-u_{DS} 基本上是一条直线,对应于输入转移特性曲线中的一个点,所以

$$i_D = g_m u_{GS} \tag{5-3-2}$$

式(5-3-2)就是在小信号模型分析时漏极与栅-源电流电压之间的关系。

5.3.3 场效应管的基本特性

1. 最高工作频率

场效应管的频率特性是指电流放大能力与信号工作频率之间的关系。最高工作频率是使场效应管开始失去电流放大能力的信号频率的一半。

2. 温度特性

场效应管的温度特性是指场效应管的电流与温度之间的关系。一般场效应管的最高工作温度不能超过某一定值。无论是工作在放大区还是其他区域,场效应管的漏极电流 i_D 都随场效应管温度的升高而减小,也就是说,场效应管具有负温度特性,这与三极管的温度特性完全相反。

3. 噪声特性

噪声特性是场效应管的一项重要技术性能指标,是指场效应管正常工作时所形成的噪声电流平均值。噪声是由于半导体固有特性和场效应管结构所产生的一种交流信号,因此,场效应管的噪声特性指的是噪声信号电流的平均值,有时也以某一频率噪声信号平均值的方式给出。

5.3.4　场效应管的电路模型

场效应管的电路模型与应用和分析目的有关。一般在人工分析和设计直流或低频信号电路时，使用较简单的电路模型，如低频小信号模型，而在仿真研究、高频信号分析和设计中则使用比较复杂的模型，如高频信号模型。下面只介绍 MOS 的低频小信号模型。

从控制方式和信号相互作用的角度看，场效应管的低频小信号模型与三极管的电路分析模型相似。所不同的是，场效应管栅极的输入电流几乎为零，因此可以认为输入电阻无限大。

MOS 的电路模型如图 5-3-9(a)所示。进一步，考虑 $g_{ds} \gg g_m$，则 MOS 电路模型将进一步简化，如图 5-3-9(b)所示。

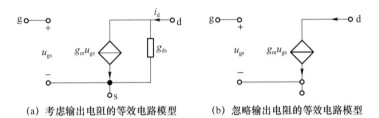

(a) 考虑输出电阻的等效电路模型　　(b) 忽略输出电阻的等效电路模型

图 5-3-9　MOS 的低频小信号模型(等效电路)

5.4　场效应管放大电路

场效应管可通过不同的连接方式分别组成共源极、共漏极和共栅极 3 种组态电路。场效应管放大电路的分析方法与三极管基本相同。

① 场效应管的输入端为栅极，输出端为漏极，源极是输入回路和输出回路的公共端，这样的电路叫作共源极电路，简称共源电路。

② 场效应管的输入端为源极，输出端为漏极，栅极是输入回路和输出回路的公共端，这样的电路叫作共栅极电路。

③ 场效应管的输入端为栅极，输出端为源极，漏极是输入回路和输出回路的公共端，这样的电路叫作共漏极电路。

MOS 的 3 种基本交流组态电路如图 5-4-1 所示，结型场效应管的 3 种基本组态电路与图 5-4-1 相类似。

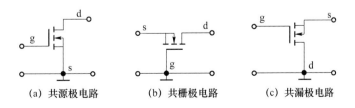

(a) 共源极电路　　　　(b) 共栅极电路　　　　(c) 共漏极电路

图 5-4-1　MOS 的 3 种基本组态电路

此外,在进行场效应管的电路分析时,要注意场效应管的以下特点。

① 以电场控制载流子通过能力是场效应管的基本特点,因此与三极管的电流控制电流型不同,场效应管是电压控制电压型,是压控元件。

② 场效应管要应用在线性工作区内。

③ 场效应管要工作在限制温度范围内。

④ 场效应管要工作在最高频率范围内。

提供相应的偏置电压是场效应管正常工作的基本条件,任何组态电路都必须为场效应管提供一个可靠的偏置电路。偏置电路的作用是为场效应管提供必要的偏置电压和电流,使场效应管工作在特定的工作区。

5.4.1 共源极放大电路

共源极放大电路是一种最基本的电压放大电路,与三极管共射极电路的功能相似,但其输入电阻要远大于三极管共射极电路,基本为无限大,输出电阻也比较小。

图 5-4-2 所示为用 N 沟道耗尽型 MOS 组成的共源极交流放大电路及其特性曲线。从输入转移特性中可以看出,不设置偏置电压 U_{GS} 时,由于场效应管的结构特性,已经具有了一定的漏源电压。

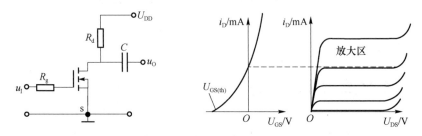

图 5-4-2　N 沟道耗尽型 MOS 共源极交流放大电路及其特性曲线

图 5-4-2 中 R_g 是栅极保护电阻,R_d 是漏极电阻,其作用是把电流放大转变为电压放大。电容器的作用是隔离直流分量,其应满足低频信号通过的要求。

共源极电压放大电路的工作原理是,R_d 为漏极 d 提供一个静态漏极电位,使电路工作在一个合适的静态工作点上,当有交流信号从栅极 g 输入时,g-s 间的电压会发生变化,引起 d-s 间的电流发生变化,使漏极电位发生变化,从而形成输出电压的变化。如果接有负载电阻,则这个输出电压就会在负载电阻上形成输出电流。

1. 静态工作点分析

图 5-4-2 所示电路的直流等效电路如图 5-4-3 所示。

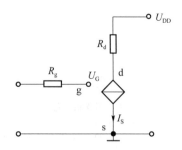

图 5-4-3　图 5-4-2 所示电路的直流等效电路

静态工作点包括栅极 g、漏极 d 和源极 s 的直流工作电位,以及源极和漏极的静态电流。根据图 5-4-3 所示的直流等效电路,静态工作点可计算如下:

$$U_G = U_{GS}$$
$$U_D = U_{DD} - I_D R_d$$
$$U_S = 0$$
$$I_D = g_m U_{GS}$$
$$I_S = I_D \tag{5-4-1}$$

注意,由于没有设置偏置电压,所以 U_G 的大小取决于场效应管的特性,实际分析时需要根据器件的具体参数计算。例如,设 $U_{GS} = 0$ 时,$I_S = I_{S0}$,则可以得到 $U_G = U_{GS} = U_S = 0$,$U_D = U_{DD} - I_{S0} R_d$。此外,式中的 g_m 代表直流状态下,漏极电流与栅-源电压之间的关系。

2. 交流信号分析

对于交流信号,直流电源处于短路状态,用场效应管低频小信号等效电路代替场效应管,就得到了场效应管共源极电路的微变等效电路,如图 5-4-4 所示。

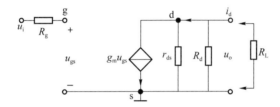

图 5-4-4 图 5-4-2 所示电路的共源极微变等效电路

设输入信号为 u_i,输出的放大信号为 u_o,用相量分析法可得

$$\dot{U}_o = -g_m \dot{U}_{gs}(r_{ds} /\!/ R_d)$$

由于 $\dot{U}_{gs} = \dot{U}_i$,所以

$$\dot{U}_o = -g_m \dot{U}_i(r_{ds} /\!/ R_d)$$

得到交流放大倍数

$$\dot{A}_u = \dot{U}_o / \dot{U}_i = -g_m(r_{ds} /\!/ R_d) \tag{5-4-2}$$

如果在输出端接上负载 R_L,则

$$A_u = -g_m(r_{ds} /\!/ R_d /\!/ R_L) \tag{5-4-3}$$

共源极交流放大电路的输入电阻为

$$R_i = \infty \tag{5-4-4}$$

如果忽略信号源内阻,则共源极交流放大电路的输出电阻为

$$R_o = r_{ds} /\!/ R_d \tag{5-4-5}$$

通常 R_{ds} 在几百千欧的数量级,这是一个非常大的电阻,对于电路来说,$R_d /\!/ R_L$ 要比 r_{ds} 小得多,在此可以忽略 r_{ds}。则

$$A_u = -g_m R_d /\!/ R_L$$
$$R_i = \infty$$
$$R_o = R_d$$

由上述分析可以看出,共源极放大电路的电压放大倍数与跨导 g_m 和 R_d 成正比。

5.4.2 共漏极放大电路

N 沟道耗尽型 MOS 共漏极放大电路及其小信号等效电路如图 5-4-5 所示。场效应管共漏极交流放大电路与三极管射极跟随器的功能完全相同,共漏极放大电路的电压增益小于 1 但接近于 1,输入输出相位相同,电流输出能力强,输入电阻高,输出电阻低,工作频带较宽,适用于信号驱动。

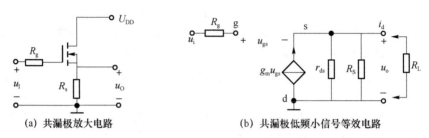

(a) 共漏极放大电路　　　　　　　　(b) 共漏极低频小信号等效电路

图 5-4-5　N 沟道耗尽型 MOS 共漏极放大电路及其小信号等效电路

1. 静态工作点分析

有关图 5-4-5 所示电路的直流通路及等效电路的确定,读者可以自行完成。

静态工作点包括栅极、漏极和源极的直流工作电位,以及源极和漏极的静态电流。

$$U_G = U_{GS} + I_S R_S$$
$$U_D = U_{DD}$$
$$U_S = I_S R_S$$
$$I_D = g_m U_{GS}$$
$$I_S = I_D \tag{5-4-6}$$

2. 交流信号分析

对于交流信号,直流电源处于短路状态,用场效应管低频小信号等效电路代替场效应管,得到场效应管共漏极电路的微变等效电路,如图 5-4-5(b)所示。

设输入交流信号为 u_i,输出的交流放大信号为

$$u_o = u_s = i_s(r_{ds} /\!/ R_s) = g_m v_{gs}(r_{ds} /\!/ R_s)$$

考虑到 $u_{gs} = u_i - u_s = u_i - u_o$,可得到交流放大倍数

$$A_u = \frac{\dot{U}_o}{\dot{U}_i} = \frac{g_m r_{ds} /\!/ R_s}{1 + g_m r_{ds} /\!/ R_s} \tag{5-4-7}$$

如果在输出端接上负载 R_L,则

$$\dot{A}_u = \frac{g_m r_{ds} /\!/ R_s /\!/ R_L}{1 + g_m r_{ds} /\!/ R_s /\!/ R_L} \tag{5-4-8}$$

共漏极交流放大电路的输入电阻为

$$R_i = \infty \tag{5-4-9}$$

如果忽略信号源内阻,则共漏极交流放大电路的输出电阻为

$$R_o = r_{ds} /\!/ R_s /\!/ \frac{1}{g_m} \tag{5-4-10}$$

如果 $r_{ds} \gg R_s$,可以忽略 r_{ds},则

$$\dot{A}_u = \frac{g_m R_s /\!/ R_L}{1 + g_m R_s /\!/ R_L}$$

$$r_i = \infty$$

$$R_o = R_s /\!/ \frac{1}{g_m}$$

由式(5-4-8)可知,共漏极放大电路的电压放大倍数小于 1。

5.4.3 共栅极放大电路

N 沟道耗尽型 MOS 共栅极放大电路及其小信号等效电路如图 5-4-6 所示,电路的基本特点是输入输出同相,属于电流放大电路,电路的工作频带较宽。

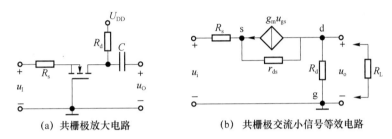

(a) 共栅极放大电路   (b) 共栅极交流小信号等效电路

图 5-4-6 N 沟道耗尽型 MOS 共栅极放大电路及其小信号等效电路

1. 静态工作点分析

静态工作点包括栅极、漏极和源极的直流工作电位,以及栅极和漏极的静态电流。

$$U_G = 0$$
$$U_D = U_{DD} - I_D R_D$$
$$U_S = -U_{GS}$$
$$I_D = g_m U_{GS}$$
$$I_S = I_D \tag{5-4-11}$$

2. 交流信号分析

对于交流信号,令直流电源短路,并用场效应管小信号等效电路代替场效应管,得到的场效应管共栅极电路的微变等效电路如图 5-4-6(b) 所示。

设输入交流信号为 u_i,交流放大倍数为

$$\dot{A} = \frac{\dot{U}_o}{\dot{U}_i} = \frac{(1 + g_m r_{ds}) R_d}{R_d + R_s + r_{ds}(1 + g_m R_s)}$$

设负载电阻为 R_L,则

$$A = \frac{\dot{U}_o}{\dot{U}_i} = \frac{(1 + g_m r_{ds}) /\!/ R_L}{R_d /\!/ R_L + R_s + r_{ds}(1 + g_m R_s)} \tag{5-4-12}$$

共栅极交流放大电路的输入电阻为

$$R_i = R_s + \frac{r_{ds} + R_d /\!/ R_L}{1 + g_m r_{ds}} \tag{5-4-13}$$

如果忽略信号源内阻,则共栅极交流放大电路的输出电阻为

$$R_o = R_d /\!/ [R_s + r_{ds}(1 + g_m R_s)] \tag{5-4-14}$$

由式(5-4-12)可知,共栅极放大电路的输出电压与输入信号电压相位相同。

【例题 5-8】 使用估算法分析图 5-4-7 所示 MOS 放大电路的静态工作情况。MOS 在 U_{DD} 作用下处于正常工作状态。

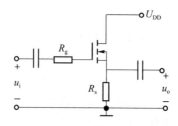

图 5-4-7 共漏极电路

解:① R_g 形成栅极输入电阻,一旦栅极被击穿,R_g 可以起到保护信号源的作用,避免 MOS 短路。

② 根据低频小信号等效电路,MOS 可以看作广义节点,由于栅极电流为零,根据 KCL 定律,源极电流等于漏极电流,输出电压大约为 $-i_D R_s$。

③ 在正常情况下,输出电压与输入电压的关系为

$$u_o = g_m u_i R_s$$

本例的结果可以用 Multisim 仿真软件进行验证,请读者自行完成。

5.5 多级放大电路与频率特性

在实际放大电路设计中,单级放大往往很难满足放大倍数和其他方面的性能要求,此时需要采取多个单级放大电路级联的方式,组成所谓的多级放大电路。多级放大电路框图如图 5-5-1 所示。

图 5-5-1 多级放大电路组成框图

根据信号源的性质和负载的不同,对各级放大电路有不同的要求。多级放大电路的第一级称为输入级,一般要求其有尽可能高的输入电阻和低的静态工作点。高输入电阻是为了减小小信号获取时的能量损失,提高信号源的利用率;低静态工作点是为了减小输入级的噪声和功耗,同时也为了尽可能地减小下一级静态工作点的影响。中间级的任务是提高放大电路的放大倍数,所以中间级应选用放大倍数较大的放大电路。末前级是为了提供给输出级尽可能大的输出幅值电压。输出级应尽可能选择输出电阻较小的放大电路,以利于提高放大电路的带载能力。末前级和输出级组成功率放大电路。

5.5.1 多级放大电路的级间耦合方式

多级放大电路是将多个单级放大电路级联起来组成的放大电路,所采用的连接方式称为级间耦合。通常耦合方式有 3 种:直接耦合、阻容耦合和变压器耦合。在此介绍前两种方式。

1. 直接耦合

两级直接耦合放大电路如图 5-5-2 所示。

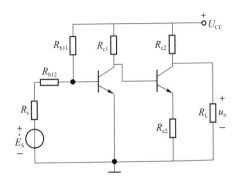

图 5-5-2　两级直接耦合放大电路

直接耦合方式前后级间不仅传输交流信号,同时还传输直流信号。由于第一级的输出信号是第二级的输入信号,所以第一级放大电路会提高第二级放大电路的静态工作点,有可能使第二级输出信号产生饱和失真。

2. 阻容耦合

两级阻容耦合放大电路如图 5-5-3 所示。

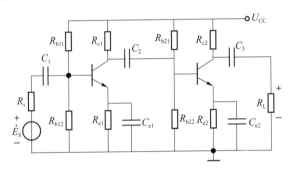

图 5-5-3　两级阻容耦合放大电路

阻容耦合放大电路的前后级是通过耦合电容 C_2 和第二级输入电阻连接的,故称阻容耦合。其特点是前后级的直流互不影响,静态工作点可单级调整。该耦合方式不能传送频率很低的信号和直流信号。

5.5.2　多级放大电路的 $\dot{A}_u$、R_i 和 R_o

1. $\dot{A}_u$ 的计算

多级放大电路不论采用何种耦合方式以及每级放大电路为何种组态电路,前级的输出信号 $\dot{U}_{o1}$ 就是后级输入信号 $\dot{U}_{i2}$,而后级的输入电阻 R_{i2} 就是前级负载 R_{L1}。

对于两级放大电路,第一级电压放大倍数为

$$\dot{A}_{u1} = \frac{\dot{U}_{o1}}{\dot{U}_i}$$

第二级电压放大倍数为

$$\dot{A}_{u2} = \frac{\dot{U}_{o}}{\dot{U}_{o1}}$$

则总的放大倍数为

$$\dot{A}_u = \frac{\dot{U}_{o1}}{\dot{U}_i} \times \frac{\dot{U}_o}{\dot{U}_{o1}} = \dot{A}_{u1} \times \dot{A}_{u2}$$

对于 n 级电压放大电路,其总的电压放大倍数是各级电压放大倍数的乘积,即

$$\dot{A}_u = \dot{A}_{u1} \times \dot{A}_{u2} \times \cdots \times \dot{A}_{un} \tag{5-5-1}$$

2. R_i 的计算

多级放大电路的输入电阻即第一级放大电路的输入电阻。

3. R_o 的计算

多级放大电路的输出电阻即最后一级的输出电阻。

5.5.3 阻容耦合放大电路的频率特性

前面讨论放大电路的放大倍数时,其输入信号为单一频率的正弦信号。在实际应用中,输入放大电路的信号往往是由许多不同频率的信号分量(谐波分量)组合而成的复杂信号。这些信号可能是语音的、图像的,也可能是其他用途的信号。信号的频率可能从几赫兹到几百兆赫兹。阻容耦合放大电路中除了耦合电容和旁路电容,还有晶体管本身所拥有的极间电容和电路分布式电容。极间电容和电路分布式电容都很小,约几皮法到几百皮法,它们的容抗随输入信号频率的变化而变化,从而影响放大电路的放大倍数和输出信号的相位。

放大电路的放大倍数就是 4.6 节中讨论的传输函数。因此,我们可以讨论一下放大电路放大倍数的幅频特性和相频特性。图 5-1-2 所示单级阻容耦合放大电路的幅频特性和相频特性分别如图 5-5-4 与图 5-5-5 所示。

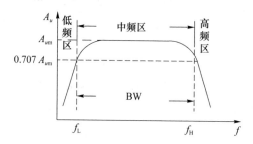

图 5-5-4 阻容耦合放大电路的幅频特性

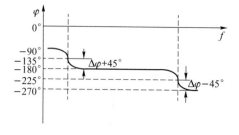

图 5-5-5 阻容耦合放大电路的相频特性

1. 中频区

由于耦合电容 C_1、C_2 和旁路电容 C_e 的电容值较大,其容抗很小,可以视为短路,而三极管极间电容和电路分布式电容很小,可以视为开路,所以放大倍数和输出信号的相位可以看作与电容无关的常量,即图 5-5-4 与图 5-5-5 所示平坦部分。此时电压放大倍数的幅值称为中频放大倍数;而幅角为 $-180°$(共射极放大电路)表示输出信号与输入信号反相。前面所讲的放大电路的微变等效以及电压放大倍数的计算均是指中频区的情况。

2. 低频区

频率低于中频区范围的频段称为低频区。在低频区三极管结电容和电路分布电容可视为开路;耦合电容 C_1、C_2 和旁路电容 C_e 不能视为短路,C_1、C_2 的容抗随着频率的降低而变大,其分压作用增强,导致信号传输损耗加大。C_e 容抗加大使得交流负反馈加大,使电压放大倍数减小,如图 5-5-4 所示。同时,将使输出电压相位对中频区前移一个附加相位 $\Delta\varphi$,如图 5-5-5 所示。

3. 高频区

频率高于中频范围的频段称为高频区。在高频区内,耦合电容 C_1、C_2 和旁路电容 C_e 可视为短路;随着频率增大,三极管结电容和电路分布式电容的容抗减小,因此三极管的结电容和电路分布式电容不能再视为开路。这两个容抗减小使得放大电路的输入和输出阻抗减小,电压放大倍数的幅值减小,如图 5-5-4 所示高频段。同时,使输出电压的相位相对中频区后移一个附加相位 $-\Delta\varphi$,如图 5-5-5 所示。

影响放大电路高频特性的另外一个重要因素是,当输入信号的频率高于某一数值后,三极管的 β 值将随频率的增大而减小。

当放大电路输入信号的频率在高频区或者低频区时,放大电路对不同谐波信号的放大倍数不一样,将造成输出信号的幅度失真,称为幅频失真。同样,对不同谐波产生的附加相移不同,将导致输出信号的相位失真,称为相频失真。两种失真总称为频率失真,它是由线性元件电抗引起的失真,没有新的频率成分产生,是线性失真。

直接耦合电路不存在耦合电容和旁路电容,因此在低频区电压放大倍数和相移不随频率的变化而变化,和中频区一样。在高频区三极管的结电容和电路分布式电容的影响依然存在,其高频的频率特性仍然产生相频失真。

5.6　差分放大电路

即使在输入端没有加载信号,由于三极管的内部结构,仍然会在输出端有输出电压,该现象称为零漂。为了传送频率很低的信号和直流信号,往往采用直接耦合的三极管多级放大电路。但是,经过逐级放大后,零漂引起的输出值就可能会很大。为了消除零漂对放大电路性能的影响,在电子技术中提出了一种重要的放大电路形式,这就是差分放大电路(也叫作差动放大器)。差分放大电路是集成电路的重要放大电路形式。

5.6.1　三极管组成的差分放大电路

三极管差分放大电路的基本结构如图 5-6-1 所示。从电路结构可以看出,差分放大电路有两个输入端和两个输出端,输出端的电位差作为输出信号,是对两个输入信号之差的放大结果,所以叫作差分放大器。

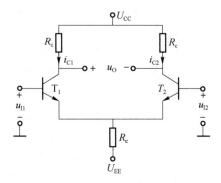

图 5-6-1　三极管差分放大电路

差分电路采用了双极性电源,U_{CC}为正直流电源(正电源),U_{EE}为负直流电源(负电源)。采用双电源仍然能保证三极管处于正确的偏置状态。此外,电路中的R_e不仅具有稳定温度的作用,还具有降低共模信号放大增益的作用。

差分放大电路的分析条件是:

① 电路具有对称性,即两个三极管的所有参数都相同,电子元件的阻值都相同。

② 输入信号分为差模输入和共模输入两部分。差模输入是指两个输入端的输入信号不同,共模输入是指两个输入端的输入信号完全相同。

③ 放大器具有两个输出端,放大器的输出信号分双端输出和单端输出两种。双端输出的信号为两个输出信号之差,单端输出为两个输出端之一的信号作为输出信号。每个三极管(放大管)都工作在线性区。

1. 静态工作点分析

当没有输入信号时,对于图 5-6-1 所示的电路而言,由于没有基极偏置电路,所以基极偏置电流为 0,两个三极管均处于截止状态。

当两个输入端均接地时(如图 5-6-2 所示),$U_{B1}=U_{B2}=0$,$U_E=0-U_{BE}$,设 b-e 结压降为 0.7 V,则 $U_E=-0.7$ V,所以发射极电阻 R_e 中的电流为

$$I_{R_e}=-(0.7+U_{EE})/R_e$$

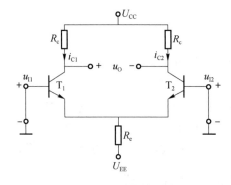

图 5-6-2　输入端接地的三极管差分放大电路

由于三极管参数相同,所以每一个三极管的发射极电流为

$$I_{\text{E}} = -(0.7 + U_{\text{EE}})/2R_{\text{e}} = I_{R_{\text{e}}}/2 \qquad (5\text{-}6\text{-}1)$$

每一个三极管的集电极电流为

$$I_{\text{C}} = \alpha I_{\text{E}} = \alpha I_{R_{\text{e}}}/2 \qquad (5\text{-}6\text{-}2)$$

在差分电路的对称结构下可知,I_{E} 完全由 U_{EE} 和 R_{e} 决定。

2. 差模放大分析

根据电路图,设两个三极管的电流放大系数分别为 β_1 和 β_2,对于输出电压 u_{O},有

$$u_{\text{O}} = u_+ - u_- = -(i_{\text{C1}} - i_{\text{C2}})R_{\text{c}} \qquad (5\text{-}6\text{-}3)$$

考虑基极电流与集电极电流的关系以及基极电流与 b-e 结电阻的关系,在低频小信号条件下,可以得到

$$u_{\text{O}} = \left(\frac{\beta_2}{R_{\text{B2}}} u_{\text{I2}} - \frac{\beta_1}{R_{\text{B1}}} u_{\text{I1}} \right) R_{\text{c}} \qquad (5\text{-}6\text{-}4)$$

单个三极管的基极电流为 $i_{\text{B}} = \dfrac{u_{\text{B}}}{R_{\text{B}}}$,其中 R_{B} 是基极电阻。差模单端输入电压就是基极电压,即 $u_{\text{B}} = u_{\text{I}}$。

在两个三极管对称的条件下,式(5-6-4)可以简化为

$$u_{\text{O}} = \frac{\beta R_{\text{c}}}{R_{\text{B}}} (u_{\text{I2}} - u_{\text{I1}}) \qquad (5\text{-}6\text{-}5)$$

如果输入的是交流信号,设两个输入信号分别为 $u_{\text{I1}} = u_1 + u_{\text{COM}}$ 和 $u_{\text{I2}} = u_2 + u_{\text{COM}}$,其中 u_{COM} 是共模信号,u_1 和 u_2 为差模信号,把两个输入信号代入式(5-6-5)得

$$u_{\text{O}} = \frac{\beta R_{\text{c}}}{R_{\text{B}}} (u_2 - u_1) \qquad (5\text{-}6\text{-}6)$$

从式(5-6-6)可以看出,在电路和三极管对称的条件下,共模信号在差分放大器的输出端消失了,差分放大器只对差模信号进行放大。由此可见,采用差分放大器后,会很好地抑制零漂对输出的影响。

从上述分析还可以看出,差分放大电路的两个三极管设置为对称状态,具有相同的工作点。共模输入信号在两个三极管中所引起的集电极电流相同。所以,输出电压 $u_{\text{O}} = u_{\text{C1}} - u_{\text{C2}} = 0$。要特别注意,差分放大器并不是没有对共模信号进行放大,而是利用差分输出结构在输出端使共模信号抵消掉了。

3. 共模放大分析

对于共模输入信号,两个三极管处于对称状态,R_{e} 上的电流为 $i_{\text{E}} = i_{\text{C1}} + i_{\text{C2}} = 2i_{\text{C}}$,这样两个三极管相当于独立的电路,如图 5-6-3 所示。

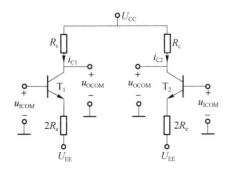

图 5-6-3　共模输入时的三极管差分放大电路

设输入的共模信号为直流信号 U_{iCOM}，在电路和三极管参数已知和对称的条件下（两个三极管中的电流相等），根据图 5-6-3，每一个三极管的共模信号输出为

$$U_{OCOM} = U_{CC} - R_c I_C \tag{5-6-7}$$

$$I_C = \beta I_B \tag{5-6-8}$$

$$I_B = \frac{1}{r_{be}}(U_{ICOM} - U_E) \tag{5-6-9}$$

$$U_E = U_{EE} + 2R_e(\beta+1)I_B \tag{5-6-10}$$

$$I_C = \frac{\beta}{r_{be}}(U_{ICOM} - U_E) \tag{5-6-11}$$

其中，r_{be} 是 b-e 结导通电阻。把式(5-6-10)代入式(5-6-9)得到

$$I_B = \frac{1}{r_{be} + 2(\beta+1)R_e}(U_{ICOM} - U_{EE}) \tag{5-6-12}$$

把式(5-6-12)代入式(5-6-10)，再把式(5-6-8)代入式(5-6-7)，最后得到

$$U_{OCOM} = U_{CC} - \frac{\beta R_c}{r_{be} + 2(\beta+1)R_e}(U_{ICOM} - U_{EE}) \tag{5-6-13}$$

在一般情况下，$r_{be} \ll 2R_e(\beta+1)$，用于信号放大的三极管，其 $\beta \gg 1$，式(5-6-13)可以改写为

$$U_{OCOM} = U_{CC} + \frac{R_c}{2R_e}U_{EE} - \frac{R_c}{2R_e}U_{ICOM} \tag{5-6-14}$$

另外，通常电路中设置 $R_c = R_e$，由此可以看出，差分放大电路允许有较高的直流共模电压输入，而不会影响其正常工作。如果输入的是交流共模信号，考虑到电源对交流信号短路，可以得到图 5-6-4 所示的等效电路。

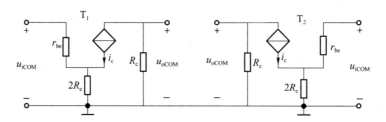

图 5-6-4　三极管差分放大电路的交流等效电路

由于两个三极管的电路相互独立，仿照三极管组态电路的分析，可以得到每一个三极管的共模信号放大倍数，为

$$\frac{u_{oCOM}}{u_{iCOM}} = -\frac{R_c}{2R_e} \tag{5-6-15}$$

当 $R_c = 2R_e$ 时，差分放大电路中每一个三极管的交流共模放大倍数均约等于 1。

当电路的参数不对称时，仿照上述分析可以得到，差分放大电路的共模输出电压为

$$u_o = u_{oCOM+} - u_{oCOM-} = \left(\frac{\beta_2 R_{c2}}{R_{b2}} - \frac{\beta_1 R_{c1}}{R_{b1}}\right)u_{iCOM}$$

如果认为 $\beta_1 \approx \beta_2$，$R_{b1} \approx R_{b2}$，则

$$u_o = u_{oCOM+} - u_{oCOM-} = (R_{c2} - R_{c1})\frac{u_{iCOM}}{2R_e}$$

也就是说，如果电路不对称，则共模输入信号的放大倍数为

$$A_c = \frac{R_{c2}}{2R_e} - \frac{R_{c1}}{2R_e} \tag{5-6-16}$$

4. 差分放大器的共模抑制比 K_{CMR}

作为双输入的直流放大器，差分放大器的一个重要技术参数就是共模抑制比 K_{CMR}。共模抑制比定义为差模信号放大倍数与共模信号放大倍数之比，设差模放大倍数为 A_d，共模放大倍数为 A_c，则

$$K_{CMR} = A_d/A_c$$

在工程中一般是用对数表示 K_{CMR}。对于图 5-6-1 所示的差分电路模块，可以得到共模抑制比为

$$K_{CMR}(\text{dB}) = 20\lg|A_d/A_c|$$

由式(5-6-16)可知，只要电路参数对称，A_c 近似为 0，K_{CMR} 将会相当大。

5.6.2　场效应管组成的差分放大电路

场效应管组成的差分放大电路的结构与三极管组成的差分放大电路的结构基本相同，工作原理和用途也相同。场效应管组成的差分放大电路是目前模拟集成电路的基本电路模块，其各种电路性能均好于三极管组成的差分放大电路(例如，其具有相当高的输入电阻，偏置电流小，功耗低，工作频率高等)。

场效应管差分放大电路的基本结构如图 5-6-5 所示。从电路结构可以看出，差分放大电路有两个输入端和两个输出端，输出端的电位差作为输出信号，是对两输入信号之差放大的结果。同时，电路中两个 MOS 连接到了一个由 T 形成的电流源上，这个电流源的电流值受电压 U_G 控制，如果 U_G 不变，这个电流源就是恒定的。在差分放大电路中，这个控制电压一般是一个常数，所以电流源是恒定不变的，这是分析这种差分放大电路时的一个基本前提条件。图中 U_{DD} 为正电源，U_{EE} 为负电源。

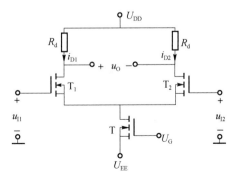

图 5-6-5　耗尽型场效应管差分放大电路

1. 静态工作点分析

当没有输入信号时，对于图 5-6-5 的电路而言，两个 MOS 的 g 极处于悬空状态，根据 MOS 自偏压的特点，其可能工作在不确定状态，因为此时栅极电压是不确定的。当两个输入端均接地时，两个 MOS 均处于稳定的放大工作状态，$U_{G1}=U_{G2}=0$。

由于采用 MOS 电流源，所以源极电流是固定的，假设 MOS 的参数完全相同，则

$$I_S=2I_{S1}=2I_{S2} \tag{5-6-17}$$

每一个 MOS 的漏极电流为

$$I_{D1}=I_{D2}=g_mU_{GS}=I_S/2 \tag{5-6-18}$$

由式(5-6-17)可知，在差分电路的对称结构下，两个 MOS 的 I_{S1} 和 I_{S2} 完全由电流源 I_S 所决定，且

$$I_S=I_{S1}+I_{S2} \tag{5-6-19}$$

MOS 的漏极电压为

$$U_D=U_{DD}-I_{D1}R_d=U_{DD}-I_{D2}R_d$$

考虑到源极电流和漏极电流之间的关系，由上式可以看出，静态时的差分输出电压为零。

2. 差模放大分析

根据图 5-6-5 可知，两个 MOS 的差分输出电压 u_o 为

$$u_o=u_{o+}-u_{o-}=-(i_{d1}-i_{d2})R_d \tag{5-6-20}$$

在两个 MOS 对称(参数相同)的条件下，式(5-6-20)可以写成

$$u_o=g_mR_d(u_{i2}-u_{i1}) \tag{5-6-21}$$

设两个输入信号分别为 $u_{i1}=u_1+u_{COM}$ 和 $u_{i2}=u_2+u_{COM}$，其中 u_{COM} 是共模信号，u_1 和 u_2 为差模信号，把两输入信号代入式(5-6-21)得

$$u_o=g_mR_d(u_2-u_1) \tag{5-6-22}$$

实际上，输入的差模信号为 $u_i=u_1-u_2$，所以差模放大倍数为

$$A_d=\frac{u_o}{u_i}=-g_mR_d \tag{5-6-23}$$

从式(5-6-23)可以看出，在电路和 MOS 对称的条件下，共模信号在差分放大器的输出端被抵消了，差分放大器只对差模信号进行了放大。

从上述分析中还可以看出，差分放大电路的两个 MOS 设置为对称状态，具有相同的工作点。共模输入信号在两个 MOS 中所引起的漏极电流相同。

3. 共模放大分析

对于共模输入信号，两个 MOS 处于对称状态，电流源电流为 $i_s=i_{s1}+i_{s2}=2i_{s1}=2i_{s2}$，两个 MOS 相当于独立的电路，如图 5-6-6 所示。

在分析这个电路时要特别注意，考虑各管中电流的前提条件是两个 MOS 具有一个共同的恒定电流源 I_S。

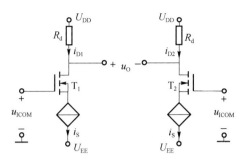

图 5-6-6　MOS 差分放大电路的共模输入

设输入的共模信号 u_{iCOM} 为直流信号,在电路和 MOS 参数已知的条件下,根据图 5-6-6,每个 MOS 的共模信号输出为

$$u_{\mathrm{O+COM}} = u_{\mathrm{O-COM}} = U_{\mathrm{DD}} - R_{\mathrm{d}}i_{\mathrm{s}}/2 \tag{5-6-24}$$

如果输入的是交流共模小信号,考虑到电源对交流信号短路,则可以得到图 5-6-7 所示的等效电路。

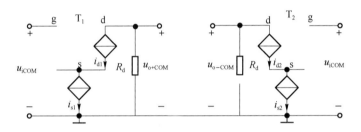

图 5-6-7　场效应管差分放大电路的等效电路

电流源的电流值是固定的,所以两管的偏置电流固定。作为电流源的 MOS 在源极电流固定时,其 g-s 间的电压可以在很大范围内变化。这就是说,允许差分管 g-s 间电压有较大的变化。两个 MOS 的源极电流同时增加或减少,所以

$$i_{\mathrm{d1}} + i_{\mathrm{d2}} = i_{\mathrm{s}}$$

$$g_{\mathrm{m1}}(u_{\mathrm{g1}} - u_{\mathrm{s}}) + g_{\mathrm{m2}}(u_{\mathrm{g2}} - u_{\mathrm{s}}) = i_{\mathrm{s}}$$

在上式中,设两个 MOS 的参数相同,则

$$2g_{\mathrm{m}}u_{\mathrm{g}} - 2g_{\mathrm{m}}u_{\mathrm{s}} = i_{\mathrm{s}}$$

考虑到 $u_{\mathrm{g}} = u_{\mathrm{g1}} = u_{\mathrm{g2}} = u_{\mathrm{iCOM}}$ 是外加共模信号,i_{s} 是常数,所以

$$u_{\mathrm{s}} = u_{\mathrm{g}} - i_{\mathrm{s}}/2g_{\mathrm{m}} \tag{5-6-25}$$

这说明,由于采用了电流源电路,源极电位 u_{s} 随输入信号 $u_{\mathrm{iCOM}} = u_{\mathrm{g}}$ 变化,因此 MOS 差分放大电路允许有较大的差分输入电压。

4. 共模抑制比 K_{CMR}

$$K_{\mathrm{CMR}}(\mathrm{dB}) = 20\lg\frac{2g_{\mathrm{m}}R_{\mathrm{d}}}{(R_{\mathrm{d1}} - R_{\mathrm{d2}})i_{\mathrm{s}}} \tag{5-6-26}$$

可见,只要电路对称,K_{CMR} 将会相当大。

习 题 5

5-1 选择合适的答案填入空内。

① 在阻容耦合放大电路中,偏置电路的作用是保证放大电路有合适的_____,集电极电阻 R_c 的作用是_____,耦合电容 C 的作用是_____。

② 射极输出器的主要特点可归纳为 3 点:_____,即电压跟随性好;_____,所以常被用在多级放大电路的第一级;_____,所以带负载能力强。

③ 差分放大电路对_____信号无放大能力,所以可以抑制_____,对信号有放大能力,其共模抑制比为_____。

④ 放大电路如题图 5-1 所示,填写温度升高后工作点的稳定过程:

$$T \uparrow \rightarrow I_C(\quad)\rightarrow U_E(\quad)\rightarrow U_{BE}(\quad)\rightarrow I_B(\quad)\rightarrow I_C(\quad)$$

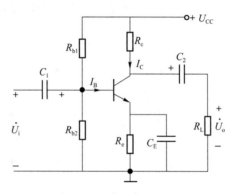

题图 5-1

5-2 用万用表测得电路中晶体管各个电极的对地电位如题图 5-2 所示,试判断这些三极管分别处于哪种工作状态(饱和、放大、截止或已损坏)。

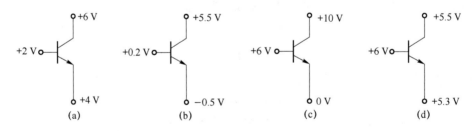

题图 5-2

5-3 试分析题图 5-3 所示电路中各个电路对输入正弦交流信号有无放大作用。

5-4 已知题图 5-4(a)所示的放大电路,输入为正弦信号。

① 当用示波器观察到输出电压 u_o 的波形如题图 5-4(b)所示时,发生了什么性质(饱和或截止)的失真? 怎样才能消除这种失真?

② 当用示波器观察到输出电压 u_o 的波形如题图 5-4(c)所示时,发生了什么性质(饱和或截止)的失真? 怎样才能消除这种失真?

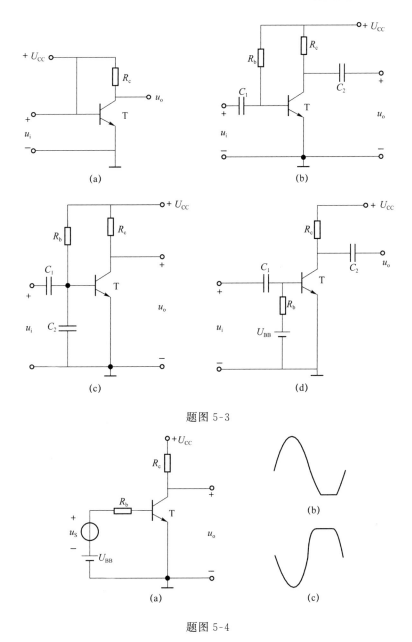

题图 5-3

题图 5-4

5-5　在题图 5-5 所示的共发射极放大电路中，$R_b = 200$ kΩ，$R_c = 2$ kΩ，三极管 $\beta = 40$，$U_{CC} = 18$ V，试计算静态工作点 I_B、I_C 和 U_{CE}。

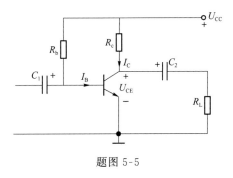

题图 5-5

5-6 题图 5-6 所示的共射极放大电路工作在放大区，三极管 $\beta = 50$，若 $I_B = 40\ \mu A$，$R_c = 3\ k\Omega$，$U_{CC} = 12\ V$，试计算 I_C、U_{CE} 和 R_b。

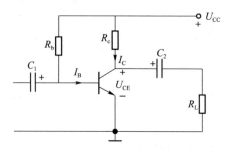

题图 5-6

5-7 在题图 5-7(a)所示的放大电路中，若选用的三极管输出特性曲线如题图 5-7(b)所示，设电路中电源 $U_{CC} = 12\ V$，$R_b = 380\ k\Omega$，$R_c = 1.5\ k\Omega$，试在输出特性曲线上作直流负载线，并从图上求静态工作点 $Q(I_B$、I_C 和 $U_{CE})$。

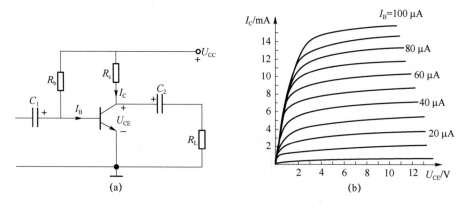

题图 5-7

5-8 题图 5-8 所示电路是射极输出器电路，试画出：

① 直流通路；

② 交流通路；

③ 微变等效电路。

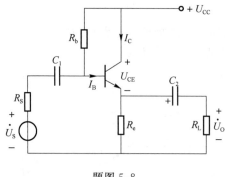

题图 5-8

5-9 题图 5-9 所示电路为共射放大电路的交流通路，试画出它的微变等效电路。

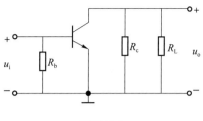

题图 5-9

5-10　用 Multisim 仿真题图 5-10 所示电路。设三极管的 $\beta_1 = \beta_2 = 100$,分析:

① 当输入信号 $u_i = 0$ 时,测量并记录两个三极管 3 个电极的电位和电流。

② 当输入信号 $u_i = 10\sin 100\pi t$ mV 时,测量并记录两个三极管 3 个电极的电位和电流,并计算 $K = (u_{o1} - u_{o2})/u_i$。

③ 当输入信号 $u_i = 0$ 时,改变 9.1 kΩ 电阻的值,两个三极管 3 个电极的电位将如何变化? 为什么?

④ 绘制电路的低频小信号等效电路,分析输出信号电压与输入信号的关系,即列写出 $u_o = u_{o1} - u_{o2} = f(R, u_i)$,并用此解释③的结果。

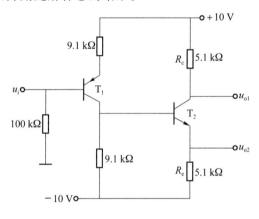

题图 5-10

5-11　题图 5-11 所示电路是共射极放大电路,试画出:

① 直流通路;

② 交流通路;

③ 微变等效电路。

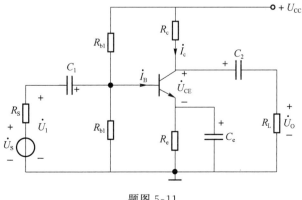

题图 5-11

201

5-12 放大电路如题图 5-12 所示,其中 $U_{CC}=12\,V$,$R_b=560\,k\Omega$,$R_c=8\,k\Omega$,$U_{BE}=0.7\,V$,饱和压降 $U_{CE(sat)}=0.2\,V$。

① 当 $\beta=50$ 时,求静态电流 I_B、I_C 和管压降 U_{CE} 的值。

② 当 $\beta=100$ 时,求静态电流 I_B、I_C 和管压降 U_{CE} 的值。此时电路能否正常工作?

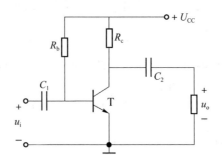

题图 5-12

5-13 在题图 5-13 所示电路中,当开关分别接通 A、B、C 3 点时,三极管分别工作在什么状态? 设三极管的 $\beta=50$,$U_{BEQ}=0.7\,V$,求相应的集电极电流。

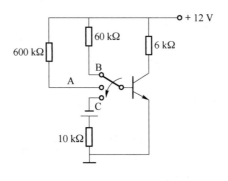

题图 5-13

5-14 在题图 5-14 所示电路中,设 $U_{CC}=12\,V$,$R_b=300\,k\Omega$,$R_c=3\,k\Omega$,$R_L=3\,k\Omega$,三极管的 $\beta=50$,$U_{BEQ}=0.7\,V$,$r_{be}=2\,k\Omega$,改变 R_b 的值,使得集电极的静态工作点电流分别为 $1\,mA$ 和 $2\,mA$,比较这两种情况下的电压放大倍数。

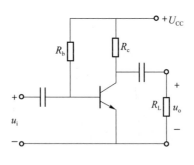

题图 5-14

5-15 电路如题图 5-15 所示,输入一个正弦波电压,若出现输出 u_o 底部被"削平"的现象,试说明出现了什么失真。如何改变电路中的 4 个电阻的值使得失真被消除?

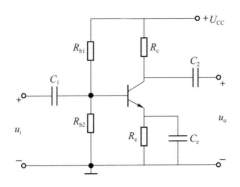

题图 5-15

5-16　题图 5-16 所示共集电极电路各参数已知,在发射极获得输出电压,试写出电压放大倍数 $\dot{A}_u$、输入电阻 R_i 和输出电阻 R_o。

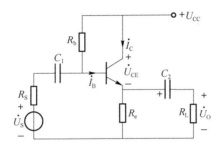

题图 5-16

5-17　单管放大电路如题图 5-17 所示,$U_{CC}=12$ V,$R_b=300$ kΩ,$R_c=R_L=4$ kΩ,$\beta=50$,$U_{BEQ}=0.7$ V,$r_{be}=300$ Ω。

① 估算 Q 点;

② 画出交流通路及微变等效电路,计算 $\dot{A}_u$、R_i 和 R_o;

③ 若所加信号源内阻 R_S 为 500 Ω,计算 $\dot{A}_{us}$。

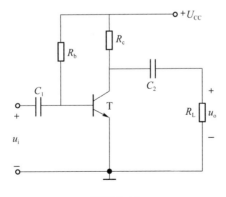

题图 5-17

5-18　在题图 5-18 所示放大电路中,电容 C_1、C_2、C_3 对交流信号可视为短路。

① 求静态电流 I_C 及电压 U_{CE} 的表达式。

② 求 $\dot{A}_u$、R_i 和 R_o 的表达式。

③ 若将电容 C_3 开路,对电路将产生什么影响?

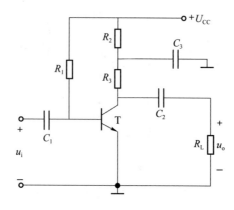

题图 5-18

5-19　在题图 5-19 所示的放大电路中,二极管和三极管均为硅管,其 PN 结正向电压降均为 0.7 V,设三极管 $\beta=50$,$r_{be}=300\ \Omega$,$R_c=3\ \text{k}\Omega$。

① 要使 $I_{CQ}=3\ \text{mA}$,R_b 应为多大?

② 计算 $\dot{A}_u$、R_i 和 R_o。

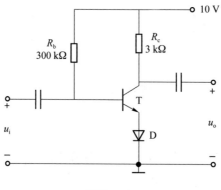

题图 5-19

5-20　电路如题图 5-20 所示,设 $U_{CC}=12\ \text{V}$,三极管 $\beta=100$,阈值电压 $U_{th}=U_{BE}=0.7\ \text{V}$,$U_{CE(sat)}=0.2\ \text{V}$。试分析当 R_{b1} 的值分别为 600 kΩ、200 kΩ、60 kΩ 时三极管的工作状态及相应的集电极电流 I_C。

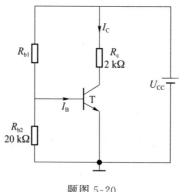

题图 5-20

5-21　电路如题图 5-21 所示，$U_{CC}=24$ V，$R_b=100$ kΩ，$R_c=3$ kΩ，$R_e=3$ kΩ，三极管的 $\beta=50$，$r_{be}=100$ Ω，$U_{BE}=0.7$ V，若输入电压 $U_i=1$ V，求：

① 输出电压 u_{o1}、u_{o2}；

② 用内阻为 10 kΩ 的交流电压表分别测量 u_{o1}、u_{o2} 时，表的读数各为多少？

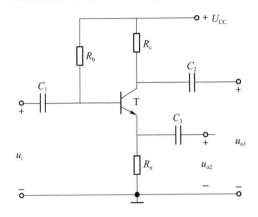

题图 5-21

5-22　电路如题图 5-22 所示，$R_S=500$ Ω，设晶体管的 $\beta=50$，$r_{be}=100$ Ω，$U_{BE}=0.7$ V，试求：

① 静态工作点；

② 计算不同输出端的 $\dot{A}_{us1}$ 和 $\dot{A}_{us2}$；

③ 计算输入电阻 R_i 和输出电阻 R_{o1}、R_{o2}。

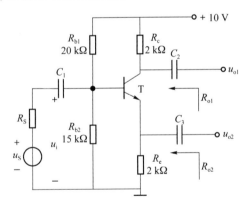

题图 5-22

5-23　在题图 5-23 所示电路中，三极管 $\beta=50$，$U_{BEQ}=0.7$ V，$r_{be}=300$ Ω。

① 分析静态工作点；

② 求放大电路的 $\dot{A}_{ui}$、$\dot{A}_{us}$、R_i 和 R_o。

5-24　在题图 5-24 所示共射极放大电路中，已知电路中各元件参数：$R_c=1.5$ kΩ，$R_{b1}=20$ kΩ，$R_{b2}=60$ kΩ，$R_e=1$ kΩ，$R_L=2$ kΩ，$U_{CC}=15$ V，$\beta=40$。

① 试计算该放大电路的静态工作点（I_{BQ}，I_{CQ}，U_{CEQ}）。

② 求电压放大倍数 $\dot{A}_{ui}$、输入电阻 R_i 和输出电阻 R_o。

③ 说明稳定工作点的过程，即温度变化后：
$$T\uparrow\rightarrow I_C(\uparrow)\rightarrow U_E(\ )\rightarrow U_{BE}(\ )\rightarrow I_B(\ )\rightarrow I_C(\ )$$

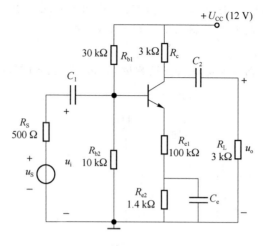

题图 5-23

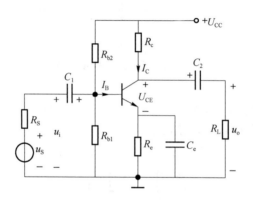

题图 5-24

5-25　在题图 5-25 所示两级阻容耦合放大电路中,已知参数:$\beta_1 = \beta_2 = 50, R_{b11} = 30$ kΩ, $R_{b12} = 20$ kΩ, $R_{c1} = 4$ kΩ, $R_{e1} = 4$ kΩ, $R_{b21} = 130$ kΩ, $R_{e2} = 3$ kΩ, $R_L = 1.5$ kΩ, $U_{CC} = 12$ V, $U_{BE} = 0.7$ V, $r_{be} = 300$ Ω。

① 试计算第一级放大电路的静态工作点(I_{BQ}、I_{CQ}、U_{CEQ});

② 求放大电路的输入电阻。如果第一级电压放大倍数 $\dot{A}_{u1} = \dot{U}_{o1}/\dot{U}_i = -112.5$,那么总电压放大倍数近似等于多少?

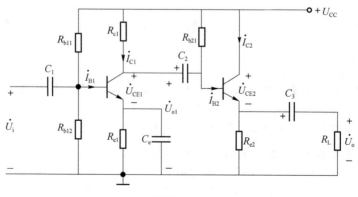

题图 5-25

5-26　在题图 5-26 所示电路中，三极管 $\beta=50$，$U_{BEQ}=0.7\ \text{V}$，$r_{be}=2\ \text{k}\Omega$。

① 分析静态工作点；

② 求放大电路的 $\dot{A}_{ui}$、R_i 和 R_o。

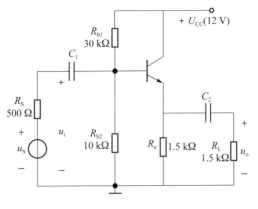

题图 5-26

5-27　在题图 5-27 所示电路中，三极管 $\beta=50$，$U_{BEQ}=0.7\ \text{V}$，$r_{be}=2\ \text{k}\Omega$。

① 分析静态工作点；

② 求放大电路的 $\dot{A}_{ui}$、R_i 和 R_o。

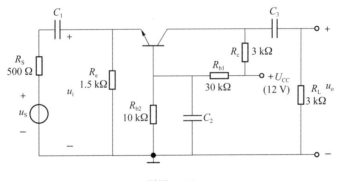

题图 5-27

5-28　在题图 5-28 所示两级阻容耦合放大电路中，已知参数：$\beta_1=\beta_2=50$，$R_{b11}=30\ \text{k}\Omega$，$R_{b12}=20\ \text{k}\Omega$，$R_{c1}=4\ \text{k}\Omega$，$R_{e1}=4\ \text{k}\Omega$，$R_{b21}=130\ \text{k}\Omega$，$R_{e2}=3\ \text{k}\Omega$，$R_L=1.5\ \text{k}\Omega$，$U_{CC}=12\ \text{V}$，$U_{BEQ}=0.7\ \text{V}$，$r_{be}=300\ \Omega$。

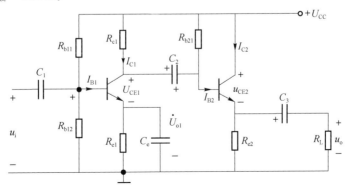

题图 5-28

① 画出全电路的微变等效电路图,并求出三极管的输入电阻 r_{be1}、r_{be2};

② 计算多级放大电路的输入电阻 R_i、输出电阻 R_o。

5-29 计算如题图 5-29 所示电路在交流低频小信号输入条件下输入电阻和输出电阻的表达式。

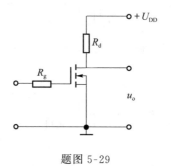

题图 5-29

5-30 差动放大电路如题图 5-30 所示,已知三极管的 $\beta=100$,$U_{BEQ}=0.7$ V,$R_{c1}=R_{c2}=5$ kΩ,$R_e=5$ kΩ,$R_L=4$ kΩ,$U_{CC}=6$ V,$U_{EE}=-6$ V,计算静态时的 U_{C1}、U_{C2}、I_{C1}、I_{C2}。

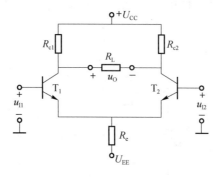

题图 5-30

5-31 差动放大电路如题图 5-31 所示,已知三极管的 $\beta=100$,$U_{BEQ}=0.7$ V,$R_{C1}=R_{C2}=10$ kΩ,$R_e=5$ kΩ,$R_S=2$ kΩ,$R_L=4$ kΩ,$U_{CC}=12$ V,$U_{EE}=-6$ V,$r_{be}=300$ Ω。试求:

① 电路的静态工作点;

② 差模电压放大倍数 $\dot{A}_{ud}$、输入电阻 R_i 和输出电阻 R_o;

③ 当 $u_{I1}=1$ V,$u_{I2}=1.01$ V 时的双端输出电压 u_O。

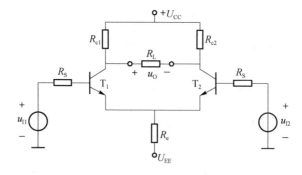

题图 5-31

第6章　集成运算放大电路

6.1　集成运算放大电路概述

集成运算放大器是将各种电子元件(如三极管、场效应管、二极管、电阻、电容等)与电路导线集成在一小块硅片上作为一个整体,形成具有放大功能的单元,通过外部电路的设计能完成不同功能与运算的器件。集成运算放大器具有元件密度大、体积小、成本低、功耗低、可靠性高等特点,简称集成运放。集成运算放大电路就是集成运算放大器与外部电路的总称,最初多用于各种模拟信号的运算(如比例、求和、求差、积分、微分等),故被称为运算放大电路。在实际使用中,集成运算放大电路已基本取代了分立元件放大电路。

集成运放自 20 世纪 60 年代问世以来,发展十分迅速,经历了多次设计与优化,基本解决了失调电压、失调电流以及温漂对器件性能的影响。在一般情况下,集成运放不需要调零就能正常工作,工作精度很高。典型集成运放产品有 HA2900、SN62088、5G7650 等。

6.1.1　集成运放的种类与特点

集成运放的分类方法有很多,可以按导通方式、供电方式、集成芯片上运放的个数、工作原理、控制类型和性能指标进行分类。

按照集成运放的导通方式可将其分为双极型、单极型、单双混合极型 3 种类型。双极型集成运放的输入偏置电流与器件整体功耗较大,但由于采用了多种改进技术,仍然发展出多个种类。单极型为 CMOS 型,CMOS 型集成运放输入阻抗高、功耗小,可在低电源电压下工作,具有低噪声、高速度、强驱动能力的特点。BiMOS 型集成运放采用双极型与单极型混合搭配的生产工艺,以 MOS 作为输入级,输入电阻高达 10^{12} Ω 甚至以上,目前有电参数各不相同的多种产品。

集成运放可以按照供电方式分为双电源供电和单电源供电两种类型,双电源供电又分正、负电源对称型供电和不对称型供电。

集成运放可以按一个集成芯片上运放的个数分为单运放、双运放和四运放等。

按照工作原理可以将集成运放分为:电压放大型,实现电压放大;电流放大型,实现电流放大;转移电导型,将输入电压转换成输出电流,它是输出电流与输入电压之比,也称为跨导型;转移电阻型,将输入电流转换成输出电压,它是输出电压与输入电流之比,也称互阻型。

集成运放按照可控制类型分为可变增益集成运放与选通控制集成运放。可变增益集成运放又有两类电路:一类由外接的控制电压 u_C 来调整开环差模增益 A_{od},称为电压控制增益的放大电路;另一类是利用数字编码信号来控制开环差模增益 A_{od},这类集成运放是模拟电路与数字电路的混合集成电路,具有较强的编程功能。选通控制集成运放有多个输入通道,一个输出通道,利用输入逻辑信号的选通作用来确定电路对哪个通道的输入信号进行放大。图 6-1-1 为两通道选通控制运放 OPA676 的原理示意图。当 $\overline{\text{CHA}}$ 为 0 V 时,开关 S 倒向电路 A_1 的输出端,电路对 u_{1A} 放大,输出电压 $u_o = A_{od}u_{1A}$;当 $\overline{\text{CHA}}$ 为 2.7 V 时,开关 S 倒向电路 A_2 的输出端,电路对 u_{1B} 放大,输出电压 $u_o = A_{od}u_{1B}$。其中,A_{od} 为开环差模增益。由于开关起切换输入通道的作用,故也称这类电路为输入切换运放。

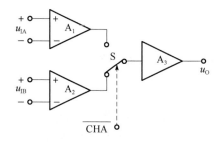

图 6-1-1 两通道选通控制运放 OPA676 的原理示意图

集成运放按性能指标可分为通用型和特殊型两类。通用型集成运放用于无特殊要求的电路之中。还有些特殊类型的集成运放,如下所述。

(1) 高阻型

具有高输入电阻(r_{id})的集成运放称为高阻型集成运放。其输入级多采用超 β 管或场效应管,r_{id} 大于 10^9 Ω,适用于测量放大电路、信号发生电路或采样-保持电路。国产 F3130 的输入级采用 MOS,输入电阻大于 10^{12} Ω,I_{IB} 仅为 5 pA。

(2) 高速型

单位增益带宽和转换速率高的集成运放称为高速型集成运放。它的种类很多,增益带宽多在 10 MHz 左右,有的高达千兆赫;转换速率大多在几十伏/微秒至几百伏/微秒,有的高达几千伏/微秒。其适用于模-数转换器、数-模转换器、锁相环电路和视频放大电路。国产超高速运放 3554 的转换速率为 1 000 V/μs,单位增益带宽为 1.7 GHz。

(3) 高精度型

高精度型集成运放具有低失调、低温漂、低噪声、高增益等特点,它的失调电压和失调电流比通用型集成运放小两个数量级,而开环差模增益和共模抑制比均大于 100 dB。其适用于对微弱信号的精密测量和运算,常用于高精度的仪器设备中。国产的超低噪声高精度集成运放 F5037 的 U_{IO} 为 10 μV,温漂为 0.2 μV/℃;I_{IO} 为 7 nA;等效输入噪声电压密度约为 3.5 nV/$\sqrt{\text{Hz}}$,电流密度约为 1.7 pA/$\sqrt{\text{Hz}}$;A_{od} 约为 105 dB。

(4) 低功耗型与微功耗型

低功耗型集成运放具有静态功耗低、工作电源电压低等特点,其功耗只有几毫瓦,甚至更小,电源电压为几伏,而其他方面的性能也不比通用型集成运放差。低功耗型集成运放适用于能源有严格限制的情况,如空间技术、军事科学及工业中的遥感遥测等领域。微功耗型高性能运放 TLC2252 的功耗约为 $180\ \mu\text{W}$,工作电源为 $5\ \text{V}$,开环差模增益为 $100\ \text{dB}$,差模输入电阻为 $10^{12}\ \Omega$。可见,它集高电阻与低功耗于一身。

随着 EDA 技术的发展,人们越来越多地根据具体使用环境和功能要求设计专用芯片。目前,可编程模拟器件的发展十分迅速,人们可以在一块芯片上通过编程的方法实现对多路信号的各种处理。

与分立元件放大电路相比,集成运放有以下特点。

① 硅片不能制作大电容,故集成运放多采用直接耦合方式。

② 采用相同的放大元件进行组合,这样相邻元器件的参数具有良好的一致性,可以减少环境温度和干扰的影响。

③ 因为制作不同形式的集成电路只是所用掩模不同,增加元器件并不增加制造工序,所以集成运放允许采用复杂电路形式,以得到各方面性能俱佳的效果。

④ 在集成运放中常用有源元件来替代电阻。

6.1.2　集成运放的组成与传输特性

集成运放电路由输入级、中间级、输出级和偏置电路等 4 部分组成,如图 6-1-2 所示。它有两个输入端、一个输出端,图中所标 u_P、u_N、u_O 均以“地”为公共端。

图 6-1-2　集成运放电路框图

1. 输入级

输入级又称前置级。对于输入级,一般要求其输入电阻高,抑制共模信号的能力强,所以它往往是一个双端输入的高性能差分放大电路,差模放大倍数大,静态电流小。

2. 中间级

中间级要求具有较强的放大能力,多采用共射(或共源)放大电路,而且为了提高电压放大倍数,经常采用复合管作为放大管,以恒流源作为集电极负载。其电压放大倍数可达千倍以上。

3. 输出级

输出级具有输出电压线性范围宽、输出电阻小(即带负载能力强)、非线性失真小等特点。集成运放的输出级多采用互补输出电路。

4. 偏置电路

偏置电路用于设置集成运放各级放大电路的静态工作点。与分立元件不同,集成运放采用电流源电路为各级提供合适的集电极(或发射极、漏极)静态工作电流,从而确定了合适的静态工作点。

集成运放有同相输入端和反相输入端,这里的“同相”和“反相”是指集成运放的输入电压与输出电压之间的相位关系,其符号如图 6-1-3(a)所示。从外部看,可以认为集成运放是一个双端输入、单端输出,具有高差模放大倍数、高输入电阻、低输出电阻、能较好地抑制温漂的差分放大电路。

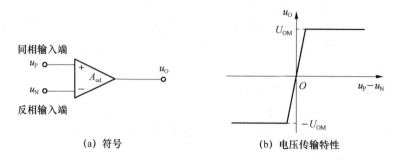

(a) 符号　　　　　　　　　(b) 电压传输特性

图 6-1-3　集成运放的符号和电压传输特性

集成运放的输出电压 u_O 与输入电压(即同相输入端与反相输入端之间的电位差,$u_P - u_N$)之间的关系曲线称为电压传输特性曲线,即

$$u_O = f(u_P - u_N) \tag{6-1-1}$$

对于正、负两路电源供电的集成运放,电压传输特性如图 6-1-3(b)所示。从图 6-1-3(b)所示曲线可以看出,集成运放有线性放大区域(称为线性区)和饱和区域(称为非线性区)两部分。在线性区,曲线的斜率为电压放大倍数;在非线性区,输出电压只有两种可能的情况,即 $+U_{OM}$ 或 $-U_{OM}$。

由于集成运放放大的是差模信号,且没有通过外电路引入反馈,故称其电压放大倍数为差模开环放大倍数,记作 A_{od},因而当集成运放工作在线性区时,

$$u_O = A_{od}(u_P - u_N) \tag{6-1-2}$$

通常 A_{od} 非常高,可达几十万倍,因此集成运放电压传输特性中的线性区非常窄。如果输出电压的最大值 $\pm U_{OM} = \pm 14$ V,$A_{od} = 5 \times 10^5$,那么只有当 $|u_P - u_N| < 28 \mu$V 时,集成运放才工作在线性区。换言之,若 $|u_P - u_N| > 28 \mu$V,则集成运放进入非线性区,因而输出电压 u_O 不是 $+14$ V 就是 -14 V。

6.2　集成运放的主要性能指标及低频等效电路

6.2.1　集成运放的主要性能指标

评价实际集成运放性能的参数很多,下面仅介绍常用的一些基本参数。这些参数是电源电压和环境温度在正常工作范围下给出的。

1. 开环差模增益 A_{od}

集成运放无外加反馈时的差模放大倍数称为开环差模增益,常用 A_{od} 表示。

$$A_{od} = \Delta u_O / \Delta(u_P - u_N)$$

其分贝数为 $20\lg|A_{od}|$。通用型集成运放的 A_{od} 通常在 10^5 左右,即 100 dB 左右。F007C 的 A_{od} 大于 94 dB。目前高增益的 A_{od} 可达 140 dB。

2. 共模抑制比 K_{CMR}

共模抑制比是指集成运放开环时,差模放大倍数与共模放大倍数之比的绝对值,即 $K_{CMR} = |A_{od}/A_{oc}|$,也常用分贝表示,其数值为 $20\lg K_{CMR}$。共模抑制比反映了集成运放对共模信号的抑制能力,其值越大越好,理想运放的共模抑制比为无穷大。F007 的 K_{CMR} 大于 80 dB。由于 A_{od} 大于 94 dB,所以 A_{oc} 小于 14 dB。

3. 差模输入电阻 r_{id}

差模输入电阻 r_{id} 是指集成运放在开环时对输入差模信号的输入电阻。r_{id} 越大越好,差模电阻越大则从信号源索取的电流越小。差模电阻一般在几兆欧,F007C 的 r_{id} 大于 2 MΩ。理想运放的 r_{id} 为无穷大。

4. 输入失调电压 U_{IO} 及其温漂 dU_{IO}/dT

由于集成运放的输入级电路参数不可能绝对对称,所以当输入电压为零时,u_O 并不为零。为了克服这个问题,可在集成运放的两个输入端外加补偿电压 U_{IO},使得运放输出电压为零。若运放工作在线性区,则 U_{IO} 的数值是 u_I 为零时输出电压折合到输入端的电压,即

$$U_{IO} = -\frac{u_O|_{u_I=0}}{A_{od}} \tag{6-2-1}$$

U_{IO} 越小,表明电路参数对称性越好。对于有外接调零电位器的运放,可以通过改变电位器滑动端的位置使得输入为零时输出为零。其值一般为 $\pm(1 \sim 10)\,\text{mV}$。

dU_{IO}/dT 是 U_{IO} 的温度系数,是衡量运放温漂的重要参数,其值越小,表明运放的温漂越小。F007C 的 U_{IO} 小于 2 mV,dU_{IO}/dT 小于 20 mV/℃。因为 F007 的开环差模增益为 94 dB,约 5×10^4 倍,根据式(6-1-2)可知,在输入失调电压(2 mV)作用下,集成运放已工作在非线性区,所以若不加调零措施,则输出电压不是 $+U_{OM}$ 就是 $-U_{OM}$,而无法放大。

5. 输入失调电流 I_{IO} 及其温漂 dI_{IO}/dT

输入失调电流 I_{IO} 是指在常温下输入信号为零时,集成运放输入级两个差放管的基极静态偏置电流之差:

$$I_{IO} = |I_{B1} - I_{B2}| \tag{6-2-2}$$

I_{IO} 反映输入级差放管输入电流的不对称程度。I_{IO} 越小,差放管的对称性越好。dI_{IO}/dT 与 dU_{IO}/dT 的含义相似,dI_{IO}/dT 越小,运放的质量越好。

6. 输入偏置电流 I_{IB}

输入偏置电流 I_{IB} 是指在常温下输入信号为零时,集成运放输入级差放管的基极(栅极)偏置电流的平均值,即

$$I_{IB} = \frac{1}{2}(I_{B1} + I_{B2}) \tag{6-2-3}$$

I_{IB} 的值反映了集成运放输入电阻和输入失调电流的大小,其值越小,信号源内阻对集成运放静态工作点的影响也就越小。而通常 I_{IB} 越小,I_{IO} 也越小。

7. 最大共模输入电压 U_{Icmax}

最大共模输入电压 U_{Icmax} 是指允许加在集成运放两个输入端的最大电压。若共模输入电压高于此值,集成运放的共模抑制比将明显下降,甚至可能导致工作不正常。例如,F007 的 U_{Icmax} 为 ± 13 V。

8. 最大差模输入电压 U_{Idmax}

当集成运放所加差模信号大到一定程度时,输入级至少有一个 PN 结承受反向电压,

U_{Idmax}是不至于使 PN 结反向击穿所允许的最大差模输入电压。当输入电压大于此值时,输入级将损坏。

9. 开环−3 dB 带宽 f_H

在分析频率特性时,如果电压放大倍数下降为最大倍数的 0.707 倍,对应的频率 f_H(使 A_{od} 下降 3 dB)称为开环−3 dB 带宽。由于集成运放中三极管(或场效应管)数目多且制作在一小块硅片上,加之极间电容和寄生电容较大,当信号频率升高时,这些电容的容抗变小,使信号受到损失,导致 A_{od} 数值下降且产生相移。F007C 的 f_H 仅为 7 Hz。在实用电路中,引入负反馈后会展宽频带,上限频率可达数百千赫以上。

10. 单位增益带宽 f_c

单位带宽增益 f_c 是使 A_{od} 下降到零分贝(即 $A_{od}=1$,失去电压放大能力)时的信号频率,与三极管的特征频率 f_T 相似。F007 的单位增益带宽为 1 MHz。

11. 转换速率 SR

转换速率 SR 是指集成运放在闭环工作状态下,输入阶跃大信号时,输出电压在单位时间变化量的最大值,即

$$SR = \left| \frac{du_O}{dt} \right|_{max} \tag{6-2-4}$$

影响转换速率的主要原因是集成运放中三极管存在结电容及分布电容等。在输入大信号的瞬间或者输入高频正弦信号时,各种电容只有在充电完成的情况下才能跟随输入电压曲线的变化而变化,因此出现输出相对于输入有一定滞后的现象。也就是说,SR 表示集成运放对信号变化速度的适应能力,常用每微秒输出电压变化多少伏来表示。信号幅值越大,频率越高,要求集成运放的 SR 也就越大。

在近似分析时,常把集成运放的参数理想化,即认为 A_{od}、K_{CMR}、r_{id}、f_H 等参数值均为无穷大,而 U_{IO}、dU_{IO}/dT、I_{IO}、dI_{IO}/dT、I_{IB} 等参数值均为零。

6.2.2 集成运放的低频等效电路

集成运放是一个较为复杂的直接耦合的多级放大电路,在使用中可将它看作一个等效模型。在分立元件放大电路的交流通路中,若用三极管、场效应管的交流等效模型取代三极管、场效应管,则电路的分析与一般线性电路完全相同。同理,如果在集成运放应用电路中用运放的等效模型取代运放,那么电路的分析也将与线性电路完全相同。如果不将运放看作一个等效模型,那么电路分析会非常复杂。例如,F007 电路中有 19 只三极管,在计算机辅助分析中,若采用 EM2 模型,每只三极管均由 11 个元件构成,则 19 只三极管共有 $11 \times 19 = 209$ 个元件,电路的复杂程度相当高。因此,人们常构造集成运放的宏模型,即在一定的精度范围内,构造一个等效电路,使之与集成运放(或其他复杂电路)的输入端口和输出端口的特性相同或相似。分析的问题不同,所构造的宏模型也有所不同。

如果仅研究对输入信号(即差模信号)的放大问题,而不考虑失调因素对电路的影响,那么可采用简化的集成运放低频等效电路,如图 6-2-1 所示。这时,从运放输入端看进去,其等效为一个电阻 r_{id};从输出端看进去,其等效为一个电压 u_1(即 $u_P - u_N$)控制的电压源 $A_{od}u_1$,内阻为 r_o。若将集成运放理想化,则得到理想集成运放的电路模型,其输出特性曲线如图 6-2-2 所示。由于集成运放的差模输入电阻很大,而输出电阻很小,可以近似认为理想集

成运放的 $r_{id} \to \infty$，$r_o \to 0$。电阻 $r_{id} \to \infty$，那么从集成运放输入端看集成运放近似开路，称为"虚断"；同时集成运放放大倍数非常大，所以可以认为理想集成运放开环放大倍数 $A \to \infty$，根据上述近似关系 $u_I = u_P - u_N = \dfrac{u_O}{A_O} \to 0$，因此 $u_I = u_P - u_N = 0$，$u_P = u_N$，r_{id} 两端等电位，近似短路，称为"虚短"。

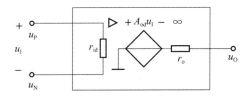

图 6-2-1　简化的集成运放低频等效电路

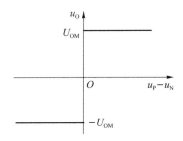

图 6-2-2　理想集成运放的输出特性曲线

6.3　集成运放的基本运算电路

集成电路可分为模拟集成电路和数字集成电路。集成运算放大电路属于模拟集成电路的一种，它实际上是一个高增益的多级直接耦合放大电路。通常，在分析集成运放电路时，设集成运放为理想运放，因而其两个输入端的净输入电压和净输入电流均为零，即具有"虚短"和"虚断"两个特点，这是分析集成运放电路输出电压与输入电压运算关系的基本出发点。集成运算放大电路有 3 种基本的输入方式，即反相输入方式、同相输入方式和差模输入方式。

为了实现输出电压信号与输入电压信号的加、减、乘、除、微分与积分运算关系，集成运放运算电路中的集成运放应当工作在线性区。集成运放可以做到有很高的增益，但是噪声也同样会被放大很多倍，甚至引起自激振荡（详见第 9 章）。

在集成运放运算电路中，无论是输入电压还是输出电压，均是对"地"而言的。在求解运算关系式时，多采用列写节点电流方程的方法；对于多输入的电路，则可利用叠加原理。

6.3.1　比例运算电路

1. 反相比例运算电路
将输入信号按比例放大的电路称为比例运算电路。反相比例运算电路如图 6-3-1 所示,在第 7 章图 7-3-5 的分析中,可以知道此电路为电压并联负反馈电路,R_f 为负反馈电阻。输入电压 u_I 作用于集成运放的反相输入端,则其输出电压 u_O 与 u_I 反相。同相输入端通过电阻 R' 接地,R' 为平衡电阻,应该使 $R'=R/\!/R_f$,以保证集成运放输入级差分放大电路的对称性。由理想运放的"虚短"与"虚断"可知,

$$u_N=u_P=0 \tag{6-3-1}$$

$$i_P=i_N=0 \tag{6-3-2}$$

节点 N 的电流方程为

$$i_R=i_F$$

即

$$\frac{u_I-u_N}{R}=\frac{u_N-u_O}{R_f}$$

由于 $u_N=0$ 为虚地,得

$$u_O=-\frac{R_f}{R}u_I \tag{6-3-3}$$

u_O 与 u_I 成比例关系,比例系数为 $-R_f/R$,负号表示 u_O 与 u_I 反相。比例系数的数值可以是大于、等于或小于 1 的任何值。

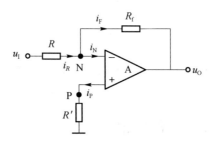

图 6-3-1　反相比例运算电路

因为电路引入了深度电压负反馈,$1+AF$ 可视为无穷大,输出电阻 $R_o=0$,电路带负载后运算关系不变。电路的输入电阻为电路输入端和地之间看进去的等效电阻,其值等于输入端和虚地之间看进去的等效电阻,所以电路的输入电阻

$$R_i=R \tag{6-3-4}$$

由此可见,尽管理想集成运放的输入电阻为无穷大,但是反相比例运算电路的输入电阻却不是无穷大,其值取决于电阻 R。

式(6-3-4)表明,为了增大输入电阻,保证 u_O 与 u_I 的比例关系,R_f 必须增大。例如,在比例系数为 -50 的情况下,若要求 $R_i=10\ \text{k}\Omega$,则 R 应取 $10\ \text{k}\Omega$,R_f 应取 $500\ \text{k}\Omega$。为了得到更大的比例系数,R_f 则需要更大的电阻。在上述电路分析中,根据 $i_R=i_F$,即反馈电流与输入电流相等,得到比例系数为 $-R_f/R$。在图 6-3-2 所示电路中,电阻 R_2、R_3 和 R_4 构成英文字母 T 形,故称该电路为 T 形网络电路。利用 T 形网络取代图 6-3-1 所示电路中的 R_f,可以得到另外一种效果。

节点 N 的电流方程为

$$\frac{u_I}{R_1}=i_2=\frac{-u_M}{R_2}$$

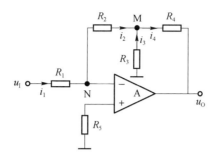

图 6-3-2　T 形网络反相比例运算电路

因而节点 M 的电位为

$$u_M = -\frac{R_2}{R_1} \cdot u_I$$

R_3 和 R_4 的电流分别为

$$i_3 = -\frac{u_M}{R_3} = \frac{R_2}{R_1 R_3} \cdot u_I$$

$$i_4 = i_2 + i_3$$

输出电压为

$$u_O = -i_2 R_2 - i_4 R_4$$

将各电流表达式代入上式，整理可得

$$u_O = -\frac{R_2 + R_4}{R_1}\left(1 + \frac{R_2 /\!/ R_4}{R_3}\right)u_I \tag{6-3-5}$$

式(6-3-5)表明，当 $R_3 = \infty$ 时，u_O 与 u_I 的关系和式(6-3-3)相同。若 T 形网络电路的输入电阻仍为 $R_i = R_1$，要求比例系数为 -50 且 $R_i = 100\ \text{k}\Omega$，则 R_1 应取 $100\ \text{k}\Omega$；如果 R_2 和 R_4 也取 $100\ \text{k}\Omega$(不必取 $500\ \text{k}\Omega$)，由式(6-3-5)可知

$$\frac{u_O}{u_I} = -\frac{R_2 + R_4}{R_1}\left(1 + \frac{R_2 /\!/ R_4}{R_3}\right) = -50$$

结果是只要 R_3 取 $2.08\ \text{k}\Omega$，即可得到 -50 的比例系数。

因为 R_3 的引入使反馈系数减小，所以为保证足够的反馈深度，应选用开环增益更大的集成运放。

2. 同相比例运算电路

将图 6-3-1 所示电路中的输入端和接地端互换，就得到同相比例运算电路，如图 6-3-3 所示。理想集成运放的输入电阻为无穷大，输出电阻为零。

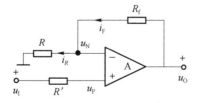

图 6-3-3　同相比例运算电路

根据理想运放"虚短"和"虚断"原则，集成运放的净输入电压($u_N = u_P$)为零，即

$$u_P = u_N = u_I \tag{6-3-6}$$

这说明集成运放有共模输入电压。

净输入电流为零,因而 $i_R = i_F$,即

$$\frac{u_N}{R} = \frac{u_O - u_N}{R_f} \tag{6-3-7}$$

将式(6-3-6)代入,得

$$u_O = \left(1 + \frac{R_f}{R}\right) u_I \tag{6-3-8}$$

式(6-3-8)表明,u_O 与 u_I 同相且 u_O 大于 u_I。

应当指出,虽然同相比例运算电路具有高输入电阻、低输出电阻的优点,但因为集成运放有共模输入,所以为了提高运算精度,应当选用高共模抑制比的集成运放。同时应当注意,在对电路进行误差分析时需考虑共模信号的影响。

3. 电压跟随器

在同相比例运算电路中,若将输出电压的全部反馈到反相输入端(此时,相当于 $R = \infty$),就构成图 6-3-4 所示的电压跟随器。由于 $u_O = u_N = u_P$,故输出电压与输入电压的关系为

$$u_O = u_I \tag{6-3-9}$$

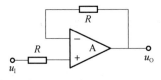

图 6-3-4 电压跟随器

理想运放的开环差模增益为无穷大,因而电压跟随器具有比射极输出器好得多的电压跟随特性。

由集成运放组成的电压跟随器具有多方面的优良性能,例如,型号为 AD9620 的芯片电压增益为 0.994,输入电阻为 0.8 MΩ,输出电阻为 40 Ω,带宽为 600 MHz,转换速率为 2 000 V/μs。

综上所述,对于单一信号作用的运算电路,在分析运算关系时,应首先列出关键节点的电流方程(所谓关键节点是指那些与输入电压和输出电压产生关系的节点,如 N 点和 P 点);然后根据"虚短"和"虚断"的原则进行整理,即可得输出电压和输入电压的运算关系。

【**例题 6-1**】 电路如图 6-3-5 所示,已知 $R_2 \gg R_4$,$R_1 = R_2$。试问:

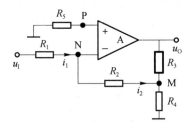

图 6-3-5 例题 6-1 用图

① u_O 与 u_I 的比例系数为多少?

② 若 R_4 开路,则 u_O 与 u_I 的比例系数为多少?

解：比较图 6-3-5 和图 6-3-2 所示电路，不难发现，它们是完全相同的运算电路，即 T 形网络反相比例运算电路。

① 由于 $u_N = u_P = 0$，可知

$$i_2 = i_1 = \frac{u_1}{R_1}$$

M 点的电位为

$$u_M = -i_2 R_2 = -\frac{R_2}{R_1} u_1$$

由于 $R_2 \gg R_4$，又可以认为

$$u_M \approx \frac{R_4}{R_3 + R_4} u_O$$

即

$$u_O \approx \left(1 + \frac{R_3}{R_4}\right) u_M$$

所以

$$u_O \approx -\frac{R_2}{R_1}\left(1 + \frac{R_3}{R_4}\right) u_1$$

在此题中，由于 $R_1 = R_2$，故 u_O 与 u_1 的关系式为

$$u_O \approx -\left(1 + \frac{R_3}{R_4}\right) u_1$$

所以，比例系数约为 $-(1 + R_3/R_4)$。

② 若 R_4 开路，则电路变为典型的反相比例运算电路，根据式(6-3-3)，u_O 与 u_1 的运算关系式为

$$u_O = -\frac{R_2 + R_3}{R_1} u_1$$

由于 $R_1 = R_2$，故比例系数为 $-(1 + R_3/R_1)$。

【例题 6-2】 电路如图 6-3-6 所示，已知 $u_O = -55u_1$，其余参数如图 6-3-6 中所标注。试求 R_5 的值，并说明若 u_1 与地接反，则输出电压与输入电压的关系将产生什么变化。

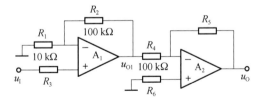

图 6-3-6 例题 6-2 用图

解：在图 6-3-6 所示电路中，A_1 构成同相比例运算电路，A_2 构成反相比例运算电路。因此，

$$u_{O1} = \left(1 + \frac{R_2}{R_1}\right) u_1 = \left(1 + \frac{100\ k\Omega}{10\ k\Omega}\right) u_1 = 11u_1$$

$$u_O = -\frac{R_5}{R_4} u_{O1} = -\frac{R_5}{100\ k\Omega} \times 11u_1 = -55u_1$$

得出 $R_5 = 500\ \text{k}\Omega$。

若 u_1 与地接反，则第一级变为反相比例运算电路。因此，

$$u_{O1} = -\frac{R_2}{R_1} \cdot u_I = -\frac{100\ \text{k}\Omega}{10\ \text{k}\Omega} \cdot u_I = -10u_I$$

由于第二级电路的比例系数仍为 -5，所以输出电压与输入电压的比例系数变为 50。

在多级运算电路的分析中，因为各级电路的输出电阻均为零，具有恒压特性，所以后级电路虽然是前级电路的负载，但是不影响前级电路的运算关系，故而对每级电路的分析和单级电路完全相同。

6.3.2 加减运算电路

使用集成运放构建一个多输入的反相比例电路，并且对各个输入信号按自己的比例进行求和或求差运算的电路称为加减运算电路。若所有输入信号均作用于集成运放的同一个输入端，则实现加法运算；若一部分输入信号作用于同相输入端，而另一部分输入信号作用于反相输入端，则实现加减法运算。

1. 求和运算电路

（1）反相求和运算电路

反相求和运算电路的多个输入信号均作用于集成运放的反相输入端，如图 6-3-7 所示。根据"虚短"和"虚断"的原则，$u_N = u_P = 0$，节点 N 的电流方程为

$$i_1 + i_2 + i_3 = i_F$$

$$\frac{u_{I1}}{R_1} + \frac{u_{I2}}{R_2} + \frac{u_{I3}}{R_3} = -\frac{u_O}{R_f}$$

所以 u_O 的表达式为

$$u_O = -R_f \left(\frac{u_{I1}}{R_1} + \frac{u_{I2}}{R_2} + \frac{u_{I3}}{R_3} \right) \tag{6-3-10}$$

对于多输入的电路，除了可以用上述节点电流方程分析法求解外，还可以利用叠加定理，如图 6-3-8 所示，得到同样的结果。若 $R_1 = 5\ \text{k}\Omega$，$R_2 = 20\ \text{k}\Omega$，$R_3 = 50\ \text{k}\Omega$，$R_f = 100\ \text{k}\Omega$，则 $u_O = -20u_{I1} - 5u_{I2} - 2u_{I3}$。

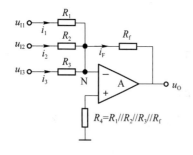

图 6-3-7　反相求和运算电路

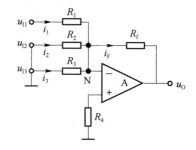

图 6-3-8　利用叠加定理求 u_{I1} 作用的运算关系

从反相求和运算电路的分析可知，各信号源为运算电路提供的输入电流各不相同，这表明从不同的输入端看进去的等效电阻不同，即输入电阻不同。

（2）同相求和运算电路

当多个输入信号同时作用于集成运放的同相输入端时，就构成同相求和运算电路，如图 6-3-9 所示。

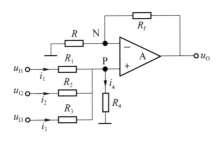

图 6-3-9　同相求和运算电路

在同相比例运算电路的分析中，曾得到式（6-3-7）所示结论。因此，求出图 6-3-9 所示电路的 u_P，即可得到输出电压与输入电压的运算关系。

节点 P 的电流方程为

$$i_1 + i_2 + i_3 = i_4$$

$$\frac{u_{I1} - u_P}{R_1} + \frac{u_{I2} - u_P}{R_2} + \frac{u_{I3} - u_P}{R_3} = \frac{u_P}{R_4}$$

$$\left(\frac{1}{R_1} + \frac{1}{R_2} + \frac{1}{R_3} + \frac{1}{R_4} \right) u_P = \frac{u_{I1}}{R_1} + \frac{u_{I2}}{R_2} + \frac{u_{I3}}{R_3}$$

所以同相输入端电位为

$$u_P = R_P \left(\frac{u_{I1}}{R_1} + \frac{u_{I2}}{R_2} + \frac{u_{I3}}{R_3} \right) \tag{6-3-11}$$

式中，$R_P = R_1 /\!/ R_2 /\!/ R_3 /\!/ R_4$。

$u_N = u_P$，将式（6-3-11）代入式（6-3-7），得

$$
\begin{aligned}
u_O &= \left(1 + \frac{R_f}{R} \right) \cdot R_P \cdot \left(\frac{u_{I1}}{R_1} + \frac{u_{I2}}{R_2} + \frac{u_{I3}}{R_3} \right) \\
&= \frac{R + R_f}{R} \cdot \frac{R_f}{R_f} \cdot R_P \cdot \left(\frac{u_{I1}}{R_1} + \frac{u_{I2}}{R_2} + \frac{u_{I3}}{R_3} \right) \\
&= R_f \cdot \frac{R_P}{R_N} \cdot \left(\frac{u_{I1}}{R_1} + \frac{u_{I2}}{R_2} + \frac{u_{I3}}{R_3} \right)
\end{aligned}
\tag{6-3-12}
$$

式中，$R_N = R /\!/ R_f$。若 $R_N = R_P$，则

$$u_O = R_f \left(\frac{u_{I1}}{R_1} + \frac{u_{I2}}{R_2} + \frac{u_{I3}}{R_3} \right) \tag{6-3-13}$$

与式（6-3-10）相比，仅差一个负号。式（6-3-13）是在输入端信号 $u_P \approx u_N$ 条件下成立的。这个条件表明，u_P、u_N 是一对大小近似相等的共模信号。在采用同相输入方式时，应保证输入电压小于集成运放所允许的最大共模输入电压。

若 $R /\!/ R_f = R_1 /\!/ R_2 /\!/ R_3$，则可省去 R_4。R_4 为匹配电阻，运放在应用时有外调平衡电阻，可以通过调整 R_4 来使得运放信号正负输入端各自连接的电阻平衡。

2. 加减运算电路

当多个输入信号分别作用在运放的两个输入端时，那么输出信号就实现了对输入信号

的加减运算。图 6-3-10 所示为 4 个输入的加减运算电路,表示反相输入端各信号作用和同相输入端各信号作用的电路分别如图 6-3-11(a)和图 6-3-11(b)所示。

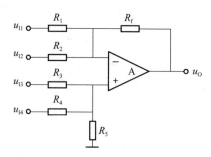

图 6-3-10　加减运算电路

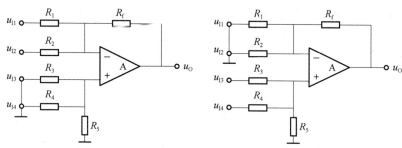

(a) 反相输入端各信号作用时的等效电路　　　(b) 同相输入端各信号作用时的等效电路

图 6-3-11　利用叠加定理求解加减运算电路

图 6-3-11(a)所示电路为反相求和运算电路,故输出电压为

$$u_{O1} = -R_f\left(\frac{u_{I1}}{R_1} + \frac{u_{I2}}{R_2}\right) \tag{6-3-14}$$

图 6-3-11(b)所示电路为同相求和运算电路,若 $R_1 /\!/ R_2 /\!/ R_f = R_3 /\!/ R_4 /\!/ R_5$,则输出电压为

$$u_{O2} = R_f\left(\frac{u_{I3}}{R_3} + \frac{u_{I4}}{R_4}\right) \tag{6-3-15}$$

因此,所有输入信号同时作用时的输出电压为

$$u_O = u_{O1} + u_{O2} = R_f\left(\frac{u_{I3}}{R_3} + \frac{u_{I4}}{R_4} - \frac{u_{I1}}{R_1} - \frac{u_{I2}}{R_2}\right) \tag{6-3-16}$$

若电路只有两个输入,且参数对称,如图 6-3-12 所示,则

$$u_O = \frac{R_f}{R}(u_{I2} - u_{I1}) \tag{6-3-17}$$

电路实现了对输入差模信号的比例运算。

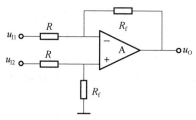

图 6-3-12　差分比例运算电路

在使用单个集成运放构成加减运算电路时存在两个缺点：一是电阻的选取和调整不方便；二是每个信号源的输入电阻均较小。因此，必要时可采用两级电路。例如，可用图 6-3-13 所示电路实现差分比例运算。第一级电路为同相比例运算电路，因而

$$u_{O1} = \left(1 + \frac{R_{f1}}{R_1}\right) u_{I1}$$

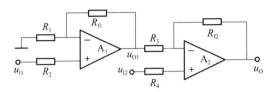

图 6-3-13　高输入电阻的差分比例运算电路

利用叠加定理，第二级电路的输出为

$$u_O = -\frac{R_{f2}}{R_3} u_{O1} + \left(1 + \frac{R_{f2}}{R_3}\right) u_{I2}$$

若 $R_1 = R_{f2}$，$R_3 = R_{f1}$，则

$$u_O = \left(1 + \frac{R_{f2}}{R_3}\right)(u_{I2} - u_{I1}) \tag{6-3-18}$$

从电路的组成可以看出，无论是对于 u_{I1} 还是对于 u_{I2}，均可认为输入电阻为无穷大。

【例题 6-3】　设计一个运算电路，要求输出电压和输入电压的运算关系式为 $u_O = 10u_{I1} - 5u_{I2} - 4u_{I3}$。

解：根据已知的运算关系式可知，当采用单个集成运放构成电路时，u_{I1} 应作用于同相输入端，而 u_{I2} 和 u_{I3} 应作用于反相输入端，如图 6-3-14 所示。

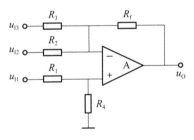

图 6-3-14　例题 6-3 用图 1

选取 $R_f = 100\ \text{k}\Omega$，若 $R_3 \parallel R_2 \parallel R_f = R_1 \parallel R_4$，则

$$u_O = R_f\left(\frac{u_{I1}}{R_1} - \frac{u_{I2}}{R_2} - \frac{u_{I3}}{R_3}\right)$$

因为 $R_f/R_1 = 10$，故 $R_1 = 10\ \text{k}\Omega$；因为 $R_f/R_2 = 5$，故 $R_2 = 20\ \text{k}\Omega$；因为 $R_f/R_3 = 4$，故 $R_3 = 25\ \text{k}\Omega$。

$$\frac{1}{R_4} = \frac{1}{R_2} + \frac{1}{R_3} + \frac{1}{R_f} - \frac{1}{R_1} = \left(\frac{1}{20} + \frac{1}{25} + \frac{1}{100} - \frac{1}{10}\right)(\text{k}\Omega)^{-1} = 0(\text{k}\Omega)^{-1}$$

理论上可省去 R_4。所设计电路如图 6-3-15 所示。

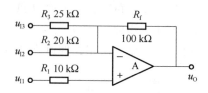

图 6-3-15 例题 6-3 用图 2

6.3.3 积分运算电路和微分运算电路

积分运算电路是模拟计算机和测控系统的基本单元。此外,其还广泛应用于波形的产生和变换,以及仪器仪表之中。积分运算和微分运算互为逆运算,以集成运放作为放大电路,利用电阻和电容作为反馈网络,可以实现这两种运算电路。

1. 积分运算电路

在图 6-3-16 所示积分运算电路中,由于集成运放的同相输入端通过 R' 接地,$u_P = u_N = 0$,为"虚地"。

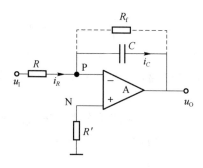

图 6-3-16 积分运算电路

在电路中,电容 C 中的电流等于电阻 R 中的电流,即

$$i_C = i_R = \frac{u_I}{R}$$

输出电压与电容上电压的关系为

$$u_O = -u_C$$

而电容上的电压等于其电流的积分,故

$$u_O = -\frac{1}{C} \int i_C \mathrm{d}t = -\frac{1}{RC} \int u_I \mathrm{d}t \tag{6-3-19}$$

在求解 t_1 到 t_2 时间段的积分值时

$$u_O = -\frac{1}{RC} \int_{t_1}^{t_2} u_I \mathrm{d}t + u_O(t_1) \tag{6-3-20}$$

式中,$u_O(t_1)$ 为积分起始时刻的输出电压,即积分运算的起始值,积分的终值是 t_2 时刻的输出电压。

当 u_I 为常量时,输出电压为

$$u_O = -\frac{1}{RC} u_I(t_2 - t_1) + u_O(t_1) \tag{6-3-21}$$

2. 微分运算电路

（1）基本微分运算电路

若将图 6-3-16 所示电路中电阻 R 和电容 C 的位置互换，则得到基本微分运算电路，如图 6-3-17 所示。

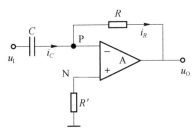

图 6-3-17　基本微分运算电路

根据"虚短"和"虚断"的原则，$u_P = u_N = 0$，为"虚地"，电容两端电压 $u_C = u_I$。因而

$$i_R = i_C = C \frac{\mathrm{d}u_I}{\mathrm{d}t}$$

输出电压为

$$u_O = -i_R R = -RC \frac{\mathrm{d}u_I}{\mathrm{d}t} \tag{6-3-22}$$

输出电压与输入电压的变化率成比例。

（2）实际微分运算电路

在图 6-3-17 所示电路中，无论是输入电压产生阶跃变化还是脉冲式大幅值干扰，都会使得集成运放内部的放大管进入饱和或截止状态，以至于即使信号消失，管子还不能脱离原状态回到放大区，出现阻塞现象，电路不能正常工作；同时，由于反馈网络为滞后所影响，当它与集成运放内部的滞后影响相叠加时，可能会满足自激振荡的条件，从而使电路不稳定。

为了解决上述问题，可在输入端串联一个小阻值的电阻 R_1，以限制输入电流，也就限制了 R 中的电流；在反馈电阻 R 上并联稳压二极管，以限制输出电压幅值，保证集成运放中的放大管始终工作在放大区；在 R 上并联小容量电容 C_1，起相位补偿作用，提高电路的稳定性，如图 6-3-18 所示。该电路的输出电压与输入电压成近似微分关系。若输入电压为方波，且 $RC \ll \dfrac{T}{2}$（T 为方波的周期），则输出为尖顶波，如图 6-3-19 所示。

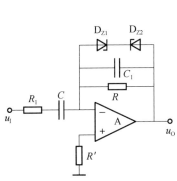

图 6-3-18　实用微分运算电路

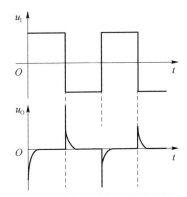

图 6-3-19　微分电路输入输出波形分析

225

【例题 6-4】 电路如图 6-3-20 所示，$C_1 = C_2 = C$，试求出 u_O 与 u_1 的运算关系式。

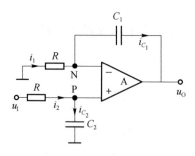

图 6-3-20　例题 6-4 用图

解： 根据"虚短"和"虚断"的原则，在节点 N 上，电流方程为

$$i_1 = i_{C_1}$$

$$-\frac{u_N}{R} = C\,\frac{\mathrm{d}(u_N - u_O)}{\mathrm{d}t} = C\,\frac{\mathrm{d}u_N}{\mathrm{d}t} - C\,\frac{\mathrm{d}u_O}{\mathrm{d}t}$$

$$C\,\frac{\mathrm{d}u_O}{\mathrm{d}t} = C\,\frac{\mathrm{d}u_N}{\mathrm{d}t} + \frac{u_N}{R}$$

在节点 P 上，电流方程为

$$i_2 = i_{C_2}$$

$$\frac{u_1 - u_P}{R} = C\,\frac{\mathrm{d}u_P}{\mathrm{d}t}$$

$$\frac{u_1}{R} = C\,\frac{\mathrm{d}u_P}{\mathrm{d}t} + \frac{u_P}{R}$$

因为 $u_P = u_N$，所以

$$C\,\frac{\mathrm{d}u_O}{\mathrm{d}t} = \frac{u_1}{R}$$

$$u_O = \frac{1}{RC}\int u_1\,\mathrm{d}t$$

在 $t_1 \sim t_2$ 时间段中，u_O 的表达式为

$$u_O = \frac{1}{RC}\int_{t_1}^{t_2} u_1\,\mathrm{d}t + u_O(t_1)$$

电路实现了同相积分运算。

【例题 6-5】 在自动控制系统中，常采用图 6-3-21 所示的 PID 调节器，试分析输出电压与输入电压的运算关系式。

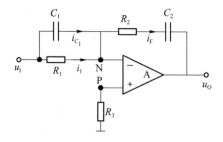

图 6-3-21　例题 6-5 用图

解:根据"虚短"和"虚断"的原则,$u_P = u_N = 0$,为虚地。N 点的电流方程为

$$i_F = i_{C_1} + i_1$$

$$i_{C_1} = C_1 \frac{\mathrm{d}u_1}{\mathrm{d}t}$$

$$i_1 = \frac{u_1}{R_1}$$

$$u_O = -(u_{R_2} + u_{C_2})$$

而

$$u_{R_2} = i_F R_2 = \frac{R_2}{R_1} u_1 + R_2 C_1 \frac{\mathrm{d}u_1}{\mathrm{d}t}$$

$$u_{C_2} = \frac{1}{C_2} \int i_F \mathrm{d}t = \frac{1}{C_2} \int \left(C_1 \frac{\mathrm{d}u_1}{\mathrm{d}t} + \frac{u_1}{R_1} \right) \mathrm{d}t$$

$$= \frac{C_1}{C_2} u_1 + \frac{1}{R_1 C_2} \int u_1 \mathrm{d}t$$

所以

$$u_O = -\left(\frac{R_2}{R_1} + \frac{C_1}{C_2} \right) u_1 - R_2 C_1 \frac{\mathrm{d}u_1}{\mathrm{d}t} - \frac{1}{R_1 C_2} \int u_1 \mathrm{d}t$$

因电路中含有比例、积分和微分运算,故称之为 PID 调节器。

当 $R_2 = 0$ 时,电路只有比例和积分运算部分,称为 PI 调节器;当 C_2 短路时,电路只有比例和微分运算部分,称为 PD 调节器;根据控制中的不同需要,采用不同的调节器。

6.4　有源滤波电路

能够对信号的频率进行选择的电路称为滤波电路,它让指定频率范围内的信号通过,而阻止其他频率的信号通过。

6.4.1　有源滤波与无源滤波

在第 4 章中我们介绍了系统函数和滤波的一些基本概念。若滤波电路仅由无源元件(电阻、电容、电感)组成,则称为无源滤波电路。若滤波电路由无源元件和有源元件(三极管、场效应管、集成运放)共同组成,则称为有源滤波电路。第 4 章介绍的系统函数 $H(\mathrm{j}\omega)$ 就是放大电路中的放大倍数 $\dot{A}_u$。

为了使负载不影响滤波特性,可在无源滤波电路和负载之间加一个高输入电阻、低输出电阻的隔离电路,最简单的方法是加一个电压跟随器,如图 6-4-1 所示,这样就构成了有源滤波电路。

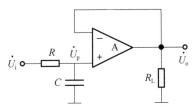

图 6-4-1　有源滤波电路

在理想集成运放的条件下,由于电压跟随器的输入电阻为无穷大,输出电阻为零,因而 $\dot{U}_p$ 的大小仅决定于 RC 的取值。输出电压 $\dot{U}_o = \dot{U}_p$,所以电压放大倍数(见第 4 章例题 4-12) $\dot{A}_u = \dfrac{1}{1+\mathrm{j}\omega RC}$。在集成运放功耗允许的情况下,负载变化时放大倍数的表达式不变,因此频率特性不变。

有源滤波电路一般由 RCL 无源滤波网络和集成运放组成,由于存在有源放大器件,必须考虑有源器件的静态工作点,因而必须在合适的直流电源供电情况下其才能起滤波作用,与此同时还可以进行放大。在组成电路时,应选用带宽合适的集成运放。有源滤波电路不适用于高电压、大电流的负载,只适用于信号处理。通常,直流电源中整流后的滤波电路均采用无源电路;在大电流负载时,应采用 LC(电感、电容)电路。

6.4.2　低通滤波器通频带分析

本节以低通滤波器为例,阐明有源滤波电路的组成、特点及分析方法。

1. 同相输入低通滤波器

（1）一阶电路

图 6-4-2 所示为一阶低通滤波电路,其系统函数(放大倍数)为

$$A_u(\mathrm{j}\omega) = \frac{U_o(\mathrm{j}\omega)}{U_i(\mathrm{j}\omega)} = \left(1+\frac{R_2}{R_1}\right)U_p(\mathrm{j}\omega)/U_i(\mathrm{j}\omega)$$

$$= \left(1+\frac{R_2}{R_1}\right)\frac{1}{1+\mathrm{j}\omega RC}$$

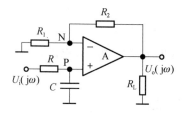

图 6-4-2　一阶低通滤波电路

令 $f_0 = \dfrac{1}{2\pi RC}$,得电压放大倍数为

$$\dot{A}_u = \left(1+\frac{R_2}{R_1}\right)\frac{1}{1+\mathrm{j}\dfrac{f}{f_0}} \tag{6-4-1}$$

式中,f_0 称为特征频率。令 $f=0$,可得通频带放大倍数为

$$\dot{A}_{up} = 1+\frac{R_2}{R_1} \tag{6-4-2}$$

当 $f=f_0$ 时,$\dot{A}_u = \dfrac{\dot{A}_{up}}{\sqrt{2}}$,故通频带截止频率 $f_p = f_0$。幅频特性如图 6-4-3 所示,当 $f \gg f_p$ 时,曲线按 $-20\ \mathrm{dB}/$十倍频下降。

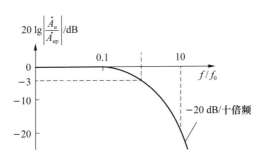

图 6-4-3　一阶低通滤波电路的幅频特性

（2）简单二阶电路

一阶电路的过渡带较宽，幅频特性的最大衰减斜率仅为 -20 dB/十倍频。增加 RC 环节，可加大衰减斜率。

图 6-4-4 所示为简单二阶低通滤波电路。其通频带放大倍数与一阶电路相同。系统函数为

$$A_u(\text{j}\omega) = \left(1 + \frac{R_2}{R_1}\right) \cdot \frac{U_\text{p}(\text{j}\omega)}{U_\text{i}(\text{j}\omega)} = \left(1 + \frac{R_2}{R_1}\right) \cdot \frac{U_\text{p}(\text{j}\omega)}{U_\text{M}(\text{j}\omega)} \cdot \frac{U_\text{M}(\text{j}\omega)}{U_\text{i}(\text{j}\omega)} \qquad (6\text{-}4\text{-}3)$$

当 $C_1 = C_2 = C$ 时，

$$\frac{U_\text{p}(\text{j}\omega)}{U_\text{M}(\text{j}\omega)} = \frac{1}{1 + \text{j}\omega RC}$$

$$\frac{U_\text{M}(\text{j}\omega)}{U_\text{i}(\text{j}\omega)} = \frac{\dfrac{1}{\text{j}\omega C} \,/\!/\, \left(R + \dfrac{1}{\text{j}\omega C}\right)}{R + \left[\dfrac{1}{\text{j}\omega C} \,/\!/\, \left(R + \dfrac{1}{\text{j}\omega C}\right)\right]}$$

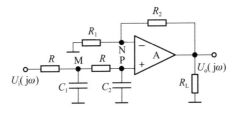

图 6-4-4　简单二阶低通滤波电路

代入式（6-4-3），整理可得

$$A_u(\text{j}\omega) = \left(1 + \frac{R_2}{R_1}\right) \frac{1}{1 + 3\text{j}\omega RC + (\text{j}\omega RC)^2} \qquad (6\text{-}4\text{-}4)$$

令 $f_0 = \dfrac{1}{2\pi RC}$，得出电压放大倍数的表达式为

$$\dot{A}_u = \frac{1 + \dfrac{R_2}{R_1}}{1 - \left(\dfrac{f}{f_0}\right)^2 + \text{j}3\,\dfrac{f}{f_0}} \qquad (6\text{-}4\text{-}5)$$

令式（6-4-5）中分母的模等于 $\sqrt{2}$，对应增益 -3 dB。可解出通频带截止频率为

$$f_\text{p} \approx 0.37 f_0 \qquad (6\text{-}4\text{-}6)$$

幅频特性如图 6-4-5 所示。衰减斜率达 -40 dB/十倍频。

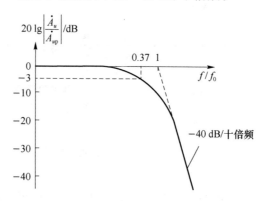

图 6-4-5 简单二阶低通滤波电路的幅频特性

2. 反相输入低通滤波器

（1）一阶电路

集成运放的积分运算电路具有低通特性,但是当频率趋于零时电压放大倍数的数值趋于无穷大,其幅频特性如图 6-4-6(b) 所示。由前面的分析可知,通频带放大倍数决定于由电阻组成的负反馈网络,故在积分运算电路中的电容上并联一个电阻,可得到图 6-4-6(a) 所示的反相输入一阶低通滤波电路。令信号频率等于零,可得通频带放大倍数为

$$\dot{A}_{up} = -\frac{R_2}{R_1} \tag{6-4-7}$$

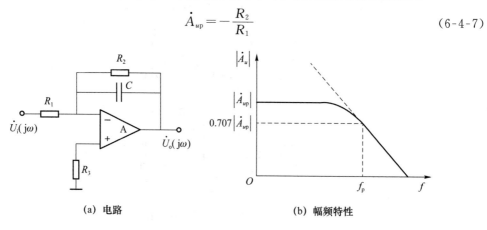

(a) 电路   (b) 幅频特性

图 6-4-6 反相输入一阶低通滤波电路

电路的系统函数为

$$A_u(j\omega) = -\frac{R_2 \mathbin{/\mkern-5mu/} \dfrac{1}{j\omega C}}{R_1} = -\frac{R_2}{R_1} \cdot \frac{1}{1+j\omega R_2 C} \tag{6-4-8}$$

令 $f_0 = \dfrac{1}{2\pi R_2 C}$,得电压放大倍数为

$$\dot{A}_u = \frac{\dot{A}_{up}}{1+j\,\dfrac{f}{f_0}} \tag{6-4-9}$$

通带截止频率 $f_p = f_0$,幅频特性如图 6-4-6(b) 中实线所示。

（2）二阶电路

与同相输入电路类似，增加 RC 环节，可以使滤波器的过渡带变窄，衰减斜率加大，电路如图 6-4-7 所示。

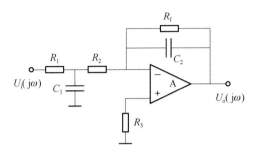

图 6-4-7　简单二阶低通滤波电路

在图 6-4-8 所示电路中，当 $f=0$ 时，C_1 和 C_2 均开路，故通带放大倍数为

$$A_{up}=-\frac{R_f}{R_1} \tag{6-4-10}$$

M 点的电流方程为

$$\dot{I}_1=\dot{I}_f+\dot{I}_2+\dot{I}_{C_1}$$

$$\frac{U_i(j\omega)-U_M(j\omega)}{R_1}=\frac{U_M(j\omega)-U_o(j\omega)}{R_f}+\frac{U_M(j\omega)}{R_2}+j\omega U_M(j\omega)C_1 \tag{6-4-11}$$

其中

$$U_o(j\omega)=-\frac{1}{j\omega R_2 C_2}\cdot U_M(j\omega) \tag{6-4-12}$$

解式（6-4-11）和式（6-4-12）组成的联立方程，得到系统函数为

$$A_u(j\omega)=\frac{A_{up}(j\omega)}{1+j\omega C_2 R_2 R_f\left(\frac{1}{R_1}+\frac{1}{R_2}+\frac{1}{R_f}\right)-\omega^2 C_1 C_2 R_2 R_f} \tag{6-4-13}$$

从式（6-4-13）的分母可以看出，滤波器不会因通带放大倍数过大而产生自激振荡。因为图 6-4-8 所示电路中的集成运放可看作理想集成运放，即可认为其增益无穷大，故称该电路为无限增益多路反馈滤波电路。

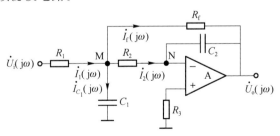

图 6-4-8　无限增益多路反馈二阶低通滤波电路

当多个低通滤波器串联起来时，就可得到高阶低通滤波器。图 6-4-9 所示为四阶低通滤波器的框图。

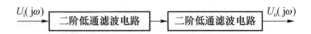

图 6-4-9 四阶低通滤波器框图

通信系统中常见的低通滤波器有 3 种,分别为巴特沃思滤波器、切比雪夫滤波器和贝塞尔滤波器,其二阶低通滤波电路的幅频特性如图 6-4-10 所示。具体滤波器性能设计请参见有关数字信号处理的书籍。

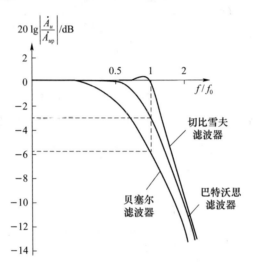

图 6-4-10 3 种类型滤波器的二阶低通滤波电路的幅频特性

6.4.3 高通与带通滤波电路

1. 高通滤波电路

高通滤波电路与低通滤波电路具有对偶性,如果将低通滤波电路中的电容替换成电阻,将电阻替换成电容,就可得各种高通滤波器。图 6-4-11(a)所示为压控电压源二阶高通滤波电路,图 6-4-11(b)所示为无限增益多路反馈高通滤波电路。

图 6-2-11(a)所示电路的传递函数、通带放大倍数、截止频率和品质因数分别为

$$A_u(\mathrm{j}\omega) = A_{u\mathrm{p}}(\mathrm{j}\omega) \cdot \frac{(\mathrm{j}\omega RC)^2}{1 + \mathrm{j}\omega(3 - A_{u\mathrm{p}})RC + (\mathrm{j}\omega RC)^2} \tag{6-4-14}$$

$$A_{u\mathrm{p}} = 1 + \frac{R_{\mathrm{f}}}{R_1} \tag{6-4-15}$$

$$f_{\mathrm{p}} = \frac{1}{2\pi RC} \tag{6-4-16}$$

$$Q = \left| \frac{1}{3 - A_{u\mathrm{p}}} \right| \tag{6-4-17}$$

图 6-4-11(b)所示电路的系统函数、通带放大倍数、截止频率和品质因数分别为

$$A_u(\mathrm{j}\omega) = A_{u\mathrm{p}}(\mathrm{j}\omega) \cdot \frac{-\omega^2 R_1 R_2 C_2 C_3}{1 + \mathrm{j}\omega \dfrac{R_2}{C_2 C_3}(C_1 + C_2 + C_3) - \omega^2 R_1 R_2 C_2 C_3} \tag{6-4-18}$$

$$A_{up} = -\frac{C_1}{C_3} \qquad (6\text{-}4\text{-}19)$$

$$f_p = \frac{1}{2\pi\sqrt{R_1 R_2 C_2 C_3}} \qquad (6\text{-}4\text{-}20)$$

$$Q = (C_1 + C_2 + C_3)\sqrt{\frac{R_1}{C_2 C_3 R_2}} \qquad (6\text{-}4\text{-}21)$$

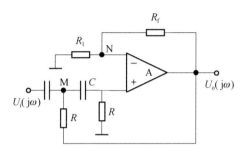 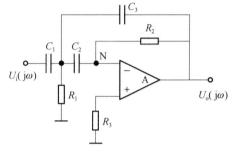

(a) 压控电压源二阶高通滤波电路　　　　(b) 无限增益多路反馈高通滤波电路

图 6-4-11　二阶高通滤波电路

2. 带通滤波电路

将低通滤波器和高通滤波器串联,如图 6-4-12 所示,就可得到带通滤波器。设前者的截止频率为 f_{p1},后者的截止频率为 f_{p2},f_{p2} 应小于 f_{p1},则通频带为 $f_{p1} - f_{p2}$。在实用电路中也常采用单个集成运放构成压控电压源二阶带通滤波电路,如图 6-4-13 所示。

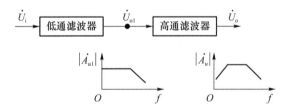

图 6-4-12　由低通滤波器和高通滤波器串联组成的带通滤波器

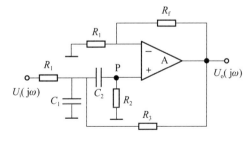

图 6-4-13　压控电压源二阶带通滤波电路

$\dot{U}_p$ 为同相比例运算电路的输入,比例系数为

$$\dot{A}_{uf} = \frac{\dot{U}_o}{\dot{U}_i} = 1 + \frac{R_f}{R_1} \qquad (6\text{-}4\text{-}22)$$

当 $C_1 = C_2 = C, R_1 = R, R_2 = 2R$ 时，电路的系统函数为

$$\dot{A}_u(\mathrm{j}\omega) = \dot{A}_{uf}(\mathrm{j}\omega) \cdot \frac{\mathrm{j}\omega RC}{1 + \mathrm{j}\omega[3 - \dot{A}_{uf}(\mathrm{j}\omega)]RC + (\mathrm{j}\omega RC)^2} \qquad (6\text{-}4\text{-}23)$$

令中心频率 $f_0 = \dfrac{1}{2\pi RC}$，电压放大倍数为

$$\dot{A}_u = \frac{\dot{A}_{uf}}{3 - \dot{A}_{uf}} \cdot \frac{1}{1 + \mathrm{j}\dfrac{1}{3 - \dot{A}_{uf}}\left(\dfrac{f}{f_0} - \dfrac{f_0}{f}\right)} \qquad (6\text{-}4\text{-}24)$$

当 $f = f_0$ 时，得出通频带放大倍数为

$$\dot{A}_{up} = \frac{\dot{A}_{uf}}{|3 - \dot{A}_{uf}|}$$

令 $Q = \dfrac{1}{|3 - \dot{A}_{uf}|}$，则

$$\dot{A}_{up} = Q\dot{A}_{uf} \qquad (6\text{-}4\text{-}25)$$

令式(6-4-24)中分母的模为 $\sqrt{2}$，即式(6-4-24)中分母虚部的绝对值为1，即

$$\left| \frac{1}{3 - \dot{A}_{uf}}\left(\frac{f_p}{f_0} - \frac{f_0}{f_p}\right) \right| = 1$$

解方程，取正根，就可得到下限截止频率 f_{p1} 和上限截止频率 f_{p2} 分别为

$$\begin{cases} f_{p1} = \dfrac{f_0}{2}\left[\sqrt{(3 - A_{uf})^2 + 4} - (3 - A_{uf})\right] \\[2mm] f_{p2} = \dfrac{f_0}{2}\left[\sqrt{(3 - A_{uf})^2 + 4} + (3 - A_{uf})\right] \end{cases}$$

因此，通频带

$$f_{bw} = f_{p2} - f_{p1} = |3 - A_{uf}|f_0 = \frac{f_0}{Q} \qquad (6\text{-}4\text{-}26)$$

电路的幅频特性如图 6-4-14 所示。Q 值愈大，通带放大倍数愈大，频带愈窄，选频特性愈好。调整电路的 $\dot{A}_{up}$，能够改变频带宽度。

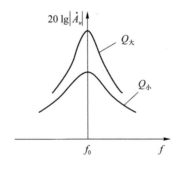

图 6-4-14　压控电压源二阶带通滤波电路的幅频特性

关于带阻滤波电路与全通滤波电路，读者可以查看其他电子电路的设计书籍，其分析方法与高通滤波器和低通滤波器相似，在此不再赘述。

6.5　电子系统中的放大电路

在电子仪表与信息系统中,通过传感器或其他途径所采集的信号往往很小,不能直接进行运算、滤波等处理,因此在处理前需要先进行弱信号的放大处理。在此简单介绍几种常用的放大电路和预处理中的一些实际问题。

6.5.1　仪表放大器

1. 仪表放大器的特点

在测量系统中,通常先将被测物理量通过传感器转换为电信号,然后对其进行放大。因此,传感器的输出是放大器的信号源。然而,多数传感器的等效电阻都不是常量,而是随所测物理量的变化而变化。这样,对于放大器而言,信号源内阻 R_s 是变量,根据电压放大倍数的表达式

$$\dot{A}_{us} = \frac{R_i}{R_s + R_i} \dot{A}_u$$

可知,放大器的放大能力将随信号大小而变。为了保证放大器对不同幅值信号具有稳定的放大倍数,必须使放大器的输入电阻 $R_i \gg R_s$,R_i 越大,因信号源内阻变化而引起的放大误差就越小。

此外,从传感器所获得的信号常为差模小信号,并含有较大的共模部分,其数值有时远大于差模信号。因此,要求放大器具有较大的共模抑制比。

2. 基本电路

集成仪表放大器的具体电路多种多样,很多电路都是在图 6-5-1 所示电路的基础上演变而来的。

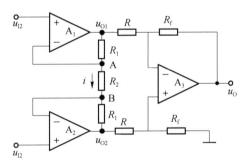

图 6-5-1　三运放构成的精密放大器

根据运算电路的基本分析方法,在图 6-5-1 所示电路中,$u_A = u_{I1}$,$u_B = u_{I2}$,因而

$$\frac{u_{I1} - u_{I2}}{R_2} = \frac{u_{O1} - u_{O2}}{2R_1 + R_2}$$

即

$$u_{O1} - u_{O2} = \left(1 + \frac{2R_1}{R_2}\right)(u_{I1} - u_{I2})$$

所以输出电压

$$u_O = -\frac{R_f}{R}(u_{O1} - u_{O2}) = -\frac{R_f}{R}\left(1 + \frac{2R_1}{R_2}\right)(u_{I1} - u_{I2}) \tag{6-5-1}$$

从式(6-5-1)可知,电路放大差模信号,抑制共模信号。差模放大倍数越大,共模抑制比越高。当输入信号中含有共模噪声时,该噪声将被抑制。

3. 集成仪表放大器

图 6-5-2 所示为型号是 INA102 的集成仪表放大器,图中各电容均为相位补偿电容。第一级电路由两个集成运放 A_1 和 A_2 以及电阻 R_1、R_2、R_3 组成;第二级是由集成运放 A_3 组成的差分放大电路,电压放大倍数为 1。

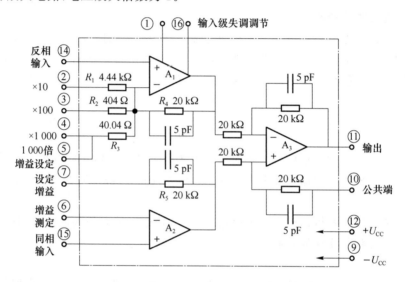

图 6-5-2　型号为 INA102 的集成仪表放大器

INA102 的电源和输入级失调调整管脚接法如图 6-5-3 所示,两个 $1\ \mu F$ 电容为去耦电容。改变其他管脚的外部接线可以改变第一级电路的增益,分为 1、10、100 和 1 000 4 种情况,接法如表 6-5-1 所示。

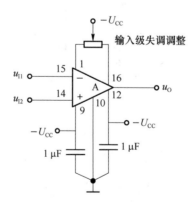

图 6-5-3　INA102 的外接电源和输入级失调调整

236

表 6-5-1 INA102 集成仪表放大器增益的设定

增益	引脚连接
1	6 和 7
10	2、6 和 7
100	3、6 和 7
1 000	4 和 7,5 和 6

INA102 的输入电阻可达 10^4 MΩ,共模抑制比为 100 dB,输出电阻为 0.1 Ω,小信号带宽为 300 kHz;当电源电压为 ±15 V 时,最大共模输入电压为 ±12.5 V。

4. 应用举例

图 6-5-4 所示为采用 PN 结温度传感器的数字式温度计电路,测量范围为 −50 ℃ ~ +150 ℃,分辨率为 0.1 ℃。电路由 3 部分组成,如图 6-5-4 中所标注。R_1、R_2、D 和 R_{w1} 构成测量电桥,D 为温度测试元件,即温度传感器。电桥的输出信号接到集成仪表放大器 INA102 的输入端进行放大。A_2 构成的电压跟随器起隔离作用。电压跟随器驱动电压表,实现数字化显示。

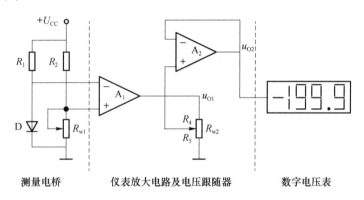

图 6-5-4 数字式温度计电路

设放大后电路的灵敏度为 10 mV/℃,则在温度从 −50 ℃ 变化到 +150 ℃ 时,输出电压的变化范围为 2 V,即 −0.5~+1.5 V。当 INA102 的电源电压为 ±18 V 时,可将 INA102 的引脚②、⑥和⑦连接在一起,设定仪表放大器的电压放大倍数为 10,仪表放大器的输出电压范围为 −5~+15 V。根据运算电路的分析方法,可以求出 A_1 和 A_2 输出电压的表达式为

$$\begin{cases} u_{O1} = -10(u_D - u_{R_{w1}}) \\ u_{O2} = -\dfrac{10R_5}{R_{w2}}(u_D - u_{R_{w1}}) \end{cases}$$

改变 R_{w2} 滑动端的位置可以改变放大电路的电压放大倍数,从而调整数字电压表的显示数据。

6.5.2 隔离放大器

在远距离信号传输过程中,强干扰的引入常使放大电路的输出有着很大的干扰,甚至将有用信号淹没,造成系统无法正常工作。将电路的输入侧和输出侧在电气上完全隔离的放

大电路称为隔离放大器。它既可切断输入侧和输出侧电路间的直接联系,避免干扰混入输出信号,又可使有用信号畅通无阻。

目前集成隔离放大器有变压器耦合式、光电耦合式和电容耦合式 3 种。这里仅对变压器耦合式简单加以介绍。

变压器耦合隔离放大电路不能直接放大直流信号和变化缓慢的低频交流信号。在隔离放大器中,变压器输入侧将输入电压与一个具有较高固定频率的信号混合(称为调制),经变压器耦合,输出侧再将调制信号还原成原信号(称为解调)并输出,从而达到传递直流信号和低频信号的目的。可见,变压器耦合隔离放大器通过调制和解调的方法传递信号。图 6-5-5 所示为型号是 AD210 的变压器耦合隔离放大器,其引脚及其功能如表 6-5-2 所示,为了阅读方便,表中引脚号与图 6-5-5 所示对应。

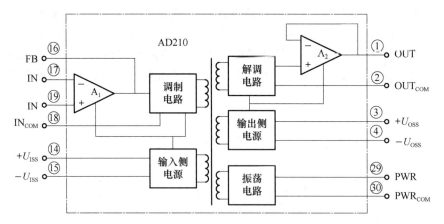

图 6-5-5　AD210 变压器耦合隔离放大器

表 6-5-2　AD210 变压器耦合隔离放大器的引脚及其功能

引脚号	功能	引脚号	功能
16	输入放大电路的输出端,用于接入反馈	1	电路输出端
17	反相输入端	2	输出侧公共端
19	同相输入端	3	输出侧正电源
18	输入侧公共端	4	输出侧负电源
14	输入侧正电源	29	外接的电源电压
15	输入侧负电源	30	外接电源的公共端

在图 6-5-5 中,A_1 为输入放大电路,可以同相输入,也可以反相输入,分别构成同相比例运算电路或反相比例运算电路,从而设定整个电路的增益,增益数值为 $1 \sim 100$。A_1 的输出信号经调制电路与振荡器的输出电压波形混合,通过变压器耦合到输出侧,再经解调电路还原,最后通过 A_2 构成的电压跟随器输出,以增强带负载能力。振荡器的输出通过变压器耦合到输入侧,经电源电路变换为直流电,为 A_1 和调制电路供电;振荡器的输出通过变压器耦合到输出侧,经电源电路变换为直流电,为 A_2 和解调电路供电;而振荡器则由外部供电。

由此可见,输入侧、输出侧和振荡器的供电电源相互隔离,并各自有公共端。这类隔离放大器称为三端口隔离电路,其额定隔离电压高达 2 500 V。此外,还有二端口电路,这类电路的输出侧电源和振荡器电源之间有直流通路,而它们与输入侧电源相互隔离。

在变压器隔离放大器中,制作变压器时,应采用尽量降低匝间电容、使绕组严格对称、在原副边之间加屏蔽等工艺手段来减小外界磁场的影响,增强隔离效果。

6.6　集成运放的选择与使用注意事项

6.6.1　集成运放的选择

在通常情况下,在设计集成运放应用电路时,没有必要研究集成运放的内部电路,而要根据设计需求寻找具有相应性能指标的芯片,这些芯片都是生产厂家根据各种常用的应用场合和使用环境已经设计好的。所以,了解集成运放的类型,理解集成运放主要性能指标的物理意义,是正确选择集成运放的前提。应根据以下几方面的要求选择集成运放。

1. 信号源的性质

根据信号源是电压源还是电流源,内阻大小、输入信号的幅值及频率的变化范围等,选择运放的差模输入电阻 r_{id}、$-3\,dB$ 带宽(或单位增益带宽)、转换速率等指标参数。

2. 负载的性质

根据放大电路所承载负载电阻的大小,确定所需集成运放的输出电压和输出电流的幅值。对于容性负载或感性负载,还要考虑它们对频率参数的影响。

3. 精度要求

对模拟信号的处理,如放大、运算等,往往会提出精度要求,例如,对电压进行比较时,会提出响应时间、灵敏度的指标要求。根据这些要求选择集运放的开环差模增益 A_{od}、失调电压 U_{IO}、失调电流 I_{IO} 及转换速率等指标参数。

4. 环境条件

根据环境温度的变化范围,可正确选择运放的失调电压及失调电流的温漂 dU_{IO}/dT、dI_{IO}/dT 等参数;根据所能提供的电源(如有些情况下只能用干电池)选择集成运放的电源电压;根据对能耗有无限制,选择运放的功耗;等等。

有了上述分析结果就可以通过查阅手册等手段选择某一型号的集成运放了,必要时还可以通过各种 EDA 软件进行仿真,最终确定最满意的芯片。

目前,各种专用集成运放和多方面性能俱佳的集成运放种类繁多,采用它们会大大提高电路的性能。不过,从性能价格比方面考虑,应尽量采用通用型集成运放,只有在通用型集成运放不满足应用要求时才采用特殊型集成运放。

6.6.2　使用集成运放必做的工作和保护措施

本节将对使用集成运放时必做的工作和集成运放的保护措施作简单的介绍。

1. 必做的工作

(1) 集成运放的外引线(管脚)

目前,集成运放的常见封装方式有金属壳封装式和双列直插式封装,外形如图 6-6-1 所示,以后者居多。双列直插式集成运放有 8 管脚、10 管脚、12 管脚、14 管脚、16 管脚等种类,虽然它们的管脚排列日趋标准化,但各制造厂仍略有区别。因此,使用集成运放前必须查阅有关手册,辨认管脚,以便正确连线。

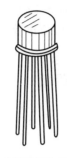
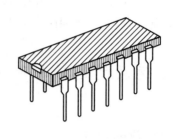

(a) 金属壳封装式的外形　　　　(b) 双列直插式的外形

图 6-6-1　集成运放的外形

（2）参数测量

使用集成运放之前往往要用简易测试法判断其好坏,例如,用万用表电阻的中间挡（"×100 Ω"挡或"×1 kΩ"挡,避免电流或电压过大）对照管脚测试有无短路或断路现象。必要时还可采用测试设备量测集成运放的主要参数。

（3）调零或调整偏置电压

由于失调电压及失调电流的存在,输入为零时输出往往不为零。对于内部无自动稳零措施的运放需外加调零电路,使之在零输入时输出为零。

对于单电源供电的集成运放,常需在输入端加直流偏置电压,设置合适的静态输出电压,以便能放大正、负两个方向的变化信号。

（4）消除自激振荡

为防止电路产生自激振荡,应在集成运放的电源端加上去耦电容。有的集成运放需外接频率补偿电容 C,应注意接入合适容量的电容。

去耦电容的作用是消除各电路因同用一个电源相互之间产生的影响。"去耦"是指去掉联系,一般去耦电容多用一个容量大的和一个容量小的电容并联在电源正、负极。

2. 保护措施

集成运放在使用中常因以下 3 种原因被损坏:输入信号过大,PN 结击穿;电源电压极性接反或过高;输出端直接接"地"或接电源,使运放输出级功耗过大而损坏。为使集成运放安全工作,需从以下 3 个方面进行保护。

（1）输入保护

在一般情况下,运放工作在开环（即未引反馈）状态时,易因差模电压过大而损坏;在闭环状态时,易因共模电压超出极限值而损坏。图 6-6-2(a)是防止差模电压过大的保护电路,图 6-6-2(b)是防止共模电压过大的保护电路。

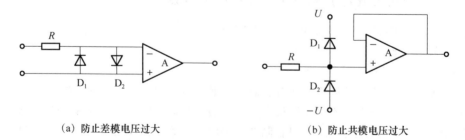

(a) 防止差模电压过大　　　　　　(b) 防止共模电压过大

图 6-6-2　输入保护措施

（2）输出保护

图 6-6-3 所示为输出端保护电路，限流电阻 R 与稳压管 D_z 构成限幅电路。一方面将负载与集成运放输出端隔离开来，限制了集成运放的输出电流；另一方面限制了输出电压的幅值。当然，任何保护措施都是有限度的，若将输出端直接接电源，则稳压管会被损坏，使电路的输出电阻大大提高，影响电路的性能。

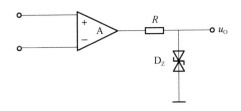

图 6-6-3　输出保护电路

（3）电源端保护

为了防止电源极性接反，可利用二极管的单向导电性，在电源端串联二极管来实现保护功能，如图 6-6-4 所示。

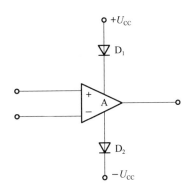

图 6-6-4　电源端保护

习　题　6

注意：习题中的集成运放均为理想运放。

6-1　根据下列要求，将应优先考虑使用的集成运放填入空内。已知现有集成运放的类型是：

A. 通用型　　　　B. 高阻型　　　　C. 高速型　　　　D. 低功耗型

E. 高压型　　　　F. 大功率型　　　G. 高精度型

① 作低频放大器，应选用_____。

② 作宽频带放大器，应选用_____。

③ 作幅值为 $1\,\mu V$ 以下微弱信号的测量放大器，应选用_____。

④ 作内阻为 $100\,k\Omega$ 信号源的放大器，应选用_____。

⑤ 负载需 5 A 电流驱动的放大器,应选用_____。

⑥ 要求输出电压幅值为 ±80 V 的放大器,应选用_____。

6-2 已知集成运放的参数如题表 6-1 所示,试分别说明它们各属于哪种类型的集成运放。

题表 6-1

特性指标	A_{od}	r_{id}	U_{IO}	I_{IO}	I_{IB}	$-3\,dB\,f_H$	K_{CMR}	SR	单位增益带宽
单位	dB	MΩ	mV	nA	nA	Hz	dB	V/μs	MHz
A_1	100	2	5	200	600	7	86	0.5	
A_2	130	2	0.01	2	40	7	120	0.5	
A_3	100	1 000	5	0.02	0.03		86	0.5	5
A_4	100	2	2	20	150		96	65	12.5

6-3 电路如题图 6-1 所示,各三极管的低频跨导均为 g_m,T_1 和 T_2 d-s 间的动态电阻分别为 r_{ds1} 和 r_{ds2}。试求解电压放大倍数 $A_u = \Delta u_O / \Delta u_I$ 的表达式。

6-4 电路如题图 6-2 所示,T_1 与 T_2 特性相同,它们的低频跨导为 g_m;T_3 与 T_4 特性对称;T_2 与 T_4 d-s 间的动态电阻为 r_{ds2} 和 r_{ds4}。试求出电压放大倍数 $A_u = \Delta u_O / \Delta(u_{I1} - u_{I2})$ 的表达式。

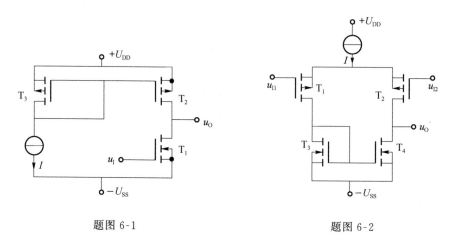

题图 6-1   题图 6-2

6-5 电路如题图 6-3 所示,输入电压 $u_I = 150\,mV$,已知各三极管 $\beta = 60$,$r_{be} = 200\,\Omega$,$u_{be} = 0.7\,V$。

① 求静态工作点 I_{BQ}、I_{CQ}、U_{CEQ};

② 计算输出电压 u_O。

6-6 电路如题图 6-4 所示,T_1 与 T_2 为理想三极管,电路具有理想的对称性。选择合适的答案填入空内。

① 该电路采用了_____。

A. 共集-共基接法

B. 共集-共射接法

C. 共射-共基接法

② 电路采用上述接法是为了_____。

A. 增大输入电阻

B. 增大电流放大系数

C. 展宽频带

③ T_1 与 T_2 的静态管压降约为_____。

A. 0.7 V　　　　　　　　B. 1.4 V　　　　　　　　C. 不可知

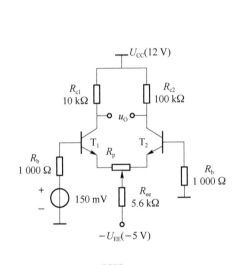

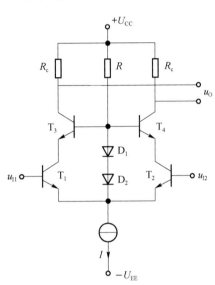

题图 6-3　　　　　　　　　　　　　　　　　题图 6-4

6-7　在题图 6-5 所示电路中,已知 $T_1 \sim T_3$ 的特性完全相同,$\beta \gg 2$;反相输入端的输入电流为 i_{I1},同相输入端的输入电流为 i_{I2}。试估算 i_{C2}、i_{B3} 和 $A_{ui} = \Delta u_O / (i_{I1} - i_{I2})$。

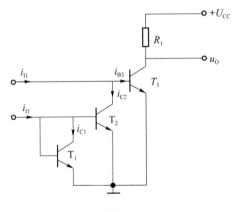

题图 6-5

6-8　在放大电路分析中,通常把三极管的门限电压看作零,但实际上,门限电压不能为零,且电压和电流的关系不是线性的,在输入电压较低时,输出电压存在着死区,此段输出电压与输入电压不存在线性关系,产生失真。这种失真出现在通过零值处,因此被称为交越失真。两个电路如题图 6-6 所示,说明其是如何消除交越失真和如何实现过流保护的。

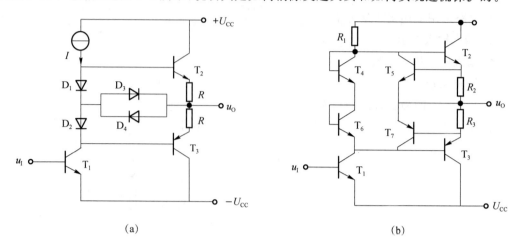

(a)   (b)

题图 6-6

6-9 电路如题图 6-7 所示,设 T_1、T_2 的特性相同,$\beta = 2\,000$,T_3 和 T_4 的特性相同,$\beta = 100$,试求差模电压增益 A_{ud}。

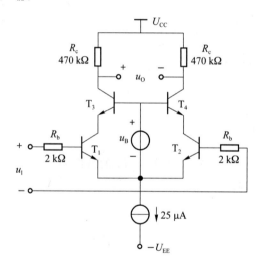

题图 6-7

6-10 在题图 6-8 所示的电路中,A 为理想运放。写出 u_O 与 u_I 的关系式,试计算流过电阻 R_2 的电流 I_2。

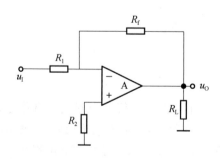

题图 6-8

6-11 填空：

① _____运算电路可实现 $A_u > 1$ 的放大器。

② _____运算电路可实现 $A_u < 0$ 的放大器。

③ _____运算电路可实现函数 $Y = aX_1 + bX_2 + cX_3$，a、b 和 c 均大于零。

④ _____运算电路可实现函数 $Y = aX_1 + bX_2 + cX_3$，a、b 和 c 均小于零。

6-12 电路如题图 6-9 所示，集成运放输出电压的最大幅值为 ± 14 V，填写题表 6-2。

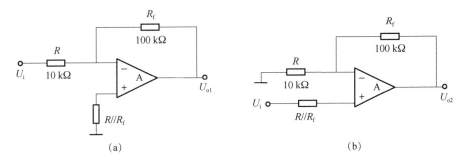

题图 6-9

题表 6-2

u_1/V	0.1	0.5	1.0	1.5
u_{O1}/V				
u_{O2}/V				

6-13 设计一个比例运算电路，要求输入电阻 $R_i = 20$ kΩ，比例系数为 -50。

6-14 电路如题图 6-10 所示，试求其输入电阻以及输入电压 u_1 与输出电压 u_O 的比例系数。

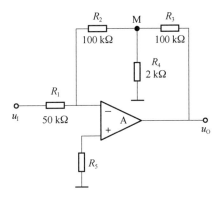

题图 6-10

6-15 电路如题图 6-10 所示，集成运放输出电压的最大幅值为 ± 14 V，u_1 为 2 V 的直流信号，分别求出下列各种情况下的输出电压：

① R_2 短路；

245

② R_3 短路；

③ R_4 短路；

④ R_4 断路。

6-16 试求题图 6-11 所示各电路输出电压与输入电压的运算关系式。

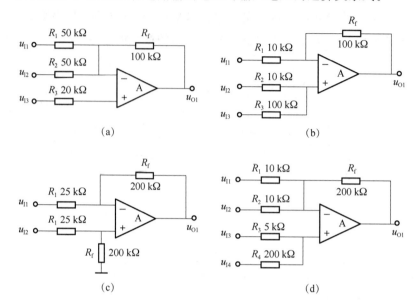

题图 6-11

6-17 在题图 6-11 所示各电路中，集成运放的共模信号分别为多少？要求写出表达式。

6-18 电路题图 6-12 所示，稳压管工作在稳压状态，试求负载电阻中的电流。

6-19 电路如题图 6-13 所示。

① 写出 u_O 与 u_{I1}、u_{I2} 的运算关系式；

② 当 R_w 的滑动端在最上端时，若 $u_{I1} = 10\text{ mV}$，$u_{I2} = 20\text{ mV}$，则 $u_O = ?$

③ 若 u_O 的最大幅值为 $\pm 14\text{ V}$，输入电压最大值 $u_{I1max} = 10\text{ mV}$，$u_{I2max} = 20\text{ mV}$，它们的最小值均为 0，则为了保证集成运放工作在线性区，R_2 的最大值为多少？

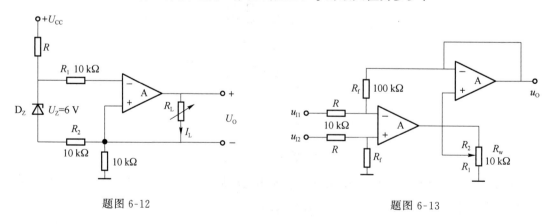

题图 6-12   题图 6-13

6-20　分别求解题图 6-14 所示各电路的运算关系。

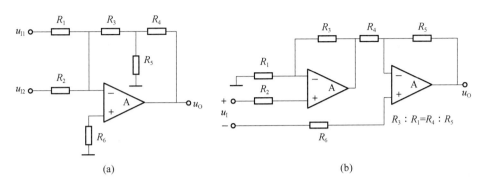

(a) (b)

题图 6-14

6-21　含理想运算放大器的电路如题图 6-15 所示,已知输入电压 u_{I1} 和 u_{I2},试求输出电压与输入电压的关系式。

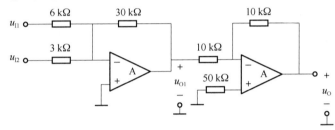

题图 6-15

6-22　含理想运算放大器的电路如题图 6-16 所示,已知 $R_1 = R_f = 100 \text{ k}\Omega$,$R_2 = 500 \text{ k}\Omega$,输入电压为 u_{I1} 和 u_{I2},求 u_{O1}、u_O 与 u_{I1}、u_{I2} 的关系。

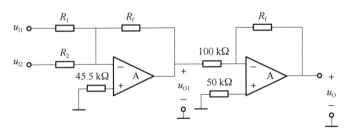

题图 6-16

6-23　含理想运算放大器的电路如题图 6-17(a)所示,已知 $R_1 = 10 \text{ k}\Omega$,$R_2 = 10 \text{ k}\Omega$,$R_f = 5 \text{ k}\Omega$,写出输出电压 u_O 与输入电压 u_{I1} 和 u_{I2} 的关系式。若输入电压 u_{I1} 和 u_{I2} 的波形分别如题图 6-17(b)所示,试在图中画出输出电压 u_O-t 的波形。

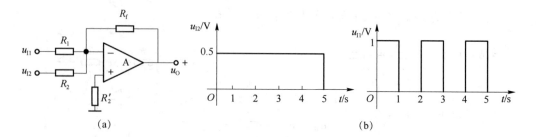

题图 6-17

6-24 含理想运算放大器的电路如题图 6-18 所示,分别求题图 6-18 各分图中 u_O 与输入 u_{I1}、u_{I2}、u_{I3} 的关系。

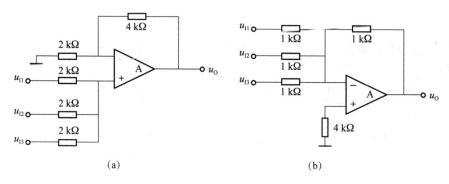

题图 6-18

6-25 含理想运算放大器的电路如题图 6-19 所示,已知 $R_1 = 25\ \text{k}\Omega$,$R_2 = 20\ \text{k}\Omega$,$R_3 = R_4 = 75\ \text{k}\Omega$,$R_5 = 25\ \text{k}\Omega$,$R_{f1} = 100\ \text{k}\Omega$,$R_{f2} = 75\ \text{k}\Omega$,输入电压 $u_{I1} = 0.6\ \text{V}$,$u_{I2} = 0.8\ \text{V}$,求 u_O。

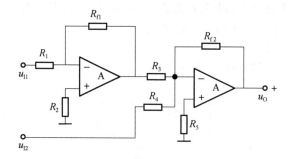

题图 6-19

6-26 含理想运算放大器的电路如题图 6-20 所示,已知 $R_1 = 10\ \text{k}\Omega$,$R_2 = 6\ \text{k}\Omega$,$R_F = 30\ \text{k}\Omega$,输入电压 $u_{I1} = 0.6\ \text{V}$,$u_{I2} = -0.8\ \text{V}$,求 u_O。

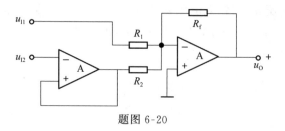

题图 6-20

6-27 含理想运算放大器的电路如题图 6-21 所示,已知 $R_1 = 10 \text{ k}\Omega$, $R_f = 30 \text{ k}\Omega$, $R_2 = 6 \text{ k}\Omega$,输入电压为 u_{I1} 和 u_{I2},求 u_O。

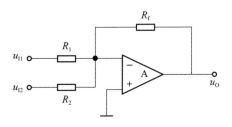

题图 6-21

6-28 电路如题图 6-22 所示,求输出电压 u_{O1} 和 u_{O2}。

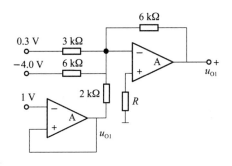

题图 6-22

6-29 含理想运算放大器的电路如题图 6-23 所示,分别计算各分图中的输出电压 u_O。

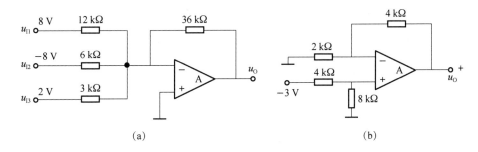

(a)   (b)

题图 6-23

6-30 在题图 6-24 所示的运放电路中,已知 $R_1 = R_2 = 10 \text{ k}\Omega$, $R_f = R_3 = 6 \text{ k}\Omega$,试计算输出电压 u_O 与 u_{I1}、u_{I2} 的关系。

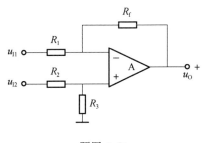

题图 6-24

6-31 在题图 6-25(a)所示的电路中,已知输入电压 u_I 的波形如题图 6-25(b)所示,当 $t=0$ 时,$u_O=0$。试画出输出电压 u_O 的波形。

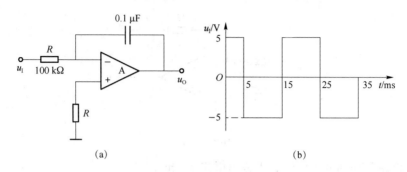

题图 6-25

6-32 试分别求解题图 6-26 所示各电路的运算关系。

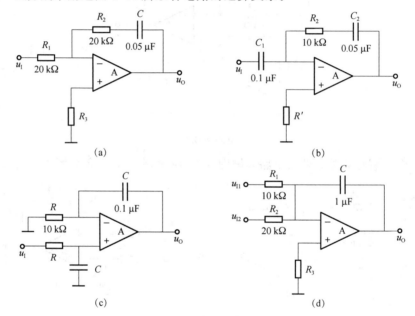

题图 6-26

6-33 试求出题图 6-27 所示电路的运算关系。

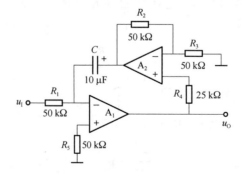

题图 6-27

250

6-34　在下列各种情况下,应分别采用哪种类型(低通、高通、带通、带阻)的滤波电路。

① 抑制 50 Hz 交流电源的干扰;

② 处理具有 1 Hz 固定频率的有用信号;

③ 从输入信号中取出低于 2 kHz 的信号;

④ 抑制频率为 100 kHz 以上的高频干扰。

6-35　试说明题图 6-28 所示各电路属于哪种类型的滤波电路,是几阶滤波电路。

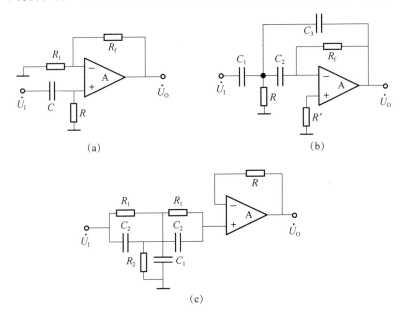

题图 6-28

6-36　试分析题图 6-29 所示电路的输出 u_{O1}、u_{O2} 和 u_{O3} 分别具有哪种滤波特性(LPF、HPF、BPF、BEF)。

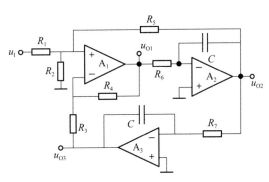

题图 6-29

6-37　在题图 6-30 所示的电路中,已知 $R = 51$ kΩ,$R_3 = 500$ Ω,$f_0 = 1$ kHz。利用 Multisim 分析下列问题:

① 选取合适的 R_1、R_2、C_1、C_2 的值,使 $f_0 = 1$ kHz;

② 测试幅频特性,求出通频带放大倍数和通带截止频率。

提示:① 集成运放选用通用型器件,其余采用虚拟元件,以便调试。

② 波特图仪的频率扫描范围和增益的设定范围均不宜太宽,否则既不利于观察,又影响测试精度。

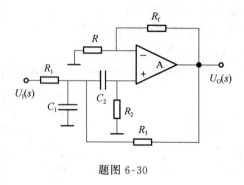

题图 6-30

第7章 负反馈放大电路

7.1 反馈的基本概念及正负反馈判断方法

在实际的放大电路中,几乎都要引入反馈电路,以改善放大电路某些方面的性能。本章从反馈的基本概念入手,介绍有反馈的放大电路的分析方法和 4 种组态负反馈放大电路的主要特点,讨论负反馈对放大电路性能改善的过程。

反馈也称为"回授",在电子电路中,将输出量(输出电压或输出电流)的一部分或全部通过一定的电路形式作用到输入端,构成输入输出系统的闭合回路,用来影响输入量(放大电路的输入电压或输入电流)的方法称为反馈。

按照反馈放大电路各部分电路的主要功能可将其分为基本放大电路和反馈网络两部分,如图 7-1-1 所示。基本放大电路的输入信号称为净输入量,它的大小由输入信号(输入量)与反馈信号(反馈量)共同决定。

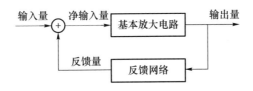

图 7-1-1　反馈放大电路框图

一个网络或者放大电路是否存在反馈,可用输出与输入间是否存在反馈通路以及反馈量是否影响输入信号的大小来判断。使放大电路净输入量增大的反馈称为正反馈,使放大电路净输入量减小的反馈称为负反馈。

正负反馈的判断可使用瞬时极性法。具体做法如下。

① 规定电路输入信号在某一时刻对地的极性为正,并以此为依据,逐级判断电路中各相关点电流的流向和电位的极性,最终得到输出信号的极性。

② 根据输出信号的极性判断出反馈信号的极性。若反馈信号使基本放大电路的净输入信号增大,则说明引入了正反馈;若反馈信号使基本放大电路的净输入信号减小,则说明

引入了负反馈。

对于分立元件电路,当引入反馈后,可以通过判断输入级电路的净输入电压(b-e 间电压或 g-s 间电压)或者净输入电流增大还是减小来判断反馈的正负反馈方式。

【例题 7-1】 判断图 7-1-2 所示放大电路是引入了正反馈还是负反馈。

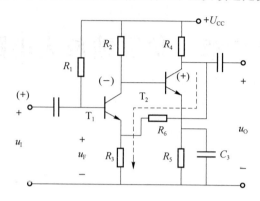

图 7-1-2　例题 7-1 用图

解:判断过程如下。

① 设输入电压 u_1 的瞬时极性对地为"+",则 T_1 的基极电位对地为"+"。

② 共射极电路输出电压与输入电压反相,故 T_2 的集电极电位对地为"-",即 T_2 的基极电位对地为"-"。

③ 第二级仍为共射极电路,故 T_2 的集电极电位对地为"+"。

④ u_O 作用于 R_6 和 R_3 回路,产生电流,如图 7-1-2 中虚线所示,从而在 R_3 上得到反馈电压 u_F;根据 u_O 的极性得到 u_F 的极性为上"+"下"-",如图 7-1-2 中所标注。

⑤ u_I 增大会引起 u_O 增大,进而引起 u_F 增大。u_F 增大意味着 T_1 b-e 间电压减小,所以该两级放大电路引入了负反馈。

【例题 7-2】 判断图 7-1-3 所示各个放大电路是否存在反馈。如存在反馈,判断反馈的正负性。

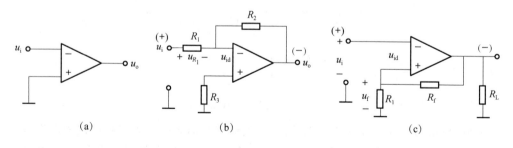

(a)　　　　　　　(b)　　　　　　　(c)

图 7-1-3　例题 7-2 用图

解:在图 7-1-3(a)所示电路中,集成运放的同相输入端、反相输入端与输出端均无通路,故电路中没有引入反馈。

在图 7-1-3(b)所示电路中,输出端通过电阻 R_2 将反馈量回授给输入端,因此该电路中引入了反馈。当输入端电压 u_i 增加(+)时,输出电压 u_o 反相增加(-),则流过 R_1 电阻的电流增大。R_1 电阻上的压降 u_{R_1} 增大,使得放大电路的净输入量 u_{id} 有减小的趋势,所以该电路为负反馈电路。

在图 7-1-3(c)所示电路中,输出端通过电阻 R_f 与 R_1 将反馈量回授给输入端,因此该电路中引入了反馈。信号通过反相输入端输入,当输入信号增大(＋)时,输出信号反相增大(－)。根据净输入量 $u_{id}=u_i-(-u_f)=u_i+u_f$ 可知,净输入量增加,故为正反馈。

另外,我们可以通过反馈存在于放大电路的直流通路之中还是交流通路之中,来判断电路引入的是直流反馈还是交流反馈。例如,图 7-1-2 所示电路中的旁路电容 C_3 足够大,其两端电压的交流分量近似为零,R_5 只对直流分量有反馈作用,引入的反馈是直流负反馈。直流负反馈的作用是稳定电路中的静态工作点(如图 7-1-4 所示电路),对交流分量的各项性能没有影响。假设没有旁路电容 C_3,R_5 对交、直流分量都有反馈作用,因此是交、直流反馈,其不仅能起到稳定静态工作点的作用,而且对放大倍数和输入电阻都有影响。在本章中,引入负反馈主要是为了改善放大电路的动态性能,因此重点讨论的是交流负反馈。

【例题 7-3】 试判断在图 7-1-4(a)所示集成运放电路中是否存在交、直流反馈。

解: 已知电容 C 对交流信号可视为短路,因而它的直流通路和交流通路分别如图 7-1-4(b)和图 7-1-4(c)所示,将图 7-1-4(a)所示电路与图 7-1-4(b)和图 7-1-4(c)所示电路相比较可知,图 7-1-4(a)所示电路中只引入了直流反馈,而没有引入交流反馈。

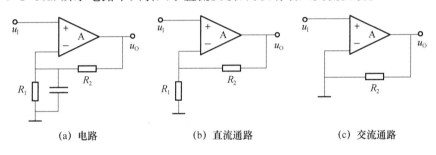

(a) 电路　　　　　　(b) 直流通路　　　　　　(c) 交流通路

图 7-1-4　例题 7-3 用图

7.2　负反馈放大电路的表示方法

对于不同的负反馈放大电路,不论电路的结构如何,都可以归结为 4 种基本组态。通过对基本组态的研究,可以找到负反馈放大电路的一般规律。负反馈放大电路的各种组态既可以用公式法描述,也可以使用框图法来表示。框图法具有直观的特点。下面分别介绍一般公式表示法与 4 种组态的框图表示法。

任何负反馈放大电路都可以用图 7-2-1 所示的框图来表示,上面的方框表示基本放大电路,下面的方框表示反馈网络。

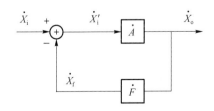

图 7-2-1　负反馈放大电路一般示意框图

255

使用相量分析法,图 7-2-1 中$\dot{X}_i$ 为输入量,$\dot{X}_o$ 为最终输出量,$\dot{X}_f$ 为反馈量,$\dot{X}'_i$ 为基本放大电路的净输入量,$\dot{A}$ 为基本放大电路的开环放大倍数,$\dot{F}$ 为反馈电路的反馈系数。图 7-2-1 中连线的箭头表示信号的流通方向。$\oplus$ 表示加法器,"$-$"号表示$\dot{X}_f$ 是个负反馈量。通过对框图的分析可知,

$$\dot{X}'_i = \dot{X}_i - \dot{X}_f \tag{7-2-1}$$

对于框图中的基本放大电路,有

$$\dot{A} = \frac{\dot{X}_o}{\dot{X}'_i} \tag{7-2-2}$$

对于框图中的反馈网络,有

$$\dot{F} = \frac{\dot{X}_f}{\dot{X}_o} \tag{7-2-3}$$

通过框图可知整个放大电路的放大倍数(闭环放大倍数)为

$$\dot{A}_f = \frac{\dot{X}_o}{\dot{X}_i} = \frac{\dot{A}}{\dot{A}\dot{F}+1} \tag{7-2-4}$$

其中

$$\dot{A}\dot{F} = \frac{\dot{X}_f}{\dot{X}'_i} \tag{7-2-5}$$

一般放大电路在中频时无相移,式(7-2-4)可以写为

$$A_f = \frac{X_o}{X_i} = \frac{A}{AF+1} \tag{7-2-6}$$

AF 称为电路的环路放大倍数。当电路引入负反馈时,$AF \geqslant 0$,表明引入负反馈后电路的放大倍数等于基本放大电路放大倍数的 $1/(AF+1)$。若 $AF \leqslant 0$,即 $AF+1 \leqslant 1$,A_f 大于 A,则说明电路中引入了正反馈。

若电路引入深度负反馈,即 $1+AF \gg 1$,则

$$A_f \approx \frac{1}{F} \tag{7-2-7}$$

式(7-2-7)表明,放大倍数几乎仅仅决定于反馈网络,而与基本放大电路无关。由于反馈网络常为无源网络,受环境温度的影响极小,因而放大倍数获得很高的稳定性。从深度负反馈的条件可知,反馈网络的参数确定后,基本放大电路的放大能力越强,即 A 的数值越大,反馈越深,A_f 与 $1/F$ 的近似程度越高。

大多数负反馈放大电路,特别是用集成运放组成的负反馈放大电路,一般均满足 $1+AF \gg 1$ 的条件,因而在近似分析中均可认为 $A_f \approx 1/F$,而不必求出 A,当然也就不必定量分析基本放大电路了。

7.3 交流负反馈放大电路的 4 种基本组态

通常,引入了交流负反馈的放大电路称为负反馈放大电路。引入负反馈的目的是改善放大电路输出信号的特性。在负反馈过程中,反馈量实质上是对输出量的采样,它既可能来

源于输出电压,又可能来源于输出电流,其数值与输出量成正比。

从图 7-2-1 中不难看出,任何引起输入量的变化都会受到输出量反向变化的抑制,同时输入量的这种被抑制变化同样会使得输出量的变化受到抑制。

放大电路有 4 种负反馈形式,以集成运放为例介绍这 4 种负反馈放大电路及其判断方法。对于具体的负反馈放大电路,我们要看反馈量是何种电路基本量。

① 从输出端看,反馈量是取自输出电压还是取自输出电流,即反馈的目的是稳定输出电压还是稳定输出电流。

② 从输入端看,反馈量与输入量是以电压方式叠加还是以电流方式叠加,即反馈的结果是减小净输入电压还是减小净输入电流。

反馈量若取自输出电压,则称为电压反馈;反馈量若取自输出电流,则称为电流反馈。反馈量与输入量若以电压方式相叠加,则称为串联反馈;若以电流方式相叠加,则称为并联反馈。因此,交流负反馈有 4 种组态(有时也称为交流负反馈的 4 种方式),即电压串联、电压并联、电流串联和电流并联。

1. 电压与电流负反馈电路

在图 7-3-1(a)所示电路中,当输出信号为电压 u_o 时,反馈量取自输出电压,是电压负反馈。在图 7-3-1(b)所示电路中,反馈量取自流过负载的电流 I_o,为电流负反馈。当负载是线性电阻时,上面所讲的两个反馈电路输出电压和输出电流呈线性关系,这时反馈信号既与输出电压成正比关系,也与输出电流成正比关系。但是电子电路中的负载往往不一定具有线性电阻特性,阻抗值的大小会随着频率的变化而变化,这样输出电压和输出电流就不存在正比例关系,所以说电压反馈与电流反馈是不同的。

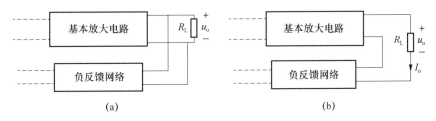

图 7-3-1　电压与电流负反馈电路框图

对于是电压反馈还是电流反馈,我们还可以根据反馈网络输入端、基本放大电路输出端以及负载连接方式进行判断,也可根据"虚拟开短路法"进行判断。假设将图 7-3-1 中的负载 R_L 短路,若反馈量消失,则为电压反馈,否则为电流反馈。若将负载 R_L 开路,反馈量消失,则为电流反馈,否则为电压反馈。这里需要注意的是,短路法比较容易判断反馈量是否消失,开路则不易。若能用短路法判断,就不要再用开路法了。

【例题 7-4】　试判断 7-3-2 所示放大电路是电压反馈还是电流反馈。

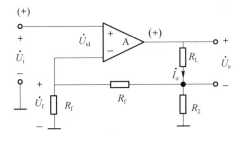

图 7-3-2　例题 7-4 用图

解:如图 7-3-2 所示,若将负载 R_L 开路,反馈量消失,因此该电路为电流反馈电路。

【例题 7-5】 图 7-3-3 所示电路为负反馈电路,试判断是电压反馈电路还是电流反馈电路。

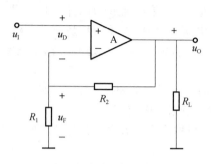

图 7-3-3 例题 7-5 用图

解:如图 7-3-3 所示,如果将负载 R_L 短路,则输出端接地,输出量为零,同时反馈量消失,因此该电路是电压负反馈电路。

2. 串联与并联负反馈电路

串联反馈与并联反馈是根据放大电路输入端连接方式的不同来划分的。图 7-3-4 所示为并联反馈和串联反馈示意框图。如图 7-3-4(a)所示,基本放大电路、信号源以及反馈电路三者之间的连接关系为串联,所以该反馈电路叫作串联反馈电路;如图 7-3-4(b)所示,基本放大电路、信号源以及反馈电路三者之间的连接关系为并联,所以该反馈电路称为并联反馈电路。

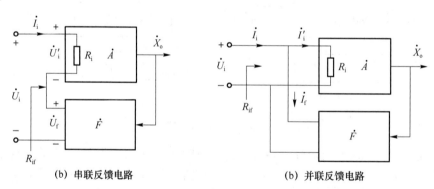

(b) 串联反馈电路 (b) 并联反馈电路

图 7-3-4 并联反馈和串联反馈示意框图

【例题 7-6】 在图 7-3-5 所示的负反馈放大电路中,相关电位、电流的瞬时极性和电流流向如图中所标注。试判断该放大电路:

① 是电压反馈还是电流反馈;

② 是串联反馈还是并联反馈。

解:将放大电路的负载 R_L 短路,可知反馈量消失,因此该放大电路是电压反馈电路。反馈电流 $i_F = -\dfrac{u_O}{R}$ 表明反馈量取自输出电压 u_O,且转换成反馈电流 i_F,并将其与输入电流 i_I 求差后放大。从输入端看,放大电路、信号源与反馈电路成并联关系,因此电路引入了并联负反馈,图 7-3-5 所示电路为电压并联负反馈电路。

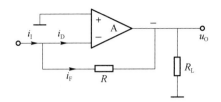

图 7-3-5　例题 7-6 用图

串联负反馈电路所加信号源均为电压源,这是因为若加恒流源,则电路的净输入电压将等于信号源电流与集成运放输入电阻之积,而不受反馈电压的影响;同理,并联负反馈电路所加信号源均为电流源,这是因为若加恒压源,则电路的净输入电流将等于信号源电压除以集成运放输入电阻,而不受反馈电流的影响。换言之,串联负反馈适用于输入信号为恒压源或近似恒压源的情况,而并联负反馈适用于输入信号为恒流源或近似恒流源的情况。

综上所述,放大电路中应引入电压负反馈还是电流负反馈,取决于负载欲得到稳定的电压还是稳定的电流;放大电路中应引入串联负反馈还是并联负反馈,取决于输入信号源是恒压源(或近似恒压源)还是恒流源(或近似恒流源)。

【例题 7-7】　在图 7-3-6 所示的负反馈放大电路中,各支路电流的瞬时极性如图中所标注。试判断放大电路的反馈类型。

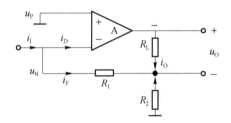

图 7-3-6　例题 7-7 用图

解: 如图 7-3-6 所示,如果将负载 R_L 开路,则反馈量消失,上述电路为电流负反馈电路。电路的反馈电流大小为

$$i_F = -\frac{R_2}{R_1 + R_2} \cdot i_O$$

这表明反馈信号取自输出电流 i_O,形成反馈电流 i_F,i_F 与输入电流 i_I 求差后放大,所以从输入端看放大电路、反馈电路以及信号源三者间是一种并联关系,因而电路引入了电流并联负反馈。

【例题 7-8】　试分析图 7-3-7 所示电路引入的是正反馈还是负反馈,若为交流负反馈则说明反馈的组态。

解: 观察电路,电阻 R_1 和 R_f 构成反馈网络。用瞬时极性法判断反馈极性,即令 u_i 极性为"＋",经运放后,进行同相放大,u_o 也为"＋",与 u_o 成正比的 u_f 也为"＋",于是净输入电压 $u_{id} = u_i - u_f$,比没有反馈时减小了,所以引入的是负反馈。

对于交流信号而言,R_1 上的电压 $u_f = R_1 \cdot u_o / (R_1 + R_f)$ 是反馈信号,显然,如果令 $R_L = 0$,则有 $u_o = 0$,$u_f = 0$,即反馈信号不存在,所以是电压反馈。

在放大电路的输入端,反馈网络串联于输入回路中,反馈信号与输入信号以电压形式比较,因而是串联反馈。综上所述,图 7-3-7 所示电路是电压串联负反馈电路。

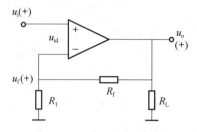

图 7-3-7　例题 7-8 用图

通过前面的分析,我们可以进一步将反馈网络按 4 种组态来划分(若将负反馈放大电路的基本放大电路与反馈网络均看作两端口网络的话),如图 7-3-8 所示。其中,图 7-3-8(a)所示为电压串联负反馈电路,图 7-3-8(b)所示为电流串联负反馈电路,图 7-3-8(c)所示为电压并联负反馈电路,图 7-3-8(d)所示为电流并联负反馈电路。

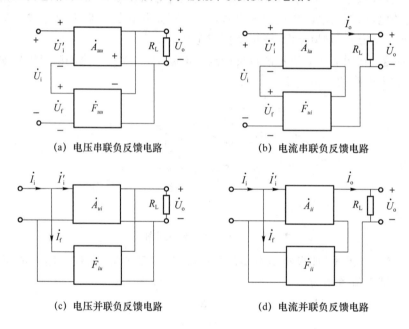

(a) 电压串联负反馈电路　　　　　　　(b) 电流串联负反馈电路

(c) 电压并联负反馈电路　　　　　　　(d) 电流并联负反馈电路

图 7-3-8　4 种反馈组态电路的框图

电压串联负反馈电路的放大倍数为电压比;在电流串联负反馈电路中,输入信号为电压,输出信号为电流,放大倍数表示的是转移导纳;在电压并联负反馈电路中,输入信号为电流,输出信号为电压,放大倍数表示的是转移阻抗;电流并联负反馈电路的放大倍数是电流比。

7.4　负反馈对放大电路性能的影响

放大电路引入交流负反馈后,其性能会得到多方面的改善,例如,可以稳定放大倍数,改变输入电阻和输出电阻,展宽频带,减小非线性失真,等。下面将一一加以说明。

7.4.1 提高放大倍数的稳定性

当放大电路引入深度负反馈时，$\dot{A}_f \approx \dfrac{1}{\dot{F}}$，$\dot{A}_f$几乎仅决定于反馈网络，而反馈网络通常由电阻、电容组成，因而可获得很好的稳定性。那么，就一般情况而言，是否引入交流负反馈就一定能使$\dot{A}_f$得到稳定呢？

在中频段，$\dot{A}_f$、$\dot{A}$和$\dot{F}$在放大过程中是线性放大，不会有附加相位，$\dot{A}_f$的表达式可写成

$$A_f = \frac{A}{1+AF} \tag{7-4-1}$$

对式(7-4-1)求微分得

$$\frac{\mathrm{d}A_f}{\mathrm{d}A} = \frac{1}{(1+AF)^2} \tag{7-4-2}$$

用式(7-4-2)的左右式分别除以式(7-4-1)的左右式，可得

$$\frac{\mathrm{d}A_f}{A_f} = \frac{1}{1+AF} \cdot \frac{\mathrm{d}A}{A} \tag{7-4-3}$$

式(7-4-3)表明，负反馈放大电路放大倍数A_f的相对变化量$\dfrac{\mathrm{d}A_f}{A_f}$仅为其基本放大电路放大倍数$A$的相对变化量$\dfrac{\mathrm{d}A}{A}$的$1/(1+AF)$，例如，当$A$变化$10\%$时，若$1+AF=100$，则$A_f$仅变化$0.1\%$。

通过上面的分析可知，放大电路因环境温度的变化、电源电压的波动、元件的老化、器件的更换等原因引起的放大倍数的变化都将因为有负反馈电路的存在而减小，从而使电路的放大能力具有很好的一致性。同时，也应该指出，这种稳定性是以牺牲放大倍数获得的。

7.4.2 改变输入电阻和输出电阻

对于不同的交流负反馈组态，输入电阻和输出电阻受到的影响也不一样。

1. 对输入电阻的影响

基本放大电路的输入电阻可以表示为输入端口电压与电流的比值：

$$R_i = \frac{U_i}{I_i} \tag{7-4-4}$$

交流负反馈电路如图 7-4-1 所示。根据输入电阻的定义，其可以表示为

$$R_{if} = \frac{U_i}{I_i} = \frac{U_i' + U_f}{I_i} = \frac{U_i' + AFU_i'}{I_i}$$

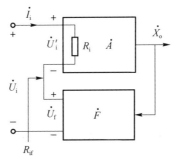

图 7-4-1 串联负反馈电路框图

261

从而得出串联负反馈放大电路输入电阻 R_{if} 的表达式为

$$R_{if} = (1+AF)R_i \tag{7-4-5}$$

式(7-4-5)表明,引入串联负反馈,电路输入电阻 R_{if} 增大到基本放大电路输入电阻 R_i 的 $1+AF$ 倍。

并联负反馈放大电路框图如图 7-4-2 所示。

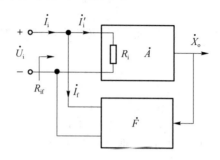

图 7-4-2　并联负反馈电路框图

电路的输入电阻

$$R_{if} = \frac{U_i}{I_i} = \frac{U_i}{I_i' + I_f} = \frac{U_i}{I_i' + AFI_i'}$$

从而得出并联负反馈放大电路输入电阻 R_{if} 的表达式为

$$R_{if} = \frac{R_i}{1+AF} \tag{7-4-6}$$

式(7-4-6)表明,引入并联负反馈后,输入电阻减小,仅为基本放大电路输入电阻的 $1/(1+AF)$。

2. 对输出电阻的影响

输出电阻是断开输出端的负载后,从放大电路输出端看进去的等效内阻,其大小可以表示为输出端口的开路电压 U_o 与短路电流 I_o 的比值:

$$R_o = \frac{U_o}{I_o} \tag{7-4-7}$$

首先分析电压负反馈电路对输出电阻的影响。电路如图 7-4-3 所示。

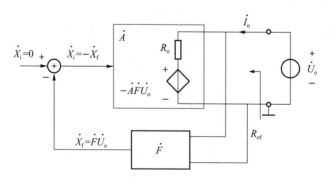

图 7-4-3　电压负反馈电路框图

输出电压 U_o 作用于反馈网络,得到反馈量 $X_f = FU_o$,$-X_f$ 又作为净输入量作用于基本放大电路,产生输出电压为 $-AFU_o$。基本放大电路的输出电阻为 R_o,因为在基本放大电路

中已考虑了反馈网络的负载效应,所以可以不必重复考虑反馈网络的影响,R_o 中的电流为 I_o,其表达式为

$$I_o = \frac{U_o - (-AFU_o)}{R_o} = \frac{(1+AF)U_o}{R_o}$$

将上式代入式(7-4-7),得到电压负反馈放大电路输出电阻的表达式为

$$R_{of} = \frac{R_o}{1+AF} \qquad (7\text{-}4\text{-}8)$$

式(7-4-8)表明,引入负反馈后输出电阻仅为其基本放大电路输出电阻的 $1/(1+AF)$。当 $1+AF$ 趋于无穷大时,R_{of} 趋于零,此时电压负反馈电路的输出具有恒压源特性。

当电路为电流负反馈电路时,如图 7-4-4 所示,稳定输出电流,故其必然使输出电阻增大。

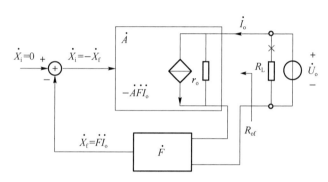

图 7-4-4　电流负反馈电路框图

同理可以证明,电流负反馈闭环输出电阻为

$$R_{of} = (1+AF)R_o \qquad (7\text{-}4\text{-}9)$$

当 $1+AF$ 趋于无穷大时,R_{of} 也趋于无穷大,电路的输出等效为恒流源。同时可以得出,引入电流负反馈使得输出电阻增大到 R_o 的 $1+AF$ 倍。

输出电阻的大小反映了负载上的电压与电流大小变化的稳定程度。当电路为电压负反馈时,输出电阻小,当负载变化时,负反馈放大电路的输出电压比较稳定。反之,当电路为电流负反馈时,输出电阻大,当负载变化时,负反馈电路的输出电流比较稳定。

7.4.3　展宽通频带

在阻容耦合放大电路中,信号在低频区和高频区时,放大倍数均要下降。负反馈具有稳定放大倍数的作用,迫使在低、高频区放大倍数下降的速度减慢,所以相当于通频带展开了。

例如,原来放大倍数下降到 3 dB 所对应的低、高截止频率分别为 f_{c1}、f_{c2},当引入负反馈后,由于放大倍数下降,新的下降到 3 dB 所对应的截止频率分别为 f'_{c1}、f'_{c2},f'_{c1}、f'_{c2} 所对应的中频放大范围大于 f_{c1}、f_{c2} 所对应的中频放大范围,从而使得通频带展宽。

应当指出,通频带的展宽是以牺牲中频放大倍数为代价的。

7.4.4　减小非线性失真

对于理想运放组成的放大电路,其输出信号与输入信号应完全呈线性关系。但是三极

管组成的放大电路输入与输出特性是非线性的,当输入信号为幅值较大的正弦波时,输出信号往往不是正弦波。经谐波分析,输出信号中除含有与输入信号频率相同的基波外,还含有其他谐波,因而产生非线性失真。

设在三极管放大电路中,当输入三极管基射电压为正弦电压 u_{be} 时,由于三极管输入特性的非线性,基极电流 i_b 的波形为正半周幅值大,负半周幅值小,产生失真。当有负反馈电路存在时,可以通过反馈回路调整基射电压,使得所加电压的正半周幅值变小些,而负半周幅值变大些,那么电流 i_b 的波形将近似为正弦波,从而减小了非线性失真。

负反馈电路可以抑制由放大电路本身产生的失真,却无法消除信号源本身所带来的失真。

7.4.5　在放大电路中引入负反馈的一般原则

通过以上分析可知,负反馈对放大电路性能方面的影响均与反馈深度 $1+AF$ 有关。但是这里要强调,由于定量的分析可以借助于仿真软件来实现,所以定性的分析往往比定量的分析显得更加重要。

引入的负反馈组态不同,对放大电路性能所产生的影响也不同。因此,在设计放大电路时,应根据需要和目的,引入合适的反馈,这里提供部分一般原则。

① 为了稳定静态工作点,应引入直流负反馈;为了改善电路的动态性能,应引入交流负反馈。

② 根据信号源的性质决定引入串联负反馈或并联负反馈。当信号源为恒压源或内阻较小的电压源时,为增大放大电路的输入电阻,以减小信号源的输出电流和内阻上的压降,应引入串联负反馈。当信号源为恒流源或内阻很大的电流源时,为减小放大电路的输入电阻,使电路获得更大的输入电流,应引入并联负反馈。

③ 根据负载对放大电路输出量的要求,即负载对其信号源的要求,决定是引入电压负反馈还是电流负反馈。当负载需要稳定的电压信号时,应引入电压负反馈;当负载需要稳定的电流信号时,应引入电流负反馈。

④ 在需要进行信号变换时,选择合适的组态。例如:若将电流信号转换成电压信号,则应引入电压并联负反馈;若将电压信号转换成电流信号,则应引入电流串联负反馈;等等。

【例题 7-9】 为了达到下列目的,分别说明应引入哪种组态的负反馈。

① 减小放大电路从信号源索取的电流并增强带负载能力;

② 将输入电流 i_I 转换成与之成稳定线性关系的输出电流 i_O;

③ 将输入电流 i_I 转换成稳定的输出电压 u_O。

解: ① 电路需要增大输入电阻并减小输出电阻,故应引入电压串联负反馈。

② 电路应引入电流并联负反馈。

③ 电路应引入电压并联负反馈。

应当指出,对于一个确定的放大电路,输出量与输入量的相位关系唯一地被确定,因此所引入负反馈的组态将受它们相位关系的约束。电路不可能既引入电压串联负反馈,同时又引入电压并联负反馈。读者可自行总结这方面的规律。

习　题　7

7-1　选择合适的答案。

（1）对于放大电路，所谓开环是指_____；

A. 无信号源　　　　　　　　B. 无反馈通路

C. 无电源　　　　　　　　　D. 无负载

而所谓闭环是指_____。

A. 考虑信号源内阻　　　　　B. 存在反馈通路

C. 接入电源　　　　　　　　D. 接入负载

（2）在输入量不变的情况下，若引入反馈后_____，则说明引入的反馈是负反馈。

A. 输入电阻增大　　　　　　B. 输出量增大

C. 净输入量增大　　　　　　D. 净输入量减小

（3）直流负反馈是指_____。

A. 直接耦合放大电路中所引入的负反馈

B. 只有放大直流信号时才有的负反馈

C. 在直流通路中的负反馈

（4）交流负反馈是指_____。

A. 阻容耦合放大电路中所引入的负反馈

B. 只有放大交流信号时才有的负反馈

C. 在交流通路中的负反馈

（5）为了实现下列目的，应引入

A. 直流负反馈　　　　　　　B. 交流负反馈

① 为了稳定静态工作点，应引入_____；

② 为了稳定放大倍数，应引入_____；

③ 为了改变输入电阻和输出电阻，应引入_____；

④ 为了抑制温漂，应引入_____；

⑤ 为了展宽频带，应引入_____。

（6）为了实现下列目的，应引入

A. 电压　　　　　　　　　　B. 电流

C. 串联　　　　　　　　　　D. 并联

① 为了稳定放大电路的输出电压，应引入_____负反馈；

② 为了稳定放大电路的输出电流，应引入_____负反馈；

③ 为了增大放大电路的输入电阻，应引入_____负反馈；

④ 为了减小放大电路的输入电阻,应引入_____负反馈;

⑤ 为了增大放大电路的输出电阻,应引入_____负反馈;

⑥ 为了减小放大电路的输出电阻,应引入_____负反馈。

7-2 填写合适答案。

(1) 在某放大电路中加上串联电压负反馈以后,对其工作性能的影响为_____、

_____、_____、_____、_____、_____。

(2) 负反馈使放大电路的放大倍数_____,但提高了放大倍数的_____,串联负反馈使输入电阻_____,电压负反馈使输出电阻_____。

(3) 在引入深度负反馈的条件下,运算放大器的闭环电压放大倍数仅与_____有关,而与_____无关。

(4) 在放大器输出端获取反馈信号的方式可分为 _____和_____,按反馈电路与放大电路在输入端的连接方式可分为_____和_____。

7-3 判断题图 7-1 所示各电路中是否引入了反馈,如引入,是正反馈还是负反馈。

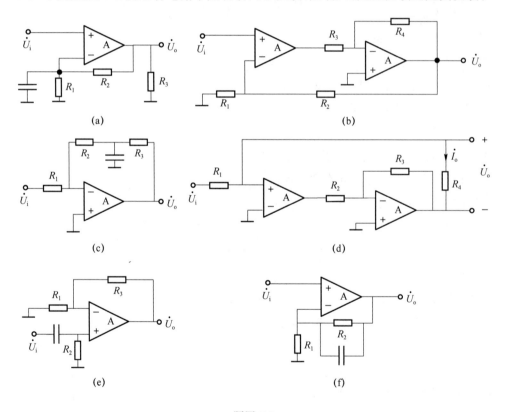

题图 7-1

7-4 电路如题图 7-2 所示,判断是否引入了反馈,如引入,是正反馈还是负反馈。

7-5 分别判断题图 7-1(d)~(f)所示各电路引入了哪种组态的交流负反馈。

7-6 分别判断题图 7-2(a)、(b)所示电路中分别引入了哪种组态的交流负反馈。

7-7 分别估算题图 7-1(d)~(f)所示各电路在理想运放条件下的电压放大倍数。

7-8　分别估算题图 7-2(a)、(b)所示各电路在深度负反馈条件下的电压放大倍数。

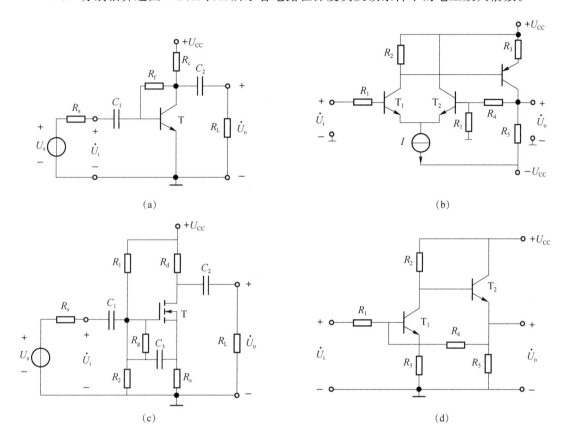

(a)

(b)

(c)

(d)

题图 7-2

7-9　电路如题图 7-3 所示,要实现负反馈,端子 A 应与端子 B 还是端子 C 连接? 接为负反馈电路后,它们在输入端和输出端的连接方式各属于哪种类型?

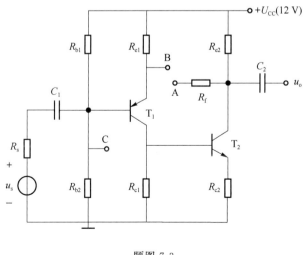

题图 7-3

7-10　计算题图 7-4 所示深反馈电路的信号源电压 u_s 的放大倍数 A_s。

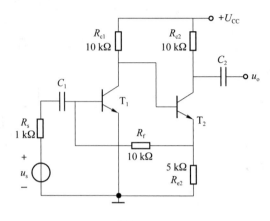

题图 7-4

7-11　电路如题图 7-5 所示,已知集成运放为理想运放,最大输出电压幅值为 ± 14 V。电路引入了_____(填入反馈组态)交流负反馈,电路的输入电阻趋于_____,电压放大倍数 $A_{uf} = \Delta u_O / \Delta u_I = $ _____。设 $u_I = 1$ V,则 $u_O = $ _____ V;若 R_1 开路,则 u_O 变为 _____ V;若 R_1 短路,则 u_O 变为 _____ V;若 R_2 开路,则 u_O 变为 _____ V;若 R_2 短路,则 u_O 变为 _____ V。

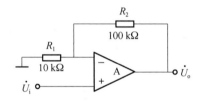

题图 7-5

7-12　已知一个负反馈放大电路的 $A = 10^5$,$F = 2 \times 10^{-3}$。

(1) $A_f = $?

(2) 若 A 的相对变化率为 20%,则 A_f 的相对变化率为多少?

7-13　已知一个电压串联负反馈放大电路的电压放大倍数 $A_{uf} = 20$,其基本放大电路的电压放大倍数 A_u 的相对变化率为 10%,A_{uf} 的相对变化率小于 0.1%,试问 F 和 A_u 各为多少?

7-14　以集成运放作为放大电路,引入合适的负反馈,分别达到下列目的,要求画出电路图。

(1) 电流-电压转换电路;

(2) 电压-电流转换电路;

(3) 输入电阻高、输出电压稳定的电压放大电路;

(4) 输入电阻低、输出电流稳定的电流放大电路。

7-15　电路如题图 7-6 所示。

(1) 试通过电阻引入合适的交流负反馈,使输入电压 u_I 转换成稳定的输出电流 i_L;

(2) 若 $u_I = 0 \sim 5$ V 时,$i_L = 0 \sim 10$ mA,则反馈电阻 R_f 应取多少?

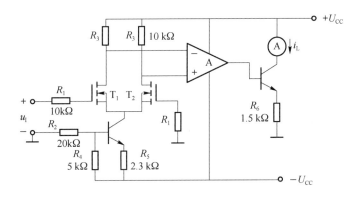

题图 7-6

7-16　测试 N 沟道场效应管夹断电压(或开启电压)的电路如题图 7-7 所示。

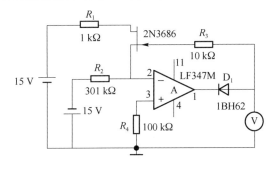

题图 7-7

(1) 分析电路的测试原理,并在 Multisim 环境下测试 5 种不同型号场效应管的夹断电压(或开启电压)。所选场效应管应具有典型性。

(2) 修改电路,使之能够测试 P 沟道场效应管的夹断电压(或开启电压),并进行仿真。

提示:手册中给出的夹断电压或开启电压通常是漏极电流 I_D 为一个很小数值(如 5 μA)下的栅-源电压 U_{GS}。

7-17　题图 7-8 所示为简易测试集成运放开环差模增益的电路。因集成运放的上限频率很低,开环差模增益很高,故输入为低频正弦波小信号(如频率为 10 Hz、峰值 U_{ip} 为 10 mV),测得输出电压峰值为 U_{op},即可得开环差模放大倍数。

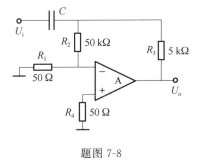

题图 7-8

C 为耦合电容,故应取值足够大。

(1) 分析电路中的反馈,说明测量原理,写出开环差模放大倍数的表达式。

(2) 在 Multisim 环境下仿真,测试不同型号集成运放的开环差模增益。

第8章 直流稳压电源

8.1 概 述

直流稳压电源是电子系统中的一个重要组成部分。本章介绍的是单相小功率直流电源,它将频率为 50 Hz、有效值为 220 V 的单相交流电压转换为幅值稳定、输出电流为几百毫安以下的直流电压。图 8-1-1 是一般直流稳压电源的原理框图,图中各环节的主要功能依次如下。

首先,变压器将 220 V、50 Hz 交流电的电压变换为符合整流需要的电压;其次,利用整流电路将变压后交流电的电压转换成单向脉动电压;再次,利用滤波电路减小整流电压的脉动程度,得到脉动较小的直流电压;最后,利用稳压电路稳定直流电压的输出,使之不受电网电压、负载和温度变化的影响。

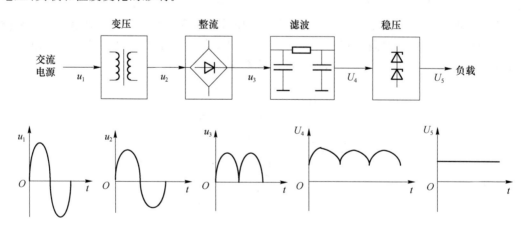

图 8-1-1 直流稳压电源的原理框图

在小功率整流电路中,常见的电路形式有单相半波、全波、桥式和倍压等整流电路。

270

8.2　单相桥式整流电路

8.2.1　单相桥式整流电路的工作原理

单相桥式整流电路如图 8-2-1 所示,它由整流变压器、4 只整流元件二极管($D_1 \sim D_4$)及负载电阻 R_L 组成。由于整流二极管接成桥形,故称为桥式整流电路。

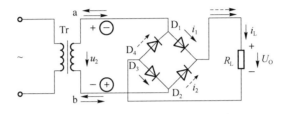

图 8-2-1　单相桥式整流电路

设整流变压器副边电压为 $u_2 = \sqrt{2}U_2 \sin \omega t$,其波形如图 8-2-2(a)所示。

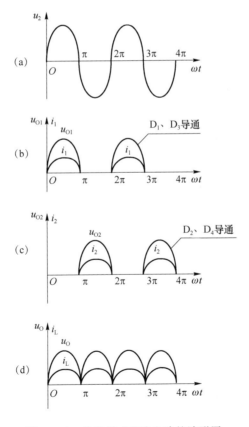

图 8-2-2　单相桥式整流电路的波形图

当 u_2 在正半周时,a 点电位高于 b 点电位,二极管 D_1、D_3 受正向电压作用而导通,D_2、

D_4 受反向电压作用而截止。电流 i_1 的通路是 a→D_1→R_L→D_3→b→a,如图 8-2-1 中实线箭头所示,这时负载电阻 R_L 上得到一个半波电压 u_{O1},其电压、电流波形如图 8-2-2(b)所示。

当 u_2 在负半周时,b 点电位高于 a 点电位,二极管 D_2、D_4 导通,D_1、D_3 截止。电流 i_2 的通路是 b→D_2→R_L→D_4→a→b,如图 8-2-1 中虚线箭头所示。同样,在负载电阻 R_L 上得到一个半波电压 u_{O2},其电压、电流波形如图 8-2-2(c)所示。

可见,变压器副边交流电压的极性虽然在不断地变化,但流经负载电阻 R_L 的电流方向却保持不变,R_L 上得到一个全波电压 u_O,波形如图 8-2-2(d)所示。

8.2.2　整流电压、整流电流平均值的计算

整流电路负载上得到的是方向不变而大小随时间变化的单向脉动电压,通常用一个周期的平均值来衡量它的大小。如图 8-2-3 所示,使矩形面积等于半个正弦波与横轴所包围的面积,则矩形的高度就是这个半波的平均值 U_O,又称为恒定量或直流分量。

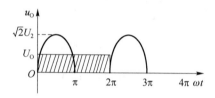

图 8-2-3　半波电压 u_o 的平均值

平均值的数学表达式为

$$U_O = \frac{1}{T} \int_0^T u_O \mathrm{d}t$$

单向桥式整流电压的平均值为

$$
\begin{aligned}
U_O &= \frac{1}{T} \int_0^T u_O \mathrm{d}t \\
&= \frac{1}{T} \int_0^{T/2} u_O \mathrm{d}t + \frac{1}{T} \int_{T/2}^T u_O \mathrm{d}t \\
&= 2 \times \frac{1}{T} \int_0^{T/2} u_2 \mathrm{d}t \\
&= \frac{2}{2\pi} \int_0^\pi \sqrt{2} U_2 \sin \omega t \, \mathrm{d}(\omega t) \\
&= \frac{2\sqrt{2}}{\pi} U_2 = 0.9 U_2
\end{aligned}
\tag{8-2-1}
$$

负载 R_L 上的直流电流平均值为

$$I_L = \frac{U_O}{R_L} = \frac{0.9 U_2}{R_L} \tag{8-2-2}$$

8.2.3　整流二极管的选择

二极管的选择依据主要是流过管子的正向平均电流和所承受的最高反向电压。

在桥式整流电路中,二极管 D_1、D_3 和 D_2、D_4 是轮流导通的,所以流经每个二极管的平均电流为负载电流的一半,即

$$I_D = \frac{1}{2}I_L = \frac{0.45U_2}{R_L} \tag{8-2-3}$$

二极管在截止时管子两端承受的最大反向电压均为电源电压 u_2 的最大值。例如,当 D_1 和 D_3 导通时,截止管 D_2 和 D_4 的阴极电位为 a 点电位,阳极电位为 b 点电位,所以 D_2、D_4 所承受的最高反向电压 U_{DRM} 为 $\sqrt{2}U_2$,即

$$U_{DRM} = \sqrt{2}U_2 \tag{8-2-4}$$

选择二极管时,其最大整流电流要大于 I_D,其最高反向电压应大于 U_{DRM}。

桥式整流电路的优点是输出电压脉动较小,管子承受的反向电压较低,变压器的利用率高。因此,这种电路被广泛用于小功率整流电源。其缺点是二极管用得较多。

图 8-2-4 所示是另外几种单相桥式整流电路。

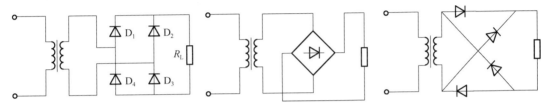

图 8-2-4　另外几种单相桥式整流电路

【例题 8-1】　有一额定电压为 24 V、阻值为 50 Ω 的直流负载,采用单相桥式整流电路供电,交流电源电压为 220 V,试选择整流二极管的型号。

解: 变压器副绕组电压有效值为

$$U_2 = \frac{U_o}{0.9} = \frac{24}{0.9}\text{V} = 26.6\text{ V}$$

每个二极管承受的最高反向电压为

$$U_{DRM} = \sqrt{2}U_2 = \sqrt{2} \times 26.6\text{ V} = 37.6\text{ V}$$

流过每个二极管的电流平均值为

$$I_D = \frac{1}{2}I_L = \frac{1}{2} \times \frac{U_o}{R_L} = \frac{1}{2} \times \frac{24}{50}\text{A} = 0.24\text{ A}$$

因此,可以选用 2CP33A 二极管(最大整流电流为 0.5 A,最高反向工作电压为 50 V)。

8.3　滤　波　电　路

整流电路输出的电压是一个脉动电压,含有较强的交流分量。这样的直流电源仅可以在某些要求不高的设备(如电解、蓄电池充电)中使用,而大多数要求直流电压比较平稳的设备就不能使用。因此,要加滤波装置,使输出电压的脉动程度降低。常用的滤波电路有电容滤波电路、电感滤波电路、电感-电容滤波电路等。本节着重分析电容滤波电路,并简要介绍其他形式的滤波电路。

8.3.1　电容滤波电路

电容滤波电路是在整流电路的输出端给负载并联一个电容器构成的,图 8-3-1 所示是

具有电容滤波的单相桥式整流电路。电容滤波电路是依据电容两端电压不能突变的特性工作的。

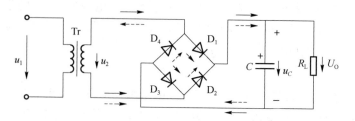

图 8-3-1　单相桥式整流电容滤波电路

负载电阻 R_L 两端没有并联滤波电容 C 时的电压波形如图 8-3-2(a)所示。当负载电阻 R_L 两端并联电容 C 后,输出电压波形如图 8-3-2(b)中实线所示。具体分析如下。

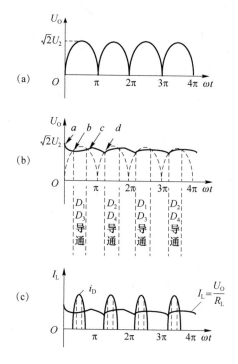

图 8-3-2　单相桥式整流电路电容滤波波形

设未接 R_L 时电容已充电到 u_2 的最大值 $\sqrt{2}U_2$, $t=0$ 时接入 R_L,并令 u_2 从零开始上升,由于 $u_2 < u_C$,二极管受反向电压作用而截止,电容 C 经 R_L 放电,其输出电压 $U_O = u_C$,如图 8-3-2(b)中的 ab 段所示。当交流电压 u_2 按正弦规律上升到 $u_2 > u_C$ 时,二极管 D_1、D_3 受正向电压作用而导通,此时,u_2 经 D_1、D_3 一方面给负载 R_L 提供电流,另一方面向电容 C 充电。由于二极管正向电阻和电源内阻很小,故充电时间常数很小,充电很快结束,u_C 波形如图 8-3-2(b) bc 段所示。u_2 继续变化,当 $u_2 < u_C$ 时,二极管又承受反向电压而截止,电容 C 又经 R_L 放电,此时 R_L 两端电压靠电容放电电流来维持。因为电容 C 容量较大,R_L 也较大,所以放电时间常数 $R_L C$ 较大,电容两端电压 u_C 按指数规律缓慢下降,一直到图 8-3-2(b)中的 d 点,此时 $u_2 = u_C$,d 点之后 D_2、D_4 导通,电容又被充电而重复上述过程。如此周而复

始地对电容充电放电,于是在负载 R_L 两端得到图 8-3-2(b)所示的电压波形。流过 $R_L C$ 负载 R_L 的电流波形和流过二极管的电流波形如图 8-3-2(c)所示。

通过上述分析可知,带电容滤波的整流电路具有如下特点。

① 输出的直流电压脉动减小,电压平均值提高。输出电压的脉动程度与电容器的放电时间常数 $R_L C$ 有关。$R_L C$ 越大,脉动就越小,负载电压平均值就越大。为了得到比较平稳的输出电压,一般要求

$$R_L C \geqslant (3 \sim 5)\frac{T}{2} \qquad (8-3-1)$$

式中,T 是电源交流电压的周期。通常取

$$U_O = (1.1 \sim 1.2)U_2 \qquad (8-3-2)$$

② 二极管导通时间缩短,导通角小于 $180°$,流过二极管的电流幅值增加而形成较大的冲击电流。由于在一个周期内电容的充电电荷等于放电电荷,即通过电容的电流平均值为零。可见在二极管导通期间其电流 i_D 的平均值近似等于负载电荷的平均值 I_L,如图 8-3-2(c)所示,因此 i_D 的峰值必然较大,产生电流冲击,容易使管子损坏。因此,在选用二极管时,一般取额定正向平均电流为实际流过的平均电流的 2 倍左右。单相桥式整流电路带电容滤波后,二极管承受的最高反向电压 U_{DRM} 仍为 $\sqrt{2}U_2$。

③ 输出的直流电压平均值受负载的影响较大。

负载直流电压 U_O 与负载电流 I_L 的变化关系曲线称为外特性曲线。图 8-3-3 是图 8-3-1 所示电路的外特性曲线。在空载($R_L = \infty$)和忽略二极管正向压降的情况下,$U_O = \sqrt{2}U_2 = 1.4U_2$,随着负载的增加($I_L$ 增大,R_L 减小),一方面放电加快,另一方面整流电路内阻压降增加,它们均使 U_O 下降。与无电容滤波时相比,外特性曲线变化较大,即外特性较差,当 I_L 增大时,U_O 下降较大,也即电路带负载能力较差。因此,电容滤波器一般用于要求输出电压较高、负载电流较小(数十毫安)并且变化也较小的场合。

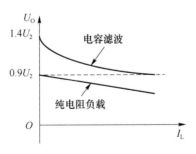

图 8-3-3 外特性曲线

【例题 8-2】 一单相桥式整流电容滤波电路如图 8-3-1 所示,现要求输出 110 V 的直流电压和 3 A 的直流电流。试选择整流二极管和滤波电容器(电源频率为 50 Hz)。

解:① 选择整流二极管。

流过二极管的平均电流为

$$I_D = \frac{1}{2}I_L = \frac{1}{2} \times 3 \text{ A} = 1.5 \text{ A}$$

二极管承受的最大反向电压为

$$U_{\mathrm{DRM}}=\sqrt{2}U_2=\sqrt{2}\frac{U_{\mathrm{O}}}{1.2}=\sqrt{2}\times 91.6\ \mathrm{V}=130\ \mathrm{V}$$

考虑到电流冲击,可选 2CZ12C 二极管,其最大整流电流为 3 A,最高反向工作电压为 200 V。

② 选择滤波电容。

取

$$R_{\mathrm{L}}C=5\times(T/2)$$

$$C=\frac{5\times T}{2R_{\mathrm{L}}}=\frac{5\times T}{2(U_{\mathrm{O}}/I_{\mathrm{L}})}=\frac{5\times 0.02\times 3}{2\times 110}\mathrm{F}=1\ 363\ \mu\mathrm{F}$$

电容器两端承受的最大电压为

$$\sqrt{2}U_2=\sqrt{2}\times 91.6=130\ \mathrm{V}$$

选择 $C=1\ 500\ \mu\mathrm{F}$、耐压为 220 V 的电解电容器。

8.3.2 电感滤波电路

在整流电路的输出端与负载电阻之间串一个电感元件便构成电感滤波电路,如图 8-3-4 所示。

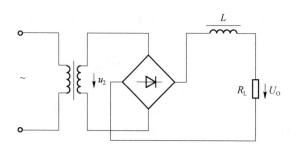

图 8-3-4　电感滤波电路

由于通过电感线圈的电流发生变化时,线圈中会产生自感电动势阻碍电流的变化。当流过电感中的电流增加时,自感电动势会抑制电流的增加,同时将一部分能量储存在磁场中,使电流缓慢增加;当电流减小时,自感电动势又会阻止电流减小,电感放出储存的能量,使电流减小的过程变慢。因此,利用电感可以减小输出电压的脉动,从而得到比较平滑的直流。加电感滤波后输出电压的波形如图 8-3-5 所示。

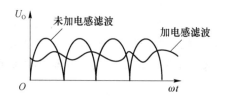

图 8-3-5　电感滤波电路波形图

电感滤波的特点如下。

① 电感线圈对整流电流的交流分量具有感抗 $X_L = 2\pi f L$，谐波频率越高，感抗越大，负载电阻上的交流成分就越小，即电感滤波效果就越好。

② 由于电感线圈直流电阻相对于负载电阻 R_L 来说小得多，因此整流输出的直流电压几乎全部降落在负载电阻 R_L 上，即 $U_O = 0.9 U_2$。

③ 整流二极管导通时间大于半个周期，峰值电流很小，电流对管子无冲击。

④ 采用电感滤波，由于铁心的存在，笨重、体积大，易引起电磁干扰。一般电感滤波只适用于低电压大电流的场合。

8.3.3　其他类型的滤波电路

1. 电感电容滤波电路

将电感滤波和电容滤波组合起来构成电感电容滤波电路，如图 8-3-6 所示。

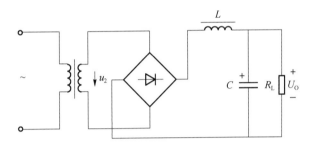

图 8-3-6　电感电容滤波电路

电感线圈的存在使整流输出电压的交流分量主要降落在电感上，而直流分量经过电感线圈加到负载上，使输出电压中的交流成分较小。在电容与负载并联的回路中，再进一步滤掉交流分量。这样，便可以得到较平直的直流输出电压。这种滤波电路对于大、小负载均能达到很好的滤波效果，用于要求输出电压脉动较小的场合。

2. π 形滤波电路

为了使输出电压的波形图更加平直，可以在 LC 滤波电路前面并一个电容构成 π 形 LC 滤波电路，如图 8-3-7 所示。

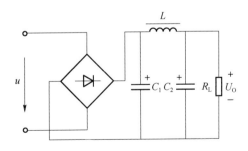

图 8-3-7　π 形 LC 滤波电路

整流输出电压首先经过电容滤波，然后经过 LC 滤波电路，因此输出电压的脉动程度大大减小，输出电压波形基本平直。

在 LC 滤波电路中，由于电感体积大而笨重，成本又高，所以有时候用电阻代替电感线圈,构成 π 形 RC 滤波电路,如图 8-3-8 所示。

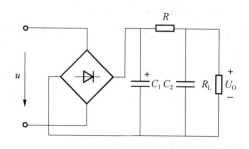

图 8-3-8   π 形 RC 滤波电路

在 π 形 RC 滤波电路中,整流输出的脉动电压先通过 C_1 进行滤波,然后 C_1 两端电压的交流分量通过电阻 R 和电容 C_2 与 R_L 并联的阻抗分压,因为 $R \gg \dfrac{1}{\omega C_2}$,所以交流分量绝大部分降落到电阻 R 上,输出电压中交流分量大为减少。对于直流分量,C_2 相当于开路,当 $R_L \gg R$ 时,直流电压绝大部分降落在负载电阻 R_L 上。

在这种滤波电路中,R、C 越大滤波效果越好,但 R 太大,会使直流电压降增加,所以这种滤波电路主要适用于负载电流较小而又要求输出电压脉动很小的场合。

8.4   稳压管稳压电路

经过整流、滤波之后得到的直流电压虽然已经比较平直,但是不稳定。当交流电网电压波动或负载电流变化时,输出电压都跟着变化。为了保证输出稳定的直流电压,在整流滤波电路之后需要增加稳压电路。

1. 并联型稳压电路

本节介绍最简单的稳压管稳压电路,其电路如图 8-4-1 所示。

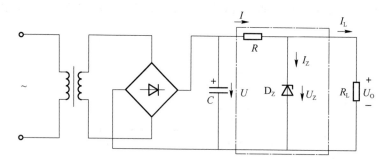

图 8-4-1   稳压管稳压电路

稳压管 D_Z 和电阻 R 组成稳压电路。R 是稳压管的限流电阻,也称为调整电阻,它与稳压管 D_Z 配合起稳压作用。

当负载 R_L 不变而交流电网电压增加时,其稳压原理如下:

$$U \uparrow \to U_O \uparrow (U_O = U - IR) \to I_Z \uparrow \uparrow \to I \uparrow (I = I_Z + I_L) \to RI \uparrow \to U_O \downarrow$$

可见输出电压基本稳定。反之,交流电网电压降低时,稳压调节过程相反。

当电网电压不变而负载电阻 R_L 减小(即 I_L 增加)时,其稳压过程如下:

$$R_L \downarrow (I_L \uparrow) \rightarrow I \uparrow \rightarrow U_O \downarrow \rightarrow I_Z \downarrow \downarrow \rightarrow I \downarrow \rightarrow IR \downarrow \rightarrow U_O \uparrow$$

输出电压基本不变。

由此可见,稳压管在电路中起着调节电流的作用,当输出电压 U_O 有微小变化时,将引起稳压管电流的较大变化,通过电阻 R 上的压降调整来保持输出电压 U_O 基本不变。

稳压管稳压电路结构简单,比较经济,故在对电压稳定度要求不高的小功率电子设备中应用较广。该电路由于受稳压管最大稳定电流的限制,负载取用电流较小,而且输出电压不能调节,电压的稳定度也不高。下面介绍的串联反馈式稳压电路则可以弥补这些不足之处。

2. 串联反馈式稳压电路

图 8-4-2 所示为采用运算放大器的串联反馈式稳压电路。该电路包括以下 4 个部分。

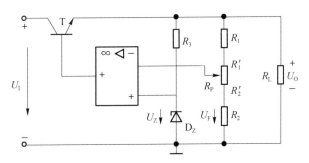

图 8-4-2　采用运算放大器的串联反馈式稳压电路

① 取样电路:它是由 R_1、R_2、R_P 组成的分压器,它将输出电压的一部分电压取出,送到比较放大电路的输入端。取样电压为

$$U_F = \frac{R_2 + R'_2}{R_1 + R_2 + R_P} U_O \tag{8-4-1}$$

② 基准电压环节:它是从稳压管 D_Z 和限流电阻 R_3 构成的电路中获得的,即取稳压管的电压 U_Z。它是一个稳定性较高的直流电压,作为调整、比较的标准。

③ 比较放大电路:由运算放大器构成,它将取样电压 U_F 和基准电压 U_Z 比较产生的差值电压放大后用其控制调整管 T 的压降 U_{CE}。

④ 调整环节:它由工作在线性区的功率管 T 组成,它的基极电流受比较放大电路输出信号的控制。只要控制调整管 T 的基极电流 I_B,就可以改变集电极电流 I_C 和集-射极电压 U_{CE},从而调整输出电压 U_O 的大小。

电路的稳压原理如下:当输入电压 U_I 减小引起输出电压 U_O 降低时,取样电压 U_F 随之减小,U_F 与 U_Z 比较(相减)经运算放大器后去控制调整管,由于运放的输出增大即 U_B 上升,于是 T 的 U_{BE} 增大,I_C 增大,U_{CE} 下降,输出电压 U_O 上升,使输出电压保持基本稳定。这个自动调整过程可表示如下:

$$U_I \downarrow \rightarrow U_O \downarrow \rightarrow U_F \downarrow \rightarrow U_B \uparrow \rightarrow U_{BE} \uparrow \rightarrow I_C \uparrow \rightarrow U_{CE} \downarrow \rightarrow U_O \uparrow$$

同理,当输入电压增大时,调整过程相反。

由图 8-4-2 可得输出电压 U_O 为

$$U_{\mathrm{O}} = \frac{R_1 + R_2 + R_{\mathrm{P}}}{R_2 + R_2'} U_{\mathrm{Z}} \tag{8-4-2}$$

调节电位器 R_{P} 即可改变 U_{O} 的大小。

从调整过程来看,这种稳压电路是一种串联电压负反馈电路,该电路的主回路是由三极管 T 和负载 R_{L} 串联而成的,故被称为串联反馈式稳压电路。

8.5 集成稳压电源

集成稳压电源与分立元件稳压电源相比具有体积小、重量轻、安装和调整方便、使用灵活、可靠性高等优点,已在电子系统中得到广泛应用。较为常用的集成稳压电源有三端固定输出电压式、三端可调输出电压式、多端可调输出电压式和开关型。本节仅介绍三端固定输出电压式集成稳压电源的使用。

我国生产的三端固定输出电压稳压器有 W7800 系列(输出正电压)和 W7900 系列(输出负电压),图 8-5-1 和图 8-5-2 分别是 W7800 系列和 W7900 系列稳压器的外形和电路图。这类稳压器只有 3 个引出端,故称为三端集成稳压器。

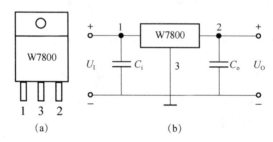

图 8-5-1　W7800 系列稳压器

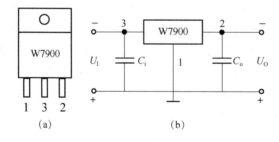

图 8-5-2　W7900 系列稳压器

W7800 系列和 W7900 系列输出的固定电压有 ± 5 V,± 8 V,± 12 V,± 15 V,± 18 V,± 20 V,± 24 V 等。例如,W7815 型稳压器的主要参数如表 8-5-1 所示。

表 8-5-1　W7815 的主要参数

输出电压	最大输入电压	最小输入、输出电压差	最大输出电流	输出电阻	电压变化率
+15 V	+35 V	2 V	2.2 A	$0.03 \sim 0.05$ Ω	$0.1\% \sim 0.2\%$

单极性电压输出电路如图 8-5-1(b)(输出固定正电压)和图 8-5-2(b)(输出固定负电压)所示。电路中的 U_I 是滤波电路的输出电压。图中 C_i 用以抵消输入端较长接线的电感效应,防止产生自激振荡,接线不长时可以不接。C_o 是为了瞬时增减负载电流时不致引起输出电压有较大的波动。

固定正、负输出电压的电路如图 8-5-3 所示。

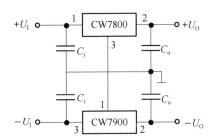

图 8-5-3 固定正、负输出电压的电路

提高输出电压的电路如图 8-5-4 所示。图中,$U_{××}$ 为 W78×× 稳压器的固定输出电压,该电路的输出电压 $U_O = U_{××} + U_Z$ 高于固定输出电压。

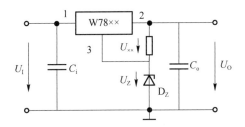

图 8-5-4 提高输出电压的电路

扩大输出电压的电路如图 8-5-5 所示。

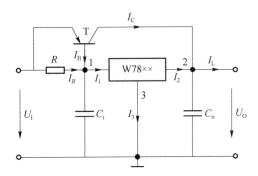

图 8-5-5 扩大输出电流的电路

当负载所需电流大于稳压器的最大输出电流时,可采用外接功率管 T 的方法来扩大输出电流。

I_2 是稳压器原有的输出电流,扩大后的输出电流为

$$I_L = I_C + I_2$$

习 题 8

8-1 有一单相桥式整流电路,已知变压器副绕组电压为 100 V,负载电阻 R_L 为 2 kΩ。忽略二极管的正向电压降和反向电流。试求:

(1) 负载电阻 R_L 两端电压的平均值 U_O 及电流的平均值 I_L;

(2) 二极管中的平均电流 I_D 及各管承受的最高反压 U_{DRM}。

8-2 有一额定电压为 24 V、电阻为 110 Ω 的直流负载,采用单相桥式整流电路(不带滤波器)供电,试求变压器副绕组电压和电流的有效值,并选用二极管。

8-3 在单相桥式整流电路中,若有 1 个二极管接反、短接以及断开会出现什么现象?

8-4 全波整流电路如题图 8-1 所示。

(1) 分析整流电路是否能正常工作。

(2) 标出负载电压的极性。

(3) 如果二极管 D_2 脱焊,情况如何? 如果变压器的副边中心抽头脱焊,又如何?

(4) 如果二极管 D_2 接反,是否能正常工作?

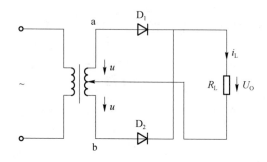

题图 8-1

8-5 有一整流电路如题图 8-2 所示。

(1) 试求负载电阻 R_{L1} 和 R_{L2} 上整流电压的平均值 U_{O1} 和 U_{O2},并标出极性。

(2) 试求二极管 D_1、D_2、D_3 中的平均电流 I_{D1}、I_{D2}、I_{D3} 以及各管所承受的最高反向电压。

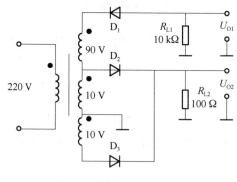

题图 8-2

8-6 题图 8-3 是带有电容滤波的桥式整流电路。

(1) 要求输出电压 $U_O = 24$ V, 需要选用多大的电容?

(2) 改变电容 C 或 R_L 对输出电压是否有影响? 为什么?

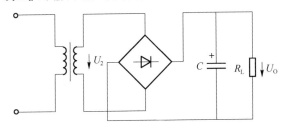

题图 8-3

8-7　在题图 8-3 所示的电路中, U_2 为 20 V。现在用直流电压表测量 R_L 端电压 U_O, 出现下面几种情况, 试分析哪些是合理的, 哪些代表发生了故障, 并指明原因。

(1) $U_O = 28$ V;

(2) $U_O = 18$ V;

(3) $U_O = 24$ V;

(4) $U_O = 9$ V。

8-8　题图 8-4 是二倍电压整流电路, 其输出电压 $U_O = 2\sqrt{2}U_2$, 试分析其工作原理, 并标出输出电压的极性。

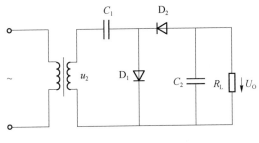

题图 8-4

8-9　把稳压值分别为 6 V 和 8 V 的两个稳压管串接, 可以得到几种稳压值? 画出连接图。稳压管的正向压降为 0.7 V。

8-10　电路如图 8-4-2 所示。已知 $U_Z = 6$ V, $R_1 = R_2 = R_P = 2$ kΩ, $U_I = 30$ V, T 的电流放大系数 $\beta = 50$。试求:

(1) 输出电压调节范围;

(2) 当 $U_O = 15$ V, $R_L = 150$ Ω 时, 调整管 T 的管耗和运算放大器的输出电流。

8-11　用两个 W7815 稳压器能否构成以下输出的电路?

(1) $+30$ V;

(2) -30 V;

(3) ± 15 V。

8-12　用两个 W7915 稳压器能否构成以下输出的电路?

(1) $+30$ V;

(2) -30 V;

(3) ± 15 V。

第 9 章　波形产生与整形电路

振荡电路是一种不需要外接信号就能将直流电转换成具有一定频率和幅度的交流电输出的电路。其按振荡波形分为正弦波振荡电路和非正弦波振荡电路。本章只介绍 RC 正弦波振荡器以及由 555 定时器组成的单稳态触发器和多谐振荡器。它们在测量、计算、自动控制和无线电等领域都有广泛的应用。

9.1　反馈放大电路的自激振荡

第 7 章介绍了交流负反馈可以改善放大电路多方面的性能，而且反馈越深，性能改善得越好。但是，如果电路反馈满足某种条件，在输入量为零时，输出却会产生一定频率和一定幅值的信号，这时称电路产生了自激振荡。

图 9-1-1 所示为基本反馈电路，当放大器输入端的开关置于 1 端，放大器的输入电压 $\dot{U}_\mathrm{i}=\dot{U}_\mathrm{s}$，则放大器的输出为 $\dot{U}_\mathrm{o}$，反馈网络的反馈电压为 $\dot{U}_\mathrm{f}$。如果 $\dot{U}_\mathrm{f}$ 和 $\dot{U}_\mathrm{i}$ 大小相同、相位同相，那么在开关由 1 倒向 2 时，$\dot{U}_\mathrm{f}$ 可以取代 $\dot{U}_\mathrm{s}$，当移去 $\dot{U}_\mathrm{s}$ 时，输出电压仍然维持原来的 $\dot{U}_\mathrm{o}$。这样反馈放大器就变成维持一定输出电压的自激振荡器。

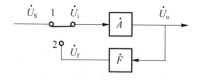

图 9-1-1　利用反馈产生自激振荡

1. 自激振荡产生的原因

由式(7-2-6)可知，负反馈放大电路的一般表达式为

$$\dot{A}_\mathrm{f}=\frac{\dot{A}}{1+\dot{A}\dot{F}}$$

在中频段，由于 $\dot{A}\dot{F}>0$，$\dot{A}$ 和 $\dot{F}$ 的相角 $\varphi_\mathrm{A}+\varphi_\mathrm{F}=2n\pi$（$n$ 为整数），中频段相移为零，因

此净输入量 X'_i、输入量 $\dot{X}_i$ 和反馈量 $\dot{X}_f$ 之间的关系为

$$|X'_i| = |\dot{X}_i| - |\dot{X}_f|$$

在低频段,因为耦合电容、旁路电容的存在,$\dot{A}\dot{F}$ 将产生超前相移;在高频段,因为半导体元件极间电容的存在,$\dot{A}\dot{F}$ 将产生滞后相移;在低频或者高频所产生的相移称为附加相移,用 $\varphi'_A + \varphi'_F$ 来表示。当某一频率 f_0 的信号使附加相移 $\varphi'_A + \varphi'_F = n\pi$($n$ 为奇数)时,反馈量 $\dot{X}_f$ 与中频段相比产生超前或滞后180°的附加相移,因而使净输入量

$$|X'_i| = |\dot{X}_i| + |\dot{X}_f| \tag{9-1-1}$$

于是输出量 $|\dot{X}_o|$ 也随之增大,放大电路反馈由负反馈转变为正反馈。

如图 9-1-2 所示,在输入信号为零时,输入端某种扰动信号中含有频率为 f_0 的成分,使 $\varphi'_A + \varphi'_F = \pm \pi$,进而产生输出信号 $\dot{X}_o$,根据式(9-1-1)可知,$|\dot{X}_o|$ 将不断增大。其过程如下:

$$|\dot{X}_o| \uparrow \longrightarrow |\dot{X}_f| \uparrow \longrightarrow |\dot{X}_i| \uparrow$$
$$|\dot{X}_o| \uparrow\uparrow \longleftarrow$$

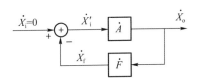

图 9-1-2　反馈放大电路的自激振荡

由于半导体器件的非线性特性,如果电路能最终达到动态平衡,即反馈信号(也就是净输入信号)维持着输出信号,而输出信号又维持着反馈信号,电路就产生了自激振荡。

可见,电路产生自激振荡时,输出信号有其特定的频率 f_0 和一定的幅值。对于作为放大功能的电路,振荡频率 f_0 必在电路的低频段或高频段,而电路一旦产生自激振荡将无法正常放大,称电路处于不稳定状态。

2. 自激振荡的平衡条件

从图 9-1-2 可以看出,在电路产生自激振荡时,由于 $\dot{X}_o$ 与 $\dot{X}_f$ 相互维持,所以 $\dot{X}_o = \dot{A}\dot{X}'_i = -\dot{A}\dot{F}\dot{X}_o$,即

$$\dot{A}\dot{F} = -1 \tag{9-1-2}$$

可写成模及相角形式:

$$\begin{cases} |\dot{A}\dot{F}| = 1 \\ \phi_A + \phi_F = (2n+1)\pi \quad (n \text{ 为整数}) \end{cases} \tag{9-1-3}$$

式(9-1-3)称为自激振荡的平衡条件,简称幅值条件和相位条件。只有同时满足上述两个条件,电路才会产生自激振荡。在起振过程中,$|\dot{X}_o|$ 有一个从小到大的过程,故起振条件为

$$|AF| > 1 \tag{9-1-4}$$

9.2 正弦波振荡电路

9.2.1 基本振荡器概述

如何利用自激振荡构成一个振荡器？

实际的振荡器并不是由图 9-1-1 所示电路组成的，而是先用外加激励信号起振后再将外加激励信号移去。根据自激振荡条件，在反馈环路自身中，某一频率 f_0 的信号使附加相移 $\varphi'_A + \varphi'_F = n\pi$（$n$ 为奇数）时，就有可能可产生自激振荡。输入端扰动信号中频率为 f_0 的成分作为启动信号，使得振荡电压可以从无到有逐步增大，最后达到振幅稳定输出。进入平衡状态后，即使外界条件发生变化，也会自动恢复平衡。

如果要求振荡器在某一确定频率产生振荡，就必须有选频网络，为了得到幅值稳定的振荡，振荡器还应有稳幅电路。

总之，振荡器应由以下电路环节构成：放大电路、正反馈电路、选频电路、稳幅电路。

振荡器的一般构成形式可用图 9-2-1 表示。

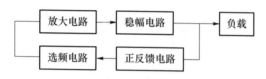

图 9-2-1　振荡器的一般构成形式

振荡器可以分为以下两大类。

（1）RC 振荡器

这种振荡器使用了 RC 电路，以获得 $180°$ 的相移。属于这一类振荡器的有文氏振荡器、相移振荡器、双 T 振荡器等。

（2）其他振荡器

其他振荡器有谐振电路振荡器、开关振荡器、负阻振荡器等。

9.2.2 RC 正弦波振荡器

RC 正弦波振荡器是一种低频正弦波振荡器，其振荡频率高达几百赫兹。它的移相网络结构简单，是由电阻、电容组成的。本节着重介绍由 RC 串并联电路组成的振荡器（又称文氏电桥振荡器），通过对这种电路的分析，读者可了解分析正弦振荡器的一般方法。本节还将介绍 RC 移相式振荡电路。

1. 文氏电桥振荡器

文氏电桥振荡器由放大器和选频网络组成，如图 9-2-2(a)所示，图 9-2-2(b)为该电路的方框结构。选频网络为图 9-2-2(b)右下虚线框中的 RC 串并联电路，接在运放的正反馈电路中；R_1、R_2 接在运放负反馈电路中。

如果我们在运放的同相输入端（图 9-2-2(b)中的打 $\times$ 处）断开电路，并且设运放是理想的，可求得图 9-2-2 电路的开环增益为

$$\dot{A}\dot{F} = \frac{\dot{U}_{\circ}}{\dot{U}_{i}} \cdot \frac{\dot{U}_{f}}{\dot{U}_{\circ}} = \frac{R_1 + R_2}{R_1} \cdot \frac{R /\!/ 1/j\omega C}{R + 1/j\omega C + R /\!/ 1/j\omega C} \tag{9-2-1}$$

$$= \frac{R_1 + R_2}{R_1} \cdot \frac{1}{3 + j(\omega CR - 1/\omega CR)}$$

为满足振荡的相位条件,令式(9-2-1)的虚部为零,可得振荡频率

$$\omega_0 = 1/RC$$

或

$$f_0 = 1/2\pi RC \tag{9-2-2}$$

由式(9-2-1)可见,在 $\omega = \omega_0$ 时,RC 反馈网络的 $F = 1/3$,为满足振荡的幅度起振条件,要求同相运放的 A 值大于 3,即

$$A = (R_1 + R_2)/R_1 > 3 \tag{9-2-3}$$

选择合适的 R_1 和 R_2 值,如 $R_1 = 5\ \text{k}\Omega$,选择 $R_2 > 10\ \text{k}\Omega$,就能使电路起振。在图 9-2-2 中,R_1、R_2 所构成的负反馈保持运放的正常工作,可以改善振荡的输出波形。

由于 RC 串并联选频网络和 R_1、R_2 构成一个桥路,所以图 9-2-2 称为文氏电桥振荡器。

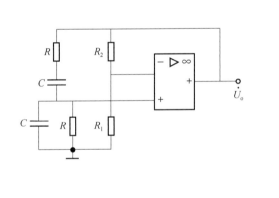

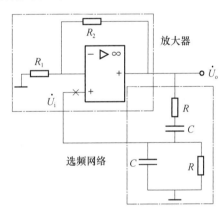

(a) 一般画法　　　　　　　　　　　　(b) 方框结构

图 9-2-2　文氏电桥振荡器原理电路

为使输出波形不产生很大失真,文氏电桥振荡器在非常接近临界振荡状态下工作,若工作条件发生变化,A 稍有减小就会造成振荡器停振。为解决上述问题,通常采取的方法是:

① R_2 采用负温度系数的热敏电阻,由它实现对电路的自动稳幅。当电路刚起振时,热敏电阻的温度最低,相应的阻值最大,同相运放的增益最大,满足 $|AF| > 1$ 条件,能够起振;随着振荡幅度的增大,热敏电阻消耗的功率增大,温度上升,阻值相应减小,同相运放的增益相应减小,直到 $|AF| = 1$,振荡器进入平衡状态。

② R_1 采用正温度系数的热敏电阻,稳幅原理与上类似。

文氏电桥振荡器的特点如下:

① 频率变化方便。采用双连电位器或双连可变电容器,同时改变反馈网络串臂和并臂中的 R 或 C,就可以改变振荡频率。因为这种振荡电路的振荡频率与 $1/RC$ 成比例,只要改变 R 或 C 就容易获得较大的振荡频率范围。

② 电路利用热敏电阻实现外稳幅,可以使三极管始终工作在线性放大区,输出波形良

好,非线性失真小,输出幅度稳定。

由于具有以上特点,文氏电桥振荡器被广泛地用作频率可变的测量振荡器。

2. 移相式 *RC* 振荡器

图 9-2-3 所示为 *RC* 移相式振荡器的基本电路。由于放大器已提供了 180°的相移,因此要使环路满足相位平衡条件,移相网络必须再提供 180°的相移。

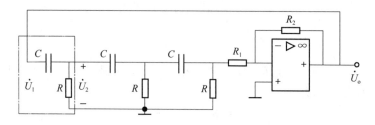

图 9-2-3 *RC* 移相式振荡器

每级 *RC* 电路的传递函数为

$$\dot{F}=\dot{U}_2/\dot{U}_1=\mathrm{j}\omega RC/(1+\mathrm{j}\omega RC) \tag{9-2-4}$$

因此,

$$|\dot{F}|=\omega RC/\sqrt{1+(\omega RC)^2} \tag{9-2-5}$$

$$\varphi=\tan^{-1}1/\omega RC \tag{9-2-6}$$

可见一级相移电路所能提供的最大相移绝对值为 $\varphi=90°$,此时 R 或 C 必须为零,相应的传输系数 $|F|=0$,故不能使用。因此,一级 *RC* 移相电路实际上只能提供小于90°的相移,振荡电路至少要采用三级 *RC* 移相电路才能保证提供180°相移。

由简单的网络理论分析可得出其振荡频率和起振条件为

$$\omega_0=1/\sqrt{6}\,RC \tag{9-2-7}$$

$$A=R_\mathrm{f}/R_\mathrm{i}>29 \tag{9-2-8}$$

RC 移相式振荡器结构简单,经济实用,但波形较差,输出幅度不够稳定,只用作要求不高的固定频率振荡器。

9.3 电压比较器

电压比较器的功能是比较两个输入电压的大小,以此来决定其输出电平的高低。图 9-3-1 为利用集成运放特性形成的最简单的电压比较器及其传输特性曲线。在集成运放的反相输入端输入信号 u_I,在同相输入端输入比较电压 U_R。设集成运放的电压增益为无穷大,则有

$$\begin{cases} u_\mathrm{I}<U_\mathrm{R} \text{ 时}, & u_\mathrm{O}=U_\mathrm{OM} \\ u_\mathrm{I}>U_\mathrm{R} \text{ 时}, & u_\mathrm{O}=-U_\mathrm{OM} \end{cases} \tag{9-3-1}$$

式中,U_OM 与 $-U_\mathrm{OM}$ 分别为比较器输出的高电平和低电平。由此可见,电压比较器的输入可以是模拟量,输出是数字量。当比较电压为零时,输入信号将与零电平进行比较,这种比较器称为过零比较器。

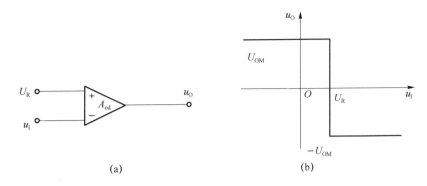

图 9-3-1　简单电压比较器及其理想传输特性

图 9-3-2 所示为反相输入的滞回比较器及其输出特性曲线。输入信号 u_I 加至运放的反相输入端,基准电压 U_R 加至同相输入端。电阻 R_2、R_3 构成正反馈网络。

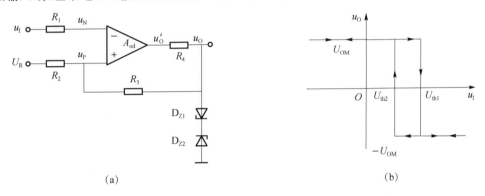

图 9-3-2　反相输入的滞回比较器及其输出特性曲线

为了使输出电压的高、低电平不受电源电压波动的影响,根据输出电压值的大小,选择合适的限流电阻 R_4、稳压二极管 D_{Z1}、D_{Z2} 组成输出限幅电路(D_{Z1}、D_{Z2} 选择用相同型号的稳压管)。D_{Z1}、D_{Z2} 的正向压降为 U_D,稳压值为 U_Z。当运放 u'_O 为高电平时,D_{Z1} 正向导通,D_{Z2} 反向击穿,则 $U_{OM} = U_Z + U_D$;当运放 u'_O 为低电平时,D_{Z2} 正向导通,D_{Z1} 反向击穿,$U_{OM} = -(U_Z + U_D)$。

由图 9-3-2(a)可知,同相输入端的电位为

$$u_P = \frac{R_3}{R_2 + R_3}U_R + \frac{R_2}{R_2 + R_3}u_O \tag{9-3-2}$$

当 $u_O = U_{OM} = U_Z + U_D$ 时,u_P 的值为

$$U_{th1} = \frac{R_3}{R_2 + R_3}U_R + \frac{R_2}{R_2 + R_3}(U_Z + U_D) \tag{9-3-3}$$

当 $u_O = -U_{OM} = -(U_Z + U_D)$ 时,u_P 的值为

$$U_{th2} = \frac{R_3}{R_2 + R_3}U_R - \frac{R_2}{R_2 + R_3}(U_Z + U_D) \tag{9-3-4}$$

且 $U_{th1} > U_{th2}$。

当 u_I 由较大负值向正值变化时,只要 $u_I = u_N < U_{th1}$,输出 $u_O = U_{OM} = U_Z + U_D$ 的状态就保持不变。当 u_I 略大于 U_{th1} 时,比较器的输出状态发生翻转,u_O 从 $U_Z + U_D$ 跳变至 $-(U_Z + U_D)$,同时 u_P 也由 U_{th1} 变到 U_{th2}。继续增加 u_I,$u_O = -U_{OM} = -(U_Z + U_D)$,$u_P = U_{th2}$ 的状态

保持不变。这样就形成了图 9-3-2(b)右侧所示的传输曲线。

当 u_I 由较大正值向负值变化时,只要 $u_I > U_{th2}$,输出 $u_O = -U_{OM} = -(U_Z + U_D)$ 的状态保持不变。当 u_I 略小于 U_{th2} 时,比较器的输出状态发生翻转,u_O 从 $-(U_Z + U_D)$ 跳变至 $(U_Z + U_D)$,同时 u_P 也由 U_{th2} 变到 U_{th1}。u_I 继续向负值变化,上述状态保持不变。这样就形成了图 9-3-2(b)左侧所示的传输曲线。

由以上变化可知,滞回比较器的传输有两个分支,有两个不同的阈值 U_{th1}、U_{th2},因而才有迟滞特性;两个阈值之差 $\Delta U_{th} = U_{th1} - U_{th2}$ 称为"回差"电压。

滞回比较器也可以接成同相输入的形式。同相比较器与前面介绍的比较器相比,有两个显著特点:一是有较强的抗干扰能力,不易产生误操作;二是由于引入正反馈,输出电压跳变边沿陡。

电压比较器还有其他的电路形式,在此不再赘述。

9.4 555 定时器及其应用

9.4.1 555 定时器

555 定时器是一种将模拟功能与逻辑功能相结合的中规模集成电路,只要在外部配上几个适当的阻容元件,即可构成单稳态触发器、多谐振荡器、施密特触发器等电路,因此其在定时、检测、控制、报警等方面有广泛的应用,是脉冲波形产生与变换的重要器件。常用 555 定时器的型号有 NE555、5G555、LM555 等,它们的内部电路相同,特性指标也基本一致。

图 9-4-1 为 555 定时器内部结构图,它有两个比较器 A_1 和 A_2,比较器的一个输入端接到 3 个电阻 R 组成的分压器上,输出端接 RS 触发器输入,输出级为倒相放大器,放电三极管 T 集电极开路。集成电路 8 个引脚的名称和作用均标在框图外边。

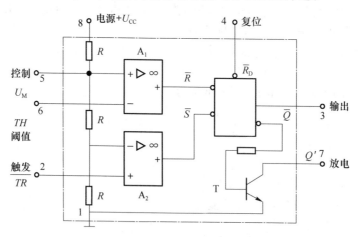

图 9-4-1 555 定时器内部结构图

555 定时器的功能主要由两个比较器 A_1、A_2 决定。比较器的参考电压由电源 U_{CC} 和分压电阻 R 来提供。当控制电压 U_M 悬空时,上比较器 A_1 的参考电压为 $(2/3)U_{CC}$,下比较器 A_2 的参考电压为 $(1/3)U_{CC}$。若触发端 $\overline{TR}$ 输入电压 $u_2 < (1/3)U_{CC}$,下比较器 A_2 的输出电

压为 0，可使 RS 触发器置 1，使输出端 Q 为 1。阈值端 TH 输入电压 $u_6 > (2/3)U_{CC}$ 时，上比较器的输出为 0，可使 RS 触发器置 0，使输出端 Q 为 0。若复位端 $\overline{R}_D$ 加低电平或接地，则可将 RS 触发器强制复位；控制电压端 U_M 外加电压可改变两比较器的参考电压，若不用它时，可通过电容（0.01 μF 左右）接地；放电管 T 的输出端 Q' 为集电极开路输出。555 定时器的功能可由表 9-4-1 说明。

表 9-4-1　555 定时器的功能表

输入			输出	
复位(R_D)	阈值输入 u_6(TH)	触发输入 u_2($\overline{TR}$)	输出(Q)	放电管 T 的状态
0	$\times$	$\times$	0	导通
1	$<(2/3)U_{CC}$	$<(1/3)U_{CC}$	1	截止
1	$>(2/3)U_{CC}$	$>(1/3)U_{CC}$	0	导通
1	$<(2/3)U_{CC}$	$>(1/3)U_{CC}$	不变	不变

555 定时器具有良好的电特性：电源电压范围宽，可在 4.5～18 V 范围内工作；驱动电流较大，T 的拉电流能力和灌电流能力均为 50 mA；定时时间可调范围大，可从微秒级到几个小时；温度稳定性好，优于 $0.005\%/℃$；其输出电平可与 TTL、MOS 电路兼容。

9.4.2　用 555 定时器构成的单稳态触发器

单稳态触发器只有一个稳定状态。在外加触发脉冲的作用下，触发器从稳态翻转到暂时稳定的状态（暂稳态），经过一段时间后（由电路的定时元件参数决定），又能自动返回稳态，从而输出幅度及宽度都固定的矩形脉冲。

1. 单稳态触发器的电路结构与工作原理

由 555 定时器组成的单稳态触发器如图 9-4-2 所示，电路中的 R、C 为定时元件，控制电压输出管脚 5 通过 0.01 μF 的电容接地，防止脉冲干扰。

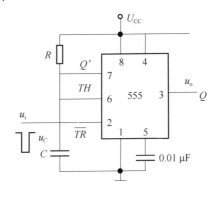

图 9-4-2　由 555 定时器构成的单稳态触发器

触发器接通电源后，在 u_i 为高电平输入条件下，若触发器的初态为 0，则输出低电平，这是因为此时 $\overline{Q}=1$，放电管 T 导通，使电容电压 u_C 保持为 0，则电路是稳定的。若触发器初态为 1，则电路有一个逐渐稳定的过程：首先，由于触发器初态为 1，放电管 T 截止，电源 U_{CC} 会经过 R 向电容 C 充电，电容器 C 上的电压 u_C 因充电而上升，当 u_C 上升到略大于 $(2/3)U_{CC}$ 时，$\overline{R}=0$，由于此时 $\overline{S}=1$，触发器就会由 1 变为 0，$\overline{Q}=1$ 使放电管导通且饱和，u_C 通过放电管 T 放电到 0,于是电路进入稳定状态,输出低电平。

单稳态触发器的工作过程大致可分成 5 个阶段。图 9-4-2 所示电路的工作过程如下。

(1) 稳态

触发器处于 0 状态,定时电容已放电完毕,u_C、u_o 均为低电平。

(2) 触发翻转

在 u_i 负脉冲作用下,2 端得到低于 $(1/3)U_{CC}$ 的触发电平,下比较器 A_2(参见图 9-4-1)的输出由 1 变为 0,使触发器置 1,输出 u_o 为高电平;同时,放电管 T 截止,电路进入暂稳态,定时开始。

(3) 暂稳态阶段

定时电容 C 充电,充电回路为 $U_{CC} \rightarrow R \rightarrow C \rightarrow$ 地,充电时间常数 $\tau_1 = RC$,u_C 按指数规律上升,趋于 U_{CC} 值。

(4) 自动返回

当电容电压 u_C 稍大于 $(2/3)U_{CC}$ 时,上比较器 A_1 输出 0,触发器置 0,输出 u_o 由高电平变为低电平,放电管 T 由截止变为饱和,定时结束,暂稳态结束。

(5) 恢复阶段

定时电容 C 经放电管 T 放电,经 $(3 \sim 5)\tau_2$($\tau_2 = R_{CES}C$)时间后(R_{CES} 为 T 的集射饱和电阻),放电至 0 V,在该阶段 $Q = 0$,输出 u_o 维持在低电平。

恢复阶段结束,电路返回稳态,当下一个触发信号到来时,重复上述过程,工作波形如图 9-4-3 所示。

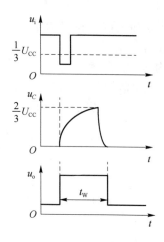

图 9-4-3 工作波形

2. 单稳态触发器的主要参数

(1) 输出脉冲宽度 t_W

输出脉冲宽度为定时电容上电压 u_C 由零充到 $(2/3)U_{CC}$ 所需的时间。

根据描述 RC 过渡过程的公式可求得 t_W。

$$u_C(t) = U_C(\infty) + [U_C(0_+) - U_C(\infty)]e^{-t/\tau}$$

$$t_W = \tau \ln\{[U_C(\infty) - U_C(0_+)]/[U_C(\infty) - U_C(t_W)]\} \tag{9-4-1}$$

其中

$$\tau = \tau_1 = RC$$

$$U_C(\infty) = U_{CC}$$
$$U_C(0_+) \approx 0$$
$$U_C(t_W) = (2/3)U_{CC}$$

因此

$$t_W = RC\ln\{[U_{CC}-0]/[U_{CC}-(2/3)U_{CC}]\} = RC\ln3 = 1.1RC \qquad (9\text{-}4\text{-}2)$$

由式(9-4-2)可见,脉冲宽度 t_W 的大小与定时元件 R、C 的大小有关,调节定时元件,可以改变输出脉冲宽度,而与输入脉冲宽度及电源电压大小无关。但需要指出的是:输入负脉冲 u_i 的宽度要小于单稳态输出脉冲宽度,否则会影响其正常工作,必须在输入端加微分电路,将宽脉冲转换为窄脉冲后再去触发单稳态触发器。

（2）恢复时间 t_{re}

暂稳态结束后,还需要一段时间恢复,以便使电容 C 在暂稳态期间所充的电荷放完,使电路回到初始稳态。一般 $t_{re} = (3 \sim 5)\tau_2$($\tau_2$ 为放电时间常数,在这个电路里 $\tau_2 = R_{CES}C$)。由于 T 的饱和电阻 R_{CES} 很小,所以由 555 定时器构成的单稳态触发器 t_{re} 很小,u_C 的下降沿很陡。

（3）最高工作频率 f_{max}

若触发信号 u_i 是周期为 T 的连续脉冲,为了使单稳态电路能正常地工作,应满足下列条件:$T > t_W + t_{re}$,即脉冲的最小周期 $T_{min} = t_W + t_{re}$。因此,单稳态触发器的最高工作频率为

$$f_{max} = 1/T_{min} < 1/(t_W + t_{re})$$

3. 单稳态触发器的应用

单稳态触发器的应用十分广泛,主要包括以下方面。

（1）定时

由于单稳态触发器能够产生一定宽度 t_W 的矩形输出脉冲,若利用这个矩形脉冲去控制某一个电路,就可使它在 t_W 时间内动作或不动作。

如图 9-4-4 所示,利用单稳输出的正脉冲控制一个与门,就可以在这个矩形脉冲宽度的时间内,让另一个频率很高的脉冲信号 u_F 通过,否则,u_F 就被单稳输出的低电平所禁止。

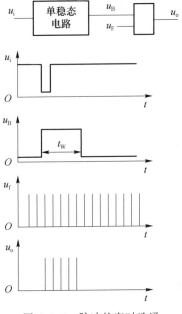

图 9-4-4　脉冲的定时选通

（2）延时

如图 9-4-4 所示，单稳态触发器输出脉冲宽度为 t_W，u_B 的下降沿就比输入信号 u_i 的下降沿延迟了 t_W 这段时间，这个作用可被适当地用在信号传输的时间配合上。

（3）整形

由于单稳态触发器一经触发，电路就从稳态进入暂稳态，其暂稳态时间仅决定于电路的 R、C 参数，在暂稳态期间输出电平的高低与此时输入信号的状态无关。因此，不规则的脉冲输入单稳态触发器，输出就成为具有一定宽度、一定幅度、边沿陡峭的矩形波，如图 9-4-5 所示。

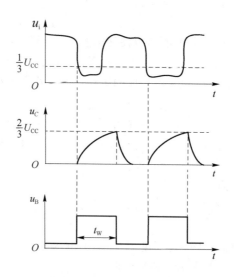

图 9-4-5 波形的整形

9.4.3 用 555 定时器构成的多谐振荡器

多谐振荡器是能产生矩形脉冲的自激振荡器，由于矩形波中除基波外，还包括许多高次谐波，因此这类振荡器被称为多谐振荡器。

多谐振荡器一旦振荡起来后，电路没有稳态，只有两个暂稳态，它们作交替变化，输出连续的矩形波脉冲信号，因此它又被称作无稳态电路。它常用来作为脉冲信号源。

1. 电路结构

如图 9-4-6(a)所示，定时元件除电容 C 外，有两个电阻 R_A 和 R_B，它们串接在一起，u_C 同时加到 TH 端（6 端）和 $\overline{TR}$ 端（2 端），R_A 和 R_B 的连接点接到放电管 T 的输出端 Q'（7 端）。

2. 工作原理

参看图 9-4-6(a)和图 9-4-1，接通电源瞬间，电容 C 来不及充电，u_C 为低电平，此时，$\overline{R}=1$，$\overline{S}=0$，触发器置 1，$Q=1$，输出高电平。同时，由于 $\overline{Q}=0$，放电管截止，电容 C 开始充电，电路进入暂稳态 I。一般多谐振荡器的工作过程均为 4 个阶段，现以 555 构成的振荡器为例来说明。

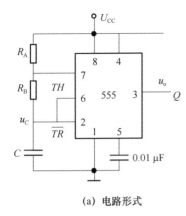

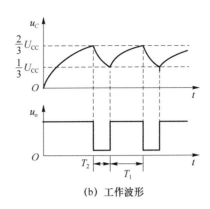

（a）电路形式　　　　　　　（b）工作波形

图 9-4-6　由 555 定时器构成的多谐振荡器

（1）暂稳态 I

电容 C 充电，充电回路为 $U_{CC} \rightarrow R_A$、$R_B \rightarrow C \rightarrow$ 地，充电常数 $\tau_1 = (R_A + R_B)C$，电容 C 上的电压 u_C 随时间 t 按指数规律上升，趋于 U_{CC} 值，在此阶段内输出电压 u_o 暂稳在高电平。

（2）自动翻转 I

当电容 C 上的电压 u_C 上升到稍大于 $(2/3)U_{CC}$ 时，由于 $\bar{S}=1$，$\bar{R}=0$，触发器状态由 1 变 0，Q 由 1 变 0，$\bar{Q}$ 由 0 变 1，输出电压 u_o 由高电平跳变到低电平，电容 C 中止充电。

（3）暂稳态 II

由于此刻 $\bar{Q}=1$，因此放电管 T 导通且饱和，电容 C 放电，放电回路为 $C \rightarrow R_B \rightarrow$ 放电管 $T \rightarrow$ 地，放电时间常数 $\tau_2 = R_B C$（此时忽略了放电管 T 的饱和电阻 R_{CES}），电容 C 上的电压 u_C 按指数规律下降，趋于 0 V，同时使输出暂稳在低电平。

（4）自动翻转 II

当电容电压 u_C 下降到略小于 $(1/3)U_{CC}$ 时，$\bar{S}=0$，$\bar{R}=1$，使触发器状态由 0 变 1，Q 由 0 变 1，$\bar{Q}$ 由 1 变 0，输出电压 u_o 由低电平跳变到高电平，电容中止充电。

由于 $\bar{Q}=0$，放电管 T 截止，电容 C 又开始充电，进入暂稳态 I。

之后，电路重复上述过程，产生振荡，其工作波形如图 9-4-6（b）所示。

3. 特性参数

两个暂稳态维持时间 T_1 和 T_2 可分别通过 RC 过渡过程的公式来计算：

$$
\begin{aligned}
T_1 &= \tau_1 \ln\{[U_C(\infty) - U_C(0_+)] / [U_C(\infty) - U_C(T_1)]\} \\
&= \tau_1 \ln\{[U_{CC} - (1/3)U_{CC}] / [U_{CC} - (2/3)U_{CC}]\} \\
&= \tau_1 \ln 2 = 0.7(R_A + R_B)C
\end{aligned}
$$

同理，

$$
\begin{aligned}
T_2 &= \tau_2 \ln\{[U_C(\infty) - U_C(0_+)] / [U_C(\infty) - U_C(T_2)]\} \\
&= \tau_2 \ln\{[0 - (2/3)U_{CC}] / [0 - (1/3)U_{CC}]\} \\
&= \tau_2 \ln 2 = 0.7 R_B C
\end{aligned}
$$

振荡周期为

$$
T = T_1 + T_2 = 0.7(R_A + 2R_B)C
$$

振荡频率为

$$f = 1/T$$

占空比为

$$D = T_2/(T_1 + T_2) = (0.7 R_B C)/[0.7(R_A + 2R_B)C] = R_B/(R_A + 2R_B)$$

习 题 9

9-1 填写合适的答案。

(1) 放大器产生自激振荡的条件是_____,即振幅平衡条件_____,相位平衡条件_____。振荡器产生单一频率的正弦波振荡除了要满足以上条件之外,还必须有一个_____网络才能实现。通常要求振荡电路接成正反馈,电路又引入负反馈是为了_____。

(2) 闭环放大电路如题图 9-1 所示,其产生自激振荡的幅度条件是_____,相位条件是_____。

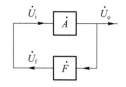

题图 9-1

9-2 振荡器的幅度平衡条件为 $|AF| = 1$,而起振时,要求 $|AF| > 1$,这是为什么?

9-3 RC 桥式正弦振荡器如题图 9-2 所示,其中二极管在负反馈支路内起稳幅作用。

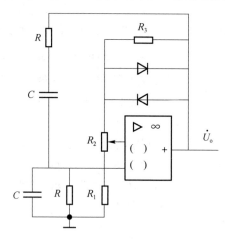

题图 9-2

(1) 试在放大器框图内填上同相输入端(+)和反相输入端(一)的符号。

(2) 如果不用二极管,而改用下列热敏元件来实现稳幅:

(a) 具有负温度系数的热敏电阻器;

（b）具有正温度系数的钨丝灯泡。

试分别选元件（a）或（b）来替代图中的负反馈电阻（R_1 或 R_3）。

9-4　用相位平衡条件判断题图 9-3 所示的各个电路能否产生自激振荡？如不能，如何改变电路的结构使之满足相位平衡条件？

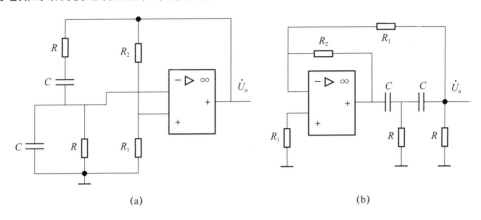

(a)　　　　　　　　(b)

题图 9-3

9-5　在图 9-2-2 所示的电路中，设 $C=6\,800$ pF，R 可在 23 kΩ 到 32 kΩ 间进行调节，试求振荡频率的变化范围。

9-6　单稳态触发器如图 9-4-2 所示，如果它的 5 脚不是接 0.01 μF 电容到地，而是外加可变电压 U_M，试问当 U_M 变大，单稳态触发器在触发信号作用下，输出脉冲宽度作何变化？当 U_M 变小时，输出脉冲宽度又作何变化？

9-7　图 9-4-6 所示为由 555 定时器构成的多谐振荡器，其主要参数如下：$U_{CC}=10$ V，$C=0.1$ μF，$R_A=20$ kΩ，$R_B=80$ kΩ，求它的振荡周期，并对应地画出 u_C、u_o 波形。

9-8　分析题图 9-4 所示由 555 定时器构成的多谐振荡器，其输出脉冲占空比取决于哪些参数？若要求占空比为 50%，则这些参数应如何计算？设二极管为理想状态。

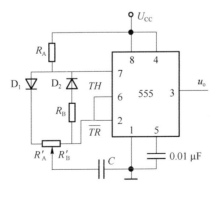

题图 9-4

9-9　（综合实践题，选做）题图 9-5 所示电路为由 555 定时器、C_1 及恒流充放回路组成的多谐振荡器。IC 采用 5G28C，作为高输入阻抗的跟随器，起隔离和阻抗变换的作用。振荡器的充放电均为恒流源充放，因而其锯齿波有良好的特性。R_{w1}、R_{w2} 分别用于调节充电和放电时间常数,以调节占空比。试画出 S_1 断开时 u_{o1}、u_{o2} 的波形以及 S_1 闭合时 u_{o1} 的波形。

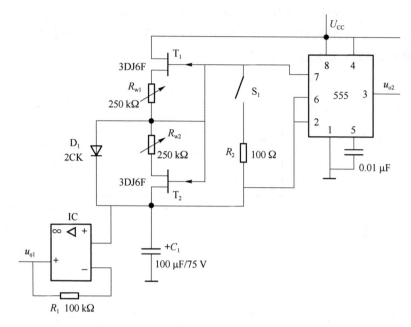

题图 9-5

参 考 文 献

[1]　俎云霄,李巍海,侯宾,等. 电路分析基础[M]. 3 版. 北京:电子工业出版社,2020.

[2]　童诗白,华成英. 模拟电子技术基础[M]. 5 版. 北京:高等教育出版社,2015.

[3]　吕玉琴,俎云霄,张健明. 信号与系统[M]. 北京:高等教育出版社,2014.

附录　Multisim 仿真软件简介

1. Multisim 系统概述

1）Multisim 简介

Multisim 是 Interactive Image Technologies(Electronics Workbench) 公司(2005 年被美国 National Instruments 公司收购)推出的以 Windows 为基础的板级仿真工具,适用于模拟/数字线路板的设计。该工具在一个程序包中汇总了框图输入、SPICE 仿真、HDL 设计输入和仿真以及其他设计能力,可以协同仿真 SPICE、Verilog 和 VHDL,并把 RF 设计模块添加到成套工具的一些版本中。

Multisim 是一个完整的设计工具系统,提供了一个非常大的零件数据库,并提供原理图数据接口、全部的数模 SPICE 仿真功能、VHDL/Verilog 设计接口与仿真功能、FPGA/CPLD 综合、RF 设计能力和后处理功能,还可以进行从原理图到 PCB 布线工具包(如 Electronics Workench 的 Ultiboard)的无缝隙数据传输。它提供的单一易用的图形输入接口可以满足不同用户的设计需求。

Multisim 提供全部先进的设计功能,满足用户从参数到产品的设计要求。因为程序将原理图输入、仿真和可编程逻辑紧密集成,用户可以放心地进行设计工作,不必顾及不同供应商的应用程序之间传递数据时经常出现的问题。

Multisim 突出的特点之一是用户界面友好,尤其是多种可放置到设计电路中的虚拟仪表很有特色。这些虚拟仪表主要包括示波器、万用表、瓦特表、函数发生器、波特图图示仪、失真度分析仪、频谱分析仪、逻辑分析仪和网络分析仪等,从而使电路仿真分析操作更符合电子工程技术人员的实验工作习惯,与目前流行的某些 EDA 工具中的电路仿真模块相比,可以说,Multisim 模块设计得更完美,更具人性化特色。实际上,Multisim 模块式将虚拟仪表的形式与 SPICE 中的不同仿真分析内容有机结合,接"万用表"就是进行直流工作点分析,接"函数发生器"就是设置一个 SPICE 源,接"波特图图示仪"就是进行交流小信号分析,接"频谱分析仪"就是进行快速傅里叶分析。

整套 Multisim 工具包括学生版、教育版、个人版、专业版、超级专业版等多种版本,适用于不同的应用场合。其中,教育版具有功能强大和价格低廉的双重优势。

2）Multisim界面介绍

（1）基本元素

Multisim用户界面如附图1所示，包括如下基本元素。

- 与所有的Windows应用程序类似，可在菜单中找到所有功能的命令。
- 快速工具栏包含常用的基本功能按钮，分为系统工具栏、缩放工具栏和设计工具栏3部分。
- 零件工具栏包含20个标准零件系列按钮。
- 仪表工具栏包含可用的全部仪表按钮。

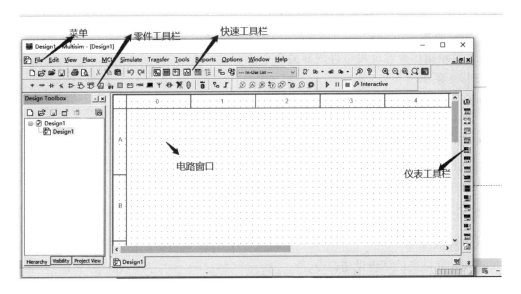

附图1　Multisim用户界面

Place栏下的 Component... 零件设计按钮：缺省提示，因为进行电路设计的第一个逻辑步骤是往电路窗口中放置零件。

Simulate栏下的 Instruments 仪表按钮：给电路添加仪表或观察仿真结果。

Simulate 仿真按钮：开始、暂停或结束电路仿真。

Interactive 分析按钮：选择要进行的分析。

Simulate栏下的 Postprocessor... 后处理器按钮：进行对仿真结果的进一步操作。

Reports 报告按钮：打印有关电路的报告（材料清单、零件列表和零件）。

Transfer 传输按钮：与其他程序通信，如与Ulitboard2001通信，也可以将仿真结果输出到像MathCAD和Excel这样的应用程序中。

（2）快速工具栏

设计是Multisim的核心部分，使用户能容易地运行程序所提供的各种复杂功能。快速工具栏（如附图2）指导用户按部就班地进行电路的建立、仿真、分析并最终输出设计数据。使用快速工具栏比使用菜单栏进行电路设计更方便。

附图2　快速工具栏

（3）菜单

菜单如附图 3 所示。

| File | Edit | View | Place | MCU | Simulate | Transfer | Tools | Reports | Options | Window | Help |

附图 3　菜单

① File 菜单

File 菜单提供文件操作与打印命令。

② Edit 菜单

Edit 菜单提供剪贴功能与零件旋转命令。

③ View 菜单

View 菜单提供设置环境组件的开关命令。

④ Place 菜单

Place 菜单提供放置的命令。

⑤ Simulate 菜单

Simulate 菜单提供执行仿真分析的命令。

⑥ Transfer 菜单

Transfer 菜单提供输出的命令。

⑦ Tools 菜单

Tools 菜单提供零件编辑与管理的命令。

⑧ Options 菜单

Options 菜单提供环境设定命令。

⑨ Help 菜单

Help 菜单提供 Multisim 的辅助说明命令。

2．Multisim 使用入门

1）零件取用

在 Multisim2015 中，零件从其结构上可分为电源/信号源零件、虚拟零件及真实零件 3 种，它们都可以通过零件工具栏很方便地取用。

在 Multisim2015 中，为了明确区分真实零件和虚拟零件，采用了不同零件取用按钮图标，例如，真实电阻用 图标，而虚拟电阻会加上墨绿色的底色图标。

2）零件移动和删除

如果要移动已放置好的零件，则直接指向该零件，按住鼠标左键不放，再将其移至新的位置，放开鼠标左键，即可将该零件移到新的位置。如果要删除某个零件，首先指向该零件，按一下鼠标左键选中该零件，再按 Del 键即可将其删除。

3）一般连线和连接点的应用

在电路窗口放置好零件后，便可用连线完成零件到零件、零件到仪表之间的电气连接。连线时既可以选择自动连线，也可以选择手动连线。自动连线是 Multisim 的一个非常方便的功能。

（1）自动连线

将鼠标指针指向第一个零件的引脚，光标会自动呈十字形，单击，将鼠标指针指向第二个零件的选定引脚(或连线等可连接的物体),光标也会自动呈十字形,单击,即可自动完成连线。如果连线没有成功,可能是连接点与其他零件靠太近所致,将其移开一段距离即可。按 Esc 键可以中断连线。若删除某条线,选中相应线,按 Del 键或单击右键选择 Delete 命令即可。

(2) 手动连线

将鼠标指针指向第一个零件的引脚,光标会自动呈十字形;单击,在拐点的相应位置单击左键控制连线的轨迹,则连线必通过该点;将鼠标指针指向第二个零件的选定引脚(或连线等可连接的物体),光标也会自动呈十字形,单击,即可完成连线。

(3) 改变连线轨迹

改变已连线的轨迹,选中相应线后,线上出现很多调整点,将鼠标指针移到调整点上,光标显示为三角形,拖拽鼠标即可改变连线的形状。将鼠标指针移到连线的非调整点位置,光标显示为双箭头形,拖拽鼠标即可平移连线。

(4) 手动添加连接点

在丁字形交叉点,程序会自动放置连接点表示互连,而在十字形交叉点,程序默认不放置连接点表示不互连。如果希望交叉线互连,则需要使用 Place/Place Junction 命令放置一个接点,但是不推荐采取这种方法(连接不太可靠)。建议分段画线,第一段由第一个零件的引脚到交叉点,第二段由交叉点到第二个零件的引脚。

(5) 设置连线和连接点的颜色

缺省的颜色设置是由 Option/Preferences 命令设定的,若需要特别设定连线和连接点颜色,可以通过选中相应连线和连接点,单击右键,从菜单中选择 Color 命令进行设置。

3. 虚拟仪表使用指南

虚拟仪表可以说是 Multisim 最实用的功能之一,也是它的重要特色。Electronics Workbench 的虚拟仪表与实际上的仪表相似,操作方式也一样,可以排除一些非专业人员对电路仿真的疑虑,为 Multisim 这类电路仿真软件的使用扩展至非特定专业创造了有利条件。Multisim 教育版提供了数字多用表、函数信号发生器、瓦特表、示波器、波特图图示仪、数字信号发生器、逻辑分析仪、逻辑转换器、失真度分析仪、网络分析仪、频谱分析仪共 11 种虚拟仪表,其中既有实验室中的一些常见仪器,也包括一些非常昂贵的仪器,而且这些仪器操作模式的参照对象均为世界领先厂商生产的最畅销仪器系列,同时在 Multisim 教育版里还允许在同一个仿真电路中调用多台相同的仪器,这些强大的功能使 Multisim 成为一个超级电子实验室。

虚拟仪表的调用有两种方法:第一种方法是使用 Multisim/Instruments 菜单项选择;第二种也是最常用的方法是直接单击仪表工具栏上的仪表图标。

1) 数字多用表

数字多用表是最基本的仪表,Multisim 所用的数字多用表是电压、电阻、电流三用表。当我们要调用数字多用表时,只要按 按钮即可取出一个浮动的数字多用表,将其移至目的地后,单击,即可将它放置于该处,此时显示数字多用表符号,如附图 4(a)所示。其中,+、—两个端点就是连接测试线的端点。在使用数字多用表之前,需先双击其符号开启附图 4(b)所示的数字多用表面板。

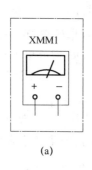

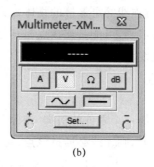

(a)   (b)

附图 4 数字多用表

数字多用表面板上有 6 个功能切换钮及一个设定按钮,如附表 1 所示。

附表 1 数字多用表面板上的功能按钮及其功能

按钮	功能
A	将此数字多用表切换到电流挡
V	将此数字多用表切换到电压挡
Ω	将此数字多用表切换到电阻挡
dB	将此数字多用表切换到 dB 显示
∿	将此数字多用表设置为测试交流电
—	将此数字多用表设置为测试直流电
Set...	设定此数字多用表的内部状态

2）函数信号发生器

函数信号发生器是电子实验室最常用的测试信号源,Multisim 所提供的函数信号发生器可以产生正弦波、三角波及方波 3 种信号,并可以设置占空比和偏置电压。只要按 按钮即可取出一个浮动的函数信号发生器 ,将其移至目的地后,单击,即可将它放置于该处,此时显示函数信号发生器符号,其中有＋、Common、－3 个端点,它们就是连接测试线的端点。在我们使用函数信号发生器之前,双击函数信号发生器符号开启附图 5 所示函数信号发生器面板。

函数信号发生器面板上有 4 个按钮和 4 个栏位,如附表 2 所示。

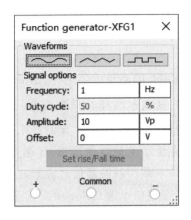

附图 5 函数信号发生器面板

附表 2 函数信号发生器面板上的按钮、栏位及其功能

按钮/栏位	功能
设定输出正弦波
设定输出三角波
设定输出方波
Frequency	设定输出信号的频率
Duty Cycle	设定输出信号的占空比,仅适用于三角波与方波
Amplitude	设定输出信号的峰值
Offset	设定输出信号的偏置电压
Set rise/Fall time	设定上升时间与下降时间,仅适用于方波

3) 瓦特表

瓦特表是测量功率的仪表,Multisim 所提供的瓦特表不仅可以测量交直流功率,而且还提供功率因数。只要按 按钮即可取出一个浮动的瓦特表,将其移至目的地后,单击,即可将它放置于该处,此时显示瓦特表符号,如附图 6(a)所示,其中左边的＋、－两个端点为电压输入端点,右边的＋、－两个端点为电流输入端点。双击瓦特表符号可开启附图 6(b)所示的瓦特表面板。

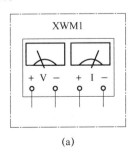

(a)

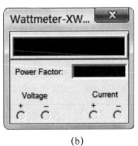

(b)

附图 6 瓦特表

瓦特表面板最上面的栏位为功率显示栏位,单位自动调整。中间的 Power Factor 栏位将显示功率因数,数值在 0 到 1 之间。

4) 示波器

示波器是电类相关实验中最主要的测量仪器之一,Multisim 所提供的示波器的功能及各项指标均远优于我们所见到的真实示波器。只要按 ▨ 按钮即可取出一个浮动的示波器,将其移至目的地后,单击即可将它放置于该处,此时显示示波器符号,如附图 7(a) 所示,其中有 A、B、G、T 4 个端点,A 端点为 A 通道测试端,B 端点为 B 通道测试端,G 端点为接地端,T 端点为外部触发信号的输入端。示波器信号波形显示颜色由 A、B 端点的连线颜色决定,可以用鼠标右键单击连线,在菜单中选 Color 项设置连线的颜色。

在我们使用示波器之前,需先双击示波器符号开启如附图 7(b) 所示的示波器面板。示波器面板上各区域的功能见下面的说明。

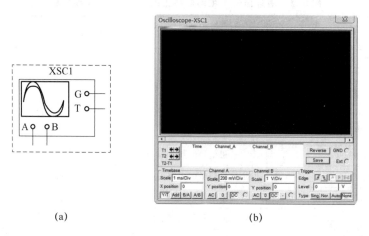

(a)   (b)

附图 7　示波器

① Timebase 区域的功能是设定扫描时基,也就是水平轴的刻度,如附表 3 所示。

附表 3　Timebase 区域

选项	功能
Scale	水平轴每格所代表的时间
X position	显示波形的水平扫描起点
Y/T	选中该按钮表示水平扫描信号为时间基线,垂直扫描信号为 A 或 B 通道输入信号
Add	选中该按钮表示水平扫描信号为时间基线,垂直扫描信号为 A 或 B 通道输入信号之和
B/A	选中该按钮则设定水平扫描信号为 B 通道输入信号,垂直扫描信号为 A 通道输入信号
A/B	选中该按钮则设定水平扫描信号为 A 通道输入信号,垂直扫描信号为 B 通道输入信号

② Channel A 区域的功能是设定 A 通道垂直轴刻度及相关资料,如附表 4 所示。

附表 4 Channel A 区域

选项	功能
Scale	垂直轴每格所代表的电压大小
Y position	设定 A 通道波形显示的垂直位置
AC	设定测量交流信号,以电容耦合方式输入 A 通道
0	设定输入端接地
DC	设定测量直流信号,以直接耦合方式输入 A 通道

③ Channel B 区域的功能是设定 B 通道垂直轴刻度及相关资料,如附表 5 所示。

附表 5 Channel B 区域

选项	功能
Scale	垂直轴每格所代表的电压大小
Y position	设定 B 通道波形显示的垂直位置
AC	设定测量交流信号,以电容耦合方式输入 B 通道
0	设定输入端接地
DC	设定测量交直流信号,以直接耦合方式输入 B 通道
□	选中该按钮则 B 通道信号反相 180° 显示

④ Trigger 区域的功能是设定示波器触发模式,如附表 6 所示。

附表 6 Trigger 区域

选项	功能
�↑	设定上升沿触发
↓	设定下降沿触发
Level:	设定触发电平
Single	设定单脉冲触发
Normal	设定使用一般触发模式
Auto	设定使用自动触发模式
A	设定 A 通道信号触发
B	设定 B 通道信号触发
Ext	设定通过连接 T 端点使用外部触发信号

⑤ T1 区域显示移动 T1 游标(红色)读取的相关资料,如附表 7 所示。

附表 7　T1 区域

选项	功能
T1	T1 游标的水平轴坐标
VA1	T1 游标与 A 通道波形相交位置的垂直轴坐标
VB1	T1 游标与 B 通道波形相交位置的垂直轴坐标

⑥ T2 区域显示移动 T2 游标(蓝色)读取的相关资料,如附表 8 所示。

附表 8　T2 区域

选项	功能
T2	T2 游标的水平轴坐标
VA2	T2 游标与 A 通道波形相交位置的垂直轴坐标
VB2	T2 游标与 B 通道波形相交位置的垂直轴坐标

⑦ T2-T1 区域显示 T1 与 T2 游标之间差值的相关资料,如附表 9 所示。

附表 9　T2-T1 区域

选项	功能
T2-T1	T2 和 T1 游标的水平间距
VA2-VA1	T2 与 T1 游标位置的 A 通道波形垂直轴坐标之差
VB2-VB1	T2 与 T1 游标位置的 B 通道波形垂直轴坐标之差

⑧ Reverse 按钮的功能是选择显示窗口颜色是否以反相显示。

⑨ Save 按钮的功能是将本示波器的显示波形及当前位置存盘。

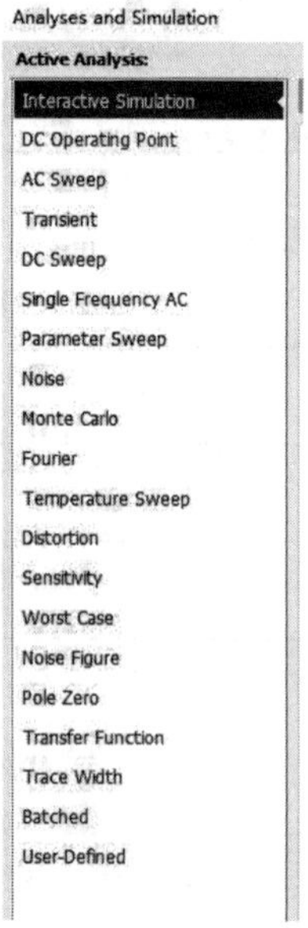

4. 数据分析

在菜单中选取 Simulate 菜单的 Analyses 选项或直接点选快速工具栏的分析按钮将会出现附图 8 所示的分析功能菜单,其包括直流工作点分析、交流分析、瞬态分析、傅里叶分析、噪声分析、失真分析、直流扫描分析、灵敏度分析、参数扫描分析、温度扫描分析、零极点分析、传递函数分析、最坏情况分析、蒙特卡洛分析、批处理分析、用户自定义分析、射频电路特性分析(使用网络分析仪)等。Analysis Graphs 窗口软件是分析功能的常用软件,使用方法请参照 Help。

1) 静态工作点分析

静态工作点分析就是在模拟电路的交流源断开、电容开路、电感短路的情况下测量电路的工作点。当执行静态工作点分析时,需选取分析功能菜单的 DC Operating Point… 选项,进入附图 9 所示的参数设定对话框。

附图 8　两种分析功能菜单

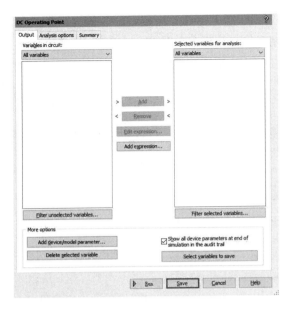

附图9　直流工作点分析参数设定对话框1

（1）Output 页（包括 More 区域）

① Variables in circuit 区域：左边窗口列出了电路里存在的变量，右边窗口则列出了电路要分析的变量。左右窗口均可按附表10所示选项选择显示变量的类型。（在电路中是否显示变量编号由 Options/Preferences Circuit/Show 区域设置。）

附表 10　Variables in circuit 区域

选项	功能
Voltage and Current	电路里的电压节点及支路电流编号
Voltage	电路里的电压节点编号
Current	电路里的支路电流编号
Device/Model Parameters	电路里的组件或模型编号
All variables	电路图里的所有变量

若增加要分析的变量，则在左边窗口选中变量，再按　Add　按钮即可。若减少要分析的变量，则在右边窗口选中变量，按　Remove　按钮即可。

② Filter Unselected Variables 按钮可以增加额外的变量类型，包括内部节点、子模型、开路的引脚。

③ More 区域的选项如附表11所示。

附表 11　More 区域

选项	功能
Add device/model parameter	Variables in circuit 区域左边窗口增加某个组件/模型的参数
Delete selected variables	Variables in circuit 区域左边窗口减少某个组件/模型的参数
Select variables to save	挑选 Select variables to save 的结果

（2）Analysis Options 页（包括 Other 区域）

附图 10 所示为直流工作点分析参数设定对话框 2，其主要功能是设定分析参数，建议采取默认值。如果要自行设定，则首先选中 Use custom settings 选项，然后选取所要设定的参数，再次选中下面的 Use this option 选项，最后在 Options Value 栏位里输入新的参数即可。如果想要恢复为程序预置值，按 Reset Option to default 即可。

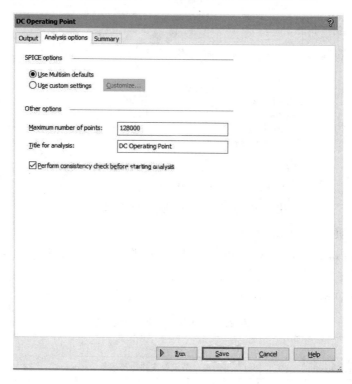

附图 10　直流工作点分析参数设定对话框 2

Other 区域：选中 Perform Consistency check before starting ，则在分析之前进行一次检查， Maximum number of points: 128000 设定分析的最大取样点数，Title for analysis: DC Operating Point 设定输出分析结果使用的标题。

（3）Summary 页

在 Summary 页，程序将所有设置和参数都显示出来，如附图 11 所示，用户可以检查所有的设定是否正确，如果不再修改则按 Save 按钮存储设置，也可直接按 Simulate 按钮开始仿真。

（4）分析结果

直流工作点分析仿真结果如附图 12 所示。

2）交流分析

交流分析就是对模拟电路进行频率分析，在进行交流分析时，电路采用交流小信号模型，其输入端不管接入何种信号，分析时都会用一定范围的正弦信号代替，与波特图图示仪实现的功能基本相同。当执行交流分析时，需选取分析功能菜单的 AC Sweep 选项，进入附图 13 所示的参数设定对话框。

附图 11　直流工作点分析参数设定对话框 3

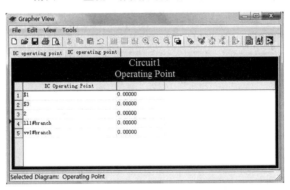

附图 12　直流工作点分析仿真结果

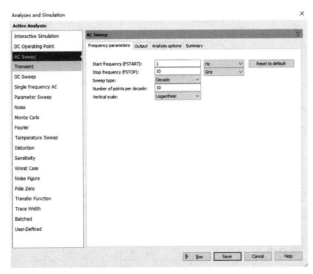

附图 13　交流分析参数设定对话框

Frequency parameters 页的功能如下。

① Start frequency 栏位:设定分析起始频率。

② Stop frequency:设定分析的终止频率。

③ Sweep type 栏位:设定分析水平轴的扫描方式,包括 Decade 选项(十倍频程扫描)、Octave 选项(八倍频程扫描)、Linear 选项(线形扫描)。

④ Number of points per decade 栏位:设定每十倍频的分析采样点数。

⑤ Vertical scale 栏位:设定垂直轴的刻度,包括 Linear 选项(线形刻度)、Logarithmic 选项(对数刻度)、Decibel 选项(分贝刻度)、Octave 选项(八倍刻度)。

⑥ Reset to default 按钮:将数据恢复为程序预置值。

Output 页、Analysis Options 页、Summary 页的功能与直流工作点分析类似。

3) 瞬态分析

瞬态分析就是电路的时域响应分析,就像使用示波器来观察电路某点信号波形一样。当我们要执行瞬态分析时,需选取分析功能菜单的 Transient 选项,进入附图 14 所示的参数设定对话框。

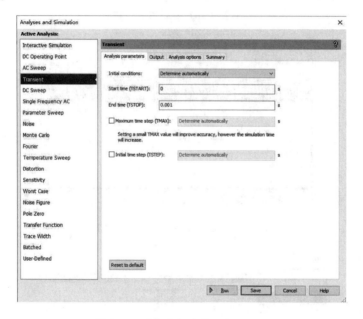

附图 14　瞬态分析参数设定对话框

Analysis parameters 页的功能如下。

① Initial conditions 栏位设定初始条件,如附表 12 所示。

附表 12　Initial conditions 栏位

选项	功能
Automatically determine initial conditions	设定程序自动设定初始值
Set to zero	设定初始值为 0
User defined	设定由用户自定义初始值
Calculate DC operating point	设定根据直流工作点计算初始值

② Analysis parameters 区域的功能如附表 13 所示。

附表 13　Parameters 区域

选项	功能
Start time(TSTART)	设定开始分析的时间
End time(TSTOP)	设定结束分析的时间
Maximum time step(TMAX)	设定分析的最大时间步长。包括 3 种方式：Munimum number of time points（单位时间内的取样点数）、Maximum time step（最大的取样时间间距）和 Generate time steps automatically（程序自动设定分析的取样时间间距）

③ `Reset to default` 按钮的功能是将数据恢复为程序预置值。

④ More 区域的功能如附表 14 所示。

附表 14　More 区域

选项	功能
□ Set initial time step (T: `1e-005` Sec	选择用户是否自定义初始时间步长
□ Estimate maximum time step based on net list	选择是否根据网表估算最大时间步长

Output 页、Analysis options 页、Summary 页的功能与直流工作点分析类似。